端边云协同
数字孪生水闸研究

Research on Digital Twin Sluice Based on
Technology of Terminal-edge-cloud Collaboration

方卫华　孙　勇　徐兰玉　陆　纬　陈允平◎著

河海大学出版社
HOHAI UNIVERSITY PRESS
·南京·

图书在版编目（ＣＩＰ）数据

端边云协同数字孪生水闸研究 / 方卫华等著. -- 南京：河海大学出版社，2022.12
ISBN 978-7-5630-7816-5

Ⅰ. ①端… Ⅱ. ①方… Ⅲ. ①数字技术－应用－水闸－研究 Ⅳ. ①TV66-39

中国版本图书馆 CIP 数据核字（2022）第 226741 号

书　　名	端边云协同数字孪生水闸研究	
	DUANBIAN YUNXIETONG SHUZI LUANSHENG SHUIZHA YANJIU	
书　　号	ISBN 978-7-5630-7816-5	
责任编辑	卢蓓蓓	
特约编辑	李　阳	
特约校对	方　璐	
封面设计	徐娟娟	
出版发行	河海大学出版社	
地　　址	南京市西康路 1 号（邮编:210098）	
电　　话	(025)83737852(总编室)　(025)83722833(营销部)	
经　　销	江苏省新华发行集团有限公司	
排　　版	南京布克文化发展有限公司	
印　　刷	江苏凤凰数码印务有限公司	
开　　本	710 毫米×1000 毫米　1/16	
印　　张	18.5	
字　　数	322 千字	
版　　次	2022 年 12 月第 1 版	
印　　次	2022 年 12 月第 1 次印刷	
定　　价	98.00 元	

前言

《中华人民共和国国民经济和社会发展第十四个五年规划和2035年远景目标纲要》提出"构建智慧水利体系,以流域为单元提升水情测报和智能调度能力"要求,水利部党组把智慧水利建设作为推动新阶段水利高质量发展实施路径之一的决策部署。在上述文件精神的指导下,水利部已经将智慧水利建设放在水利管理工作的重心位置,陆续制定了一系列规划方案和指导意见,从技术要求、规划设计、先行先试、数据底板等方面进行了大量的布署,颁布多项规划和实施方案。

根据《智慧水利建设顶层设计》和《"十四五"智慧水利建设规划》,构建水利部本级、流域管理机构、省级水行政主管部门以及重大水利工程管理单位分级部署的数字映射流域与智慧水利体系已成为必然要求。数字孪生是智慧水利建设的核心内容,以数字化场景、智慧化模拟、精准化决策为智慧水利建设路径,形成数字映射流域是智慧水利建设的基础性工作。本书以水闸为例,进行数字孪生水闸关键问题研究,为数字孪生水利工程建设提供总体架构和关键问题解决方案。

水闸作为防洪、抗旱、供水和水资源调度系统中的关键构成部分,具有蓄水、引水、排洪(涝)、挡潮等重要功能,根据第一次全国水利普查结果,截至2021年我国已建过闸流量$\geqslant 5$ m^3/s水闸有103 575座。水闸在防洪减灾、人民生活以及工农业生产中发挥重要作用,同时对确保水安全、粮食安全、生态安全和社会经济发展具有不可替代的作用。

由于各种原因,现有的许多水闸都存在勘测设计不合理、施工质量控制不严、运行维护经费欠缺和管理技术力量薄弱等问题,进而导致隐患逐年增多甚至年久失修,同时水闸在建设运行调度过程中表现出的有序度不够和智慧化程度不高问题也愈加突出。本书拟借助我国大力推进数字孪生的大好形势,根据水闸工程的特点对水闸数字孪生工程建设进行研究,将工程安全相关信息通过可视化、人机交互以及高保真的方式呈现,并在此基础上融合水利部"四预"要求以实现水闸工程建设运行管理的长治久安和智慧高效。

数字孪生起源于工业制造领域,并随着三维建模、虚拟现实、计算仿真、物联网、大数据等关键技术的发展和交叉融合而在各个行业得到推广。为规范水利工程数字孪生建设,水利部组织编制了《数字孪生水利工程建设技术导则(试行)》,以枢纽工程为主要对象,提出了统一的建设要求和目标。但由于水利工程种类繁多,结构复杂多样,不可能在导则中逐一详尽,因此,针对泵(闸)站单元工程提出清晰明确的数字孪生建设内容和技术标准十分必要。

水利部党组书记、部长李国英在2022年全国水利工作会议上指出,要加快建设数字孪生流域和数字孪生工程,强化水利工程预报、预警、预演、预案能力。就目前的形势分析,建设数字孪生水闸具备如下有利背景:

(1)国家和行业高度重视。国家"十四五"规划纲要明确提出"构建智慧水利体系,以流域为单元提升水情测报和智能调度能力"。国家"十四五"新型基础设施建设规划明确提出,要推动大江大河大湖数字孪生、智慧化模拟和智能业务应用建设。黄河流域生态保护和高质量发展规划纲要、长江三角洲区域一体化发展规划纲要等,都对数字孪生流域建设提出了更加紧迫的需求。

(2)支撑科学和技术高度发展。随着图论、可解释性学习、脉冲和斑图理论的不断发展,特别是集成学习和深度学习等应用的不断推广,在高性能传感技术、多源信息融合技术以及计算硬软件的加持下,推动水闸建设管理向数字化、网络化、智能化转变的技术条件已经具备。

(3)多部门共同的愿望和优势互补。水闸工程涉及防洪、供水、发电、航运、生态等调度功能,是防汛、水利、农业、应急、自然资源、航运和交通等多行业的交叉点,因此可以利用不同行业的政策优势、管理经验和技术成果共同推进数字孪生水闸的建设。

但我们也清醒地认识到数字孪生水闸建设涉及多学科、多技术、混合驱动等科学和技术问题,还有传感器的可靠性、计算方法的合理性、智能化水平的实用性等问题,因此还需要在以下几个方面加强研究:

(1)相关算据、算法、算力研究。建设数字孪生水闸应坚持"需求牵引、应用至上、数字赋能、提升能力"的指导思想,实现水闸建设运行"全区域数字化场景、全链条智慧化模拟、全要素精准化决策",要实现上述目标首先必须针对水闸的工程特点、赋存环境和运行过程加强相关算据、算法、算力研究和能力建设，提出相应的针对性措施。

算据是物理水闸及其影响因素和影响区域的数字化表达，是构建数字孪生水闸的数据基础，包括气候气象、水文地质、水工建筑物、调度运行、生态经济社会等信息，需要对其进行长期实时感知并对其关键特征进行有效提取。锚定数字化场景目标需要实现多尺度监测，从不同尺度提取特征并逐尺度选定相应的感知方法和优化对应的时空布署，构建天、空、地、潜一体化时空物多维感知网，通过卫星、无人机、无人船、水下潜航体等载体遥感监测并结合固定点监测、不定期检测和人工巡视检测以获取多要素、多层次、多角度信息，为数字孪生水闸建设提供精准参数和实际约束条件，保持数字孪生工程与物理工程的对应性、针对性、同步性、一致性和保真性。在此基础上结合全国统一分级构建、及时更新的数据底板，构建水闸枢纽工程体系全要素数据底板，为水利治理管理提供详实的基础底图。

算法是构建数字孪生水闸的关键性技术，是物理水闸展现和演化规律的数学和逻辑表达，包括运行调度模型、结构分析模型、时空物可视化模型等的建立、推理和应用。算法模型种类繁多、参数各异，要充分利用物理数学推导、统计分析、规则诊断、逻辑分析、不确定评估、检验校正等全链条技术手段结合统计学习、元学习、度量学习和联邦学习等新一代信息技术，融合时空物化多源信息，升级改造流域洪水演进、局部水动力学、流固耦合、动静关联、疲劳屈曲、损伤老化、热力叠加等模型，研发新一代高保真多尺度结构分析和数值仿真模型，同时结合实测数据采用模型修正、数据同化、同伦分析和全局优化仿生算法等实现数据挖掘和知识发现。

基于并行计算、云计算、集成计算和分布式计算等技术提升算力水平，通过硬软件融合技术、负载均衡技术和算法分解技术等实现数字孪生水闸的高效正演、快速反演、实时同化和辅助决策。

（2）强化预报、预警、预演、预案能力。针对水闸运行环境多变、结构材料参数时空变异、物理化学作用多效应耦合等实际，努力提高模型的多模态适应能力、非连续预报能力，采用迁移学习和自适应学习等先进人工智能技术，实现水闸安全状态和风险的精准超前预报、快速直观预警和前瞻科学预演。要集成耦合水工程预报信息与流域防洪调度、水资源管理调配、水工程调度运用、突发水事件处置、水生态过程调节等运行信息和其他边界条件，设定不同情景目标，实时分析水利工作面临的风险形势，以"贴近实战、发现问题"为目标，构建全过程多情景模拟仿真的水闸运行调度预演体系。通过"正向"预演和"逆向"推演得出水闸工程安全运行限制条件,制定和优化调度方案,实现预报与调度的动态交互和耦合模拟,在预演的基础上实现预案的精细化调整。

通过上述分析不难发现,数字孪生水闸建设是一个多学科交叉研究领域,而且是一个面向应用的新领域,具有要求高、问题复杂的特点。本书是在江苏省水利科技项目(项目编号 2020024)的支持下由水利部南京水利水文自动化研究所和江苏省秦淮河水利工程管理处(江苏省淮沭新河管理处)相关科研人员共同完成的,作者对江苏省水利厅的支持再次表示感谢!

由于作者水平有限,加上数字孪生水闸建设相关问题的复杂性,难免挂一漏万甚至出现错误,恳请从事相关领域研究的科技人员共同探讨交流,不吝赐教。

方卫华

2022 年 6 月 18 日

目录

· 第一章 · 数字孪生水闸总体框架

1.1 概述

1.1.1 基本概念

2003 年 Michael Grieves 教授在密歇根大学关于产品生命周期管理 (Product Lifecycle Management,PLM)的演讲中提出的"物理产品的虚拟数字化表达"可认为是"数字孪生"概念的起源,此后关于数字孪生的定义很多。CIMdata 推荐的"数字孪生"定义是:"数字孪生(即数字克隆)是基于物理实体的系统描述,可以实现对跨越整个系统生命周期可信来源的数据、模型和信息进行创建、管理和应用。"此定义看似简单,但若没有真正理解其中的关键词"系统描述、生命周期、可信来源、模型"的具体含义,则可能对此定义产生误解。陶飞教授在自然杂志的评述中认为,"数字孪生"作为实现虚实之间双向映射、动态交互、实时连接的关键途径,可将物理实体和系统的属性、结构、状态、性能、功能和行为映射到虚拟世界,形成高保真的动态多维、多尺度、多物理量模型,为观察物理世界、认识物理世界、理解物理世界、控制物理世界、改造物理世界提供了一种有效手段。自 2014 年 Michael Grieves 教授撰写了 *"Digital Twin:Manufacturing Excellence through Virtual Factory Replication"* 一文后,已陆续有多家单位发布了数字孪生相关的白皮书,相关学者从理论、方法和应用等不同角度以及不同深度对数字孪生进行了研究。

1.1.2 相关研究

数字孪生模型根据模型类别可分为通用模型和专用模型[1],其中专用模型研究主要体现为对具体项目的建模,也包括对专用模型进行开发。目前数字孪生专用建模工具和技术呈现多元化,有通用工业软件、专用工业软件、仿真平台和自研二次开发工具等等。数字孪生通用模型是将模型受控元素表示为一组通用的对象以及这些对象之间的关系,从而在不同的环境中为受控元素的管理和通信提供一种一致的方法。数字孪生通用模型的研究主要分为概念研究和实现方法研究,其中概念研究涵盖了从宏观角度的产品生命周期管理到描述系统行为,如一般系统行为和系统重新配置,再到具体工作流,如设计方法、产品构型管理、制造系统、制造过程等,研究内容较为发散,尚没有出现特别突出的热点。在数字孪生通用模型实现方面,主要研究内容包括建模语言的构建、模型开发方法的探索、具体工具的使用、元模型理念的植入和模型算法的探索。数字孪生模型是数字孪生研究的核心领域之一,其未来的研究重点是如何将不断涌现的各不相同的数字孪生体的外部特征和内在属性归纳为可集成、可交互、可扩展的模型,以便于更高效地实现信息在物理世界和数字世界之间的流动,从而实现数字孪生的普遍应用,继而支持 CPS(网络物理空间)和 CPPS(网络物理生产系统)的建设。因此,数字孪生模型研究下一步需要解决的问题是如何对接标准参考架构,如德国提出的工业4.0参考架构模型 RAMI4.0 和中国的智能制造系统架构 IMSA 等。

为全面分析数字孪生技术的发展趋势和研究动态,郭洪飞等[2]通过检索 Web of Science 和 Google Scholar 两大数据库,得到 2000 年 1 月 1 日—2019年 9 月 30 日间收录的以"Digital Twin"为主题的 7 627 条文献。再利用可视化分析软件 Cite Space 对文献数据开展共现分析、聚类分析等一系列知识图谱研究,得出数字孪生技术在国家、机构及研究人员层面的学者分布现状、科研合作情况、学术影响、研究热点、前沿趋势等最新动态。最后指出数字孪生技术未来的研究趋势应集中在共享海量数据、统一建模标准、创新生产实践、驱动智能制造等发展方向。

唐文虎等[3]通过比较国内外不同领域对数字孪生技术的定义和应用,探讨了面向智慧能源系统的数字孪生技术的定义,对其通用架构、关键技术和生态构建分别进行了阐述。据此进一步分析了数字孪生技术在智慧能源行业的部署和应用案例。从技术发展、生态构建和政策建立三方面给出了对策建议,为数字孪生技术在智慧能源行业的工程应用提供了参考。

数字孪生面向不同的行业需求时,其研究和实施的内容既有共性的技术和流程,如数字模型、数据交互网络的物联网(Internet of Things,IoT)以及三维图形引擎等技术,也有各行业自身特色。如在与水利工程相近的民用工程建设中,GIS+BIM 技术是数字孪生常用的技术,张雷[4]对 GIS+BIM 在数字孪生机场建设中的应用进行了探讨。

由于电子信息在存储、检索、调用、查询等方面的便捷性,使得数字孪生技术更有利于实现赋能工程建设的全生命周期。在产品设计制造、施工协调和冲突解决中,BIM+数字孪生技术一直是提高工作效率的关键。王强等[5]针对装配式轨道交通工程预制构件精度要求高、异形结构多、单体规模大,而传统生产管理方法的信息传递和工作协同效率较低,常引起预制构件生产过程中错误率高、效益低下、管理困难等问题,将 BIM+数字孪生技术应用于装配式城市轨道交通工程预制构件生产管理,通过实体生产与虚拟施工的信息交互从而实现对构件生产的动态管理,有效解决生产全过程的组织协调困难问题。

目前,随着人工智能、大数据和计算能力的发展,数字孪生已经成为了各行各业的热门研究课题,如产品设计、产品制造、车间管理、工艺优化、预测维护和运行状况管理等。美国国家航空航天局(NASA)和美国空军在航空器的健康维护和剩余使用寿命预测中应用了数字孪生技术,另外波音公司、通用电气公司、德国西门子股份公司、美国参数技术公司(PTC)、法国达索系统公司、美国特斯拉公司等大型企业纷纷将数字孪生技术应用到工业实践中。

1.2　水利领域相关研究进展

1.2.1　国外进展

根据相关文献数据库检索结果显示,国外有关直接采用数字孪生作为关键词的公开研究成果相对不多,但在数字化、信息化、数据感知等数字孪生基础研究方面文献很多[6-7]。

在相关支撑平台软件产品开发应用方面,特别是有关数值计算分析软件商业化方面,国外有很多成熟的计算分析软件和平台。其中在水文、水环境模拟分析方面就有水文-水力学-泥沙-水质-水环境耦合模型、城市雨洪模拟等可视化数值模拟分析软件平台,其中水文方面的商业化软件参见表 1-1。这些软件通过一个多模型耦合实时数据信息构成的数值分析平台,用于支撑水流物理状态模拟、涉水地物信息综合管理和管理决策业务的指标评估与决策生成等功能。

表 1-1　国外典型水文分析商业化软件

软件名称	开发商	软件便捷性	主要特点
MIKE 系列	丹麦水力学研究所	模型之间耦合是外部耦合,便捷性低	计算引擎多,系统性好,模拟二维非恒定流时,可考虑干湿变化、密度变化、水下地形、潮汐变化和气象变化等因素
Delft3D	荷兰 Delft 水力学研究所	用户界面友好,前后处理功能强大	开源软件,在二维和三维的模拟中有较高的精度,计算速度快,稳定性好
EFDC	美国弗吉尼亚海洋科学研究所	可快速耦合不同模型,界面友好	开源软件,主要应用于湖泊、水库、河口、海湾等水域的水质计算
TUFLOW	澳大利亚 WBM Pty Ltd 和 Queensland 大学	计算引擎较少,耦合性强,软件无界面,界面友好较差	二维模拟高效快速
InfoWorks ICM	英国 HR Walling-ford 公司	所有计算引擎在同一软件中,耦合简单方便,界面友好	计算模块较多,软件基于数据库管理模式开发,实现海量数据的有效整合,可进行二次开发,并行计算,计算速度快

在结构力学及多场分析方面,除有 ANSYS、ABAQUS、NASTRAN、ADINA、MARC、MAGSOFT、HyperWorks、Comsol Multiphysics 等知名软件外,还涉及前处理软件 HyperMesh 和图形绘制软件 Origin 等,参见图 1-1。

在具体的工程结构分析过程中,选择某种或某几种合适的软件需要先对软件进行充分了解,下面就图 1-1 中常见软件进行简要分析。

ABAQUS 软件是一款高端通用有限元系统软件,善于进行结构的非线性有限元分析,包括复杂的固体力学和结构力学等问题。该软件在模拟高度非线性问题时不但可以做水闸单一部件的多物理场分析,同时还可以做系统级的分析和研究。ABAQUS 很多参数的设置更加简单,而且计算结果容易收敛。针对水利工程而言,ABAQUS 对于坝基岩土以及坝体混凝土等结构的非线性问题模拟效果和选择比 MARC 要好,如本构模型和计算实例很多。与 ANSYS 软件相比,ABAQUS 在结构非线性计算、岩土工程适应性以及多荷载步的计算等方面都具有自身特色。其不足之处在于计算和参数设置过程比较复杂,对冲击等荷载响应计算效果不是最好。

ANSYS 软件是一款大型通用多物理场和非线性问题有限元分析软件,具有结构、流体、电场、磁场、声场分析功能,尤其擅长流体分析、电磁分析和瞬态动力学分析,这对于水闸这类涉及岩土、钢筋混凝土、金属结构、机电设施的复杂系统而言非常适合。它的明显优势在于多场耦合尤其是多物理场

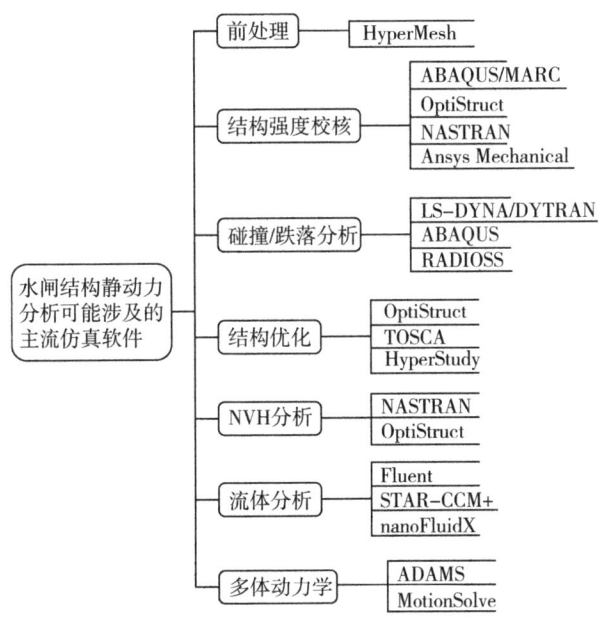

图 1-1　常见工程结构分析 CAE 软件图谱

耦合分析,另外 ANSYS 参数化设计语言(ANSYS Parametric Design Language)不仅是优化设计和自适应网格划分等 ANSYS 经典特性的实现基础,用户还可以利用程序设计语言将 ANSYS 命令组织起来,编写出参数化的用户程序,从而实现有限元分析的全过程,即建立参数化的 CAD 模型、参数化的网格划分与控制、参数化的材料定义、参数化的荷载和边界条件定义、参数化的分析控制和求解以及参数化的后处理,这对于水闸施工期动态仿真和除险加固结构分析,特别是结合 Python 等进行二次开发十分便利。

目前 ANSYS 又推出了 ANSYS 16.0 版本,在结构、流体、电磁、多物理场耦合仿真、嵌入式仿真各方面都有了新的发展。

由 LSTC 公司开发的 LS-DYNA 是一个通用显式非线性动力分析有限元程序,也是公认的计算冲击碰撞问题的通用软件。由于水闸结构常常涉及船舶或车辆以及闸门碰撞问题,该软件在这方面具有一定的应用场景。尽管该软件可以求解各种三维非线性结构的高速碰撞、爆炸和金属成型等接触非线性、冲击荷载非线性和材料非线性问题,但实际上它在求解爆炸冲击方面的功能相对较弱,其欧拉混合单元中目前最多只能容许三种物质,边界处理很粗糙,在拉格朗日-欧拉结合方面尚不如 DYTRAN 灵活。

由 MSC. software 公司开发的 DYTRAN 软件在高度非线性、流固耦合方面有独到之处，特别适合水闸液固、气弹等耦合分析。MSC. DYTRAN 程序是在 LS-DYNA3D 的框架下，在程序中增加荷兰 PISCES INTERNATIONAL 公司开发的 PICSES 的高级流体动力学和流体-结构相互作用功能，还在 PISCES 的欧拉模式算法基础上，开发了物质流动算法和流固耦合算法发展而来的。但是，由于 MSC. DYTRAN 是一个混合软件，在继承了 LS-DYNA3D 与 PISCES 优点的同时，也继承了其不足。首先，材料模型不够丰富，尤其对于岩土工程材料的处理，尽管提供了用户材料模型的接口，但融入不便；其次，没有二维计算功能，轴对称问题也只能按三维问题处理，使计算量大幅度增加；再次，在处理冲击问题的接触算法上远不如当前版的 LS-DYNA3D 全面。

ADINA 软件有许多独创的特殊解法，如劲度稳定法（Stiffness Stabilization）、自动步进法（Automatic Time Stepping）、外力-变位同步控制法（Load-Displacement Control）以及 BFGS 梯度矩阵更新法，使得如接触、塑性及破坏等复杂的非线性问题具有快速和几乎绝对收敛的能力，同时计算过程中具有稳定的自动参数计算，用户无需手动即可调整各项参数。另外值得一提的就是它开放源代码，我们可以对程序进行改造，以满足特殊的需求。上述原因都使得 ADINA 软件近年来发展较快，它也是目前是水闸上应用比较多的分析软件之一。

NASTRAN 是全球 CAE 工业标准的源代码程序。NASTRAN 系统常用于线性有限元分析和动力计算，因为和 NASA（美国国家宇航局）的特殊关系，它在航空航天领域有着崇高的地位。NASTRAN 的求解器效率比 ANSYS 高一些。目前该软件在水闸上的应用不是很普及。

COSMOS 软件善于多物理场分析，具有运算速度快和与 CAD 软件兼容性好的优势。另外 COSMOS 设置耦合条件操作也很方便。其目前在水工结构和岩土工程中的用户正在增加，国内河海大学等水利高校都在推广该软件在水利工程上的应用。

HyperMesh 是有限元分析中常用的前处理软件，在网格划分、精密底层控制、几何清理等方面都具有独到优势。该软件在结合 CAD 软件方面也比较方便。

MARC 软件具有极强的结构分析能力，同时具有处理速度快、功能模块多的优势。可以处理的问题包括线性/非线性静力分析、模态分析、频谱分析、随机振动分析、静/动力接触分析、屈曲/失稳分析、失效和破坏分析等。但是该软件也存在操作界面不是很友好、输入文件难以读懂、工况变化不灵活等不足。

上述软件平台尽管不是直接为数字孪生开发的,但其软件架构和开发技术可以为数字孪生平台提供参考,其计算结果可以为数字孪生平台提供信息,同时也可以通过二次开发实现相关模块的调用。

当前数字孪生工程主要基于 BIM(Building Information Modeling,建筑信息模型),而要了解 BIM 必须提建模软件。BIM 建模软件通常可以分为两大类:第一类是综合通用软件,适用于工程建设的不同专业和各个阶段,例如Revit、OBD 可以对建筑、结构、机电等进行模型创建;第二类是单一软件,如Tekla 在钢结构建模中更具优势。

以 Revit 为代表的建模软件更适用于工业民用建筑类项目,以 OBD 为代表的建模软件更适用于对异型构件的处理,但后者在构件智能化创建方面相对于前者略逊色。

作为 Revit 和 Bentley 的配套产品,Navisworks 和 Navigator 在功能上可以视同为类似,二者均具有批注、动画制作、进度模拟、碰撞检测等模块的应用。

Bentley 的软件图形平台 MicroStation 可兼容 Bentley 旗下的很多软件,基于 MicroStation 的第三方软件超过 1 000 种,其领域覆盖土木、建筑、交通、结构、机电、管线、图纸管理、地理信息系统等多方面。

Autodesk 的 InfraWorks 和 Civil 3D 也是常用的建模软件。InfraWorks是一款独立的 BIM 可视化软件,其草图绘制工具非常易于使用,适用于道路、排水、土方工程等同时建模。

Civil 3D 软件适用于勘察测绘、岩土工程、交通运输、市政、水利、城市规划等众多领域,其底层平台是 CAD,所以该软件具有 CAD 的所有功能且对于软件初学者非常友好。

Bentley 系列软件包括 BRCM(Bentley Raceway and Cable Management)、ProStructures、CNCCBIM(powercivil)等,其中 BRCM 主要用于电缆系统设计,可以参数化完成三维电缆通道系统的创建,例如创建电缆沟、电缆桥架、埋管、支吊架等,同时还可以生成报表。ProStructures 适用于钢结构和混凝土结构的 BIM 建模,具有三维建模、自动创建节点、过滤查找和碰撞检查、组件和零件自动编号、自动生成图纸、自动生成材料表等功能。CNC-

CBIM 是 Bentley 公司和我国中交一公院基于 Bentley OpenRoads 技术,结合我国规范和用户习惯等本地化需求联合研发的道路工程 BIM 正向设计软件。

这里要强调的是,目前有许多人认为 BIM 就是数字孪生,其实两者之间的差别还是比较大的。数字孪生在同步性和一致性方面,以及针对工程安全状态方面的要求要高很多。

1.2.2 国内进展

数字孪生技术作为推动数字化转型与数字经济快速发展的重要抓手,已经在多个领域得到了广泛应用,有力推动了制造业、智慧城市建设等行业的创新发展。然而,由于受到水系统的随机性和复杂性的限制,数字孪生技术在水利行业的应用发展相对缓慢,仅在防洪减灾方面得到一定应用,与全面感知和映射物理流域并实现流域全要素全过程预报、预警、预演、预案的智慧水利发展要求还有较大距离,其不足主要包括数据要素不全、精度不够,缺乏多源数据融合具体解决方案,数据模型同化速度和精度有待提升,以及欠缺实时映射物理整体解决方案和实用迭代技术等,亟需系统开展数字孪生流域和数字孪生工程关键技术研究。

黄艳等[8]探讨了流域数字孪生的概念与意义,梳理了现阶段流域数字孪生发展需求,以防洪应用为例,探索了数据底座建设、模型库建设、智能应用建设,以及敏捷响应配置平台技术等数字孪生流域建设关键技术,在此基础上,针对基于知识图谱的防洪调度规则库建设技术,以及将应用拓展至水资源管理等长江流域管理现实需求,提出了长江流域三峡库区、汉江流域以及长江中下游行蓄洪空间试点数字孪生技术建设技术方案,为进一步完善和发展数字孪生流域技术提供了借鉴。

刘昌军等[9]针对淮河流域进行防洪预报、预警、预演、预案"四预"试点工作,提出了数字孪生淮河流域智慧防洪试点建设方案,探索了数字孪生淮河流域智慧防洪"四预"新模式,研究了试点区域数字孪生底板、数字化场景、数字化流场和数字映射、基于高性能并行计算的水文水动力学实时模拟预报技术等,开发了淮河流域智慧防汛系统,在淮河正阳关以上流域,初步实现了流域防洪"预报预警实时化、预演实景化、预案实地化",取得良好效果,为全国数字孪生流域智慧防洪业务应用体系建设提供思路框架和案例参考。

李文正[10]探索了数字孪生流域的基本概念和端、边、云系统架构以及数字孪生流域关键技术,提出了从流域碎片化感知到流域全局特征感知的数字孪生流域三角形设计模型。黄勇等[11]对水利工程数字孪生技术进行了研究与探索,给出了相关流程与框架。

BIM 技术自 2003 年引进我国后得到迅速普及,但要强调的是,虽然 BIM 技术可以应用于建设数字孪生水利工程,但数字孪生工程不仅仅是 BIM,尽管相较于 BIM 的初级阶段,当前 BIM 在计算分析、实测数据融合、有限元交互计算等方面已经取得较大进步,BIM 在计算分析和三维可视化方面与数字孪生技术也具有一定的共性,但 BIM 不等同于数字孪生。正如前文所叙,数字孪生是针对已建工程实体物理结构及其性态的同步映射,而 BIM 可以针对未来未建结构。另外从成果上看,到目前为止国内真正实现水利工程数字孪生的并不多,而基于 BIM 的研究成果众多。为了更深入地理解 BIM 与数字孪生的异同之处,下面就水利行业 BIM 相关技术进行叙述。

BIM 是以参数化为关键技术、以统一标准为基础核心、以信息多元为支撑、以协同合作为结果、以中心数据库模型的方式共享信息,能真正解决复杂工程大数据创建、管理和共享应用问题以及由于缺乏有效信息传递和信息的结构化组织导致的“信息孤岛”现象,并且可以同时在数据、技术和协同管理三大层面运用的项目管理方法,为此“BIM＋”工业化、信息化、可视化、参数化、标准化将成为常态。随着 BIM 技术的不断推广应用,在水利水电工程项目的建设运营管理全生命周期中 BIM 族库构建方法的应用和推广无疑是最具发展前景和潜力的。刘鑫[12]基于数字图形介质理论进行了水利水电工程的族库构建方法的研究。通过制定族文件、族参数及族构件在项目中的应用标准,对水利水电工程按一定的标准进行划分(如按专业和建筑物类型)。确定各专业子模型、分解模型构件、确定构件参数及合理的建模顺序,以 Revit 软件为开发平台,利用参数化模板及构件库为资源开发构建实体模型,组建参数化构件族库。通过参数化的设计软件调用族库中的族文件,依据构件装配技术进行合理的组装,最终生成水利水电工程数字信息模型。利用数字图形介质理论从图形中读取相应信息,实现数据交换共享,物质、资金及信息资源集成一体化管理。

蒯鹏程等[13]以福建省某面板堆石坝为例,将 BIM 技术应用到水利水电工程全生命周期管理中,并结合“互联网＋”技术,提出大型水利水电工程全生命周期管理应用方案,即:在设计阶段,实现三维可视化、信息化、多专业协同设计,减少设计变更;在施工阶段,实现 BIM5D 施工管理;在运维阶段,通过 BIM 模型展示、大坝安全监测、设备资产管理、定检管理等手段提高了信息分析处理的速度和可视化水平[14-15]。

随着工程总承包模式在水利水电行业的普及应用,以设计为龙头的设计施工一体化模式已成为降本增效、统一管理、科学决策的有效手段,但该模式当前也存在诸如设计优化效率低、设计施工信息互馈过程烦琐、智能化建造水平不高等问题。张社荣等[16]以数字孪生技术为未来的基础应用架构,详细阐述了未来的重点研究方向,为提高水电工程设计施工一体化水平,弥补水利信息化短板提供技术指引。蒋亚东等[17]探讨了数字孪生技术在水利工程运行管理中的应用。类似地,高英等[18-24]分别探讨了 BIM 在穿黄工程运维、土石坝安全监测管理平台、管网工程全生命周期管理、灌浆过程数据多维集成分析等方面的应用。

于琦等[25]搭建了水利水电工程 BIM 正向设计平台,提高了协同设计效率,实现多源数据共享;饶小康等[26]借助 GIS、BIM、IoT、人工智能等技术,利用数字孪生在信息空间中对水闸、外部工况、实体环境等进行描述建模,实现物理空间与信息空间的动态链接和实时交互,建立相应的水利工程安全管理数字孪生体。通过借鉴 BIM 的相关研究成果,基于数字孪生的水闸安全管理平台可针对物理实体在位置、几何、行为、规则等方面的全要素重建,结合实时数据、历史数据、孪生数据和基于深度学习的险情识别模型,并根据险情实际发生状况和防洪形势等内外环境的变化,构建水闸物理世界与信息世界交互融合的孪生系统,实现水闸险情识别和安全预警在外部环境下的仿真、决策、优化、调整和可视。任海文等[27]引入 BIM 将大坝工程运维基础管理信息、巡检养护信息、水闸工情水情信息与大坝工程 BIM 模型相结合,实现不同类别运维信息的动态可视化管理。此外又引入 QR Code 二维码技术与 SQL 数据库技术,实现在 BIM 模型中查询水利工程运维状态以及水利工程巡查养护的数字化、精细化、规范化管理的目标。

1.2.3 国内试点

随着水利部《关于印发加快推进智慧水利的指导意见和智慧水利总体方案的通知》(水信息〔2019〕220 号)、《智慧水利建设顶层设计》(2021 年)、《"十四五"智慧水利建设实施方案》(2021 年)等一系列文件的发布和水利部领导多次专题会议指示动员和现场调研,2022 年 3 月,水利部印发《数字孪生流域建设技术大纲(试行)》,明确数字孪生流域是以物理流域为单元、时空数据为底座、数学模型为核心、水利知识为驱动,对物理流域全要素和水利治理管理活动全过程进行数字映射、智能模拟、前瞻预演,进而实现与物理流域同步仿真运行、虚实交互、迭代优化的一项复杂系统工程。数字孪生流域建设一方面能够有效提升对海量数据的分析处理能力,另一方面也可以通过数字孪生技术对各类复杂决策进行低成本、快速的预演并优化评估,从而有效提升决策效率。

当前我国各大流域、科研院所、企业已经在逐步开展智慧水利数字孪生流域/工程建设的总体设计、规划和先行先试工作:

(1)长江水利委员会:选取三峡库区、汉江流域、澧水流域以及行蓄洪空间作为试点;整合形成了涵盖47类270余万个水利对象的基础信息数据库,发挥一张图实效;打造面向机理模型和智能模型的通用服务平台、知识图谱平台,完善"四预"应用体系。为加快数字孪生岳城水库建设,长江设计集团于2021年11月成立项目组,开展岳城水库数字孪生建设,并于2022年5月9日在漳卫南局部署了汛前阶段研发成果,初步投入试运行。

(2)黄河水利委员会:以"数字黄河"工程(2001)为基础,初步构建了"黄河一张图"、视频监控系统和数据中心等;制定数字孪生黄河技术规范、标准体系和管理办法;加快水文水资源站网和监测预报能力建设,围绕防洪防凌、水资源管理与调配等业务,研发和改进相关数学模型,加快构建具有"四预"功能的"2+N"智能协同应用体系。

(3)省级水利主管部门:安徽、广东、福建、山东省水利厅通过完善感知网、信息网和云中心建设,重点构建数字化场景;增强专业模型能力,初步实现智慧化模拟;强化"数智"融合,探索智慧流域建设与决策。

(4)大藤峡数字孪生工程:我国水利行业首个数字孪生工程,分三期建设,计划于2025年底前完成。

(5)数字孪生小浪底:完成了以数字化图形、报表、平面地图等展示技术为主的"智慧小浪底1.0",数字孪生建设将成为"智慧小浪底2.0"阶段的主要任务。

1.3 研究内容

1.3.1 建设目的与总体构架

不同的建设目的其研究重点不同。本书将数字孪生的建设目的确定为精准规避工程运行安全风险,确保工程整体安全和有效提高工程管理包括应急管理水平。在上述目的的基础上通过基于数据流和信息流的路径构建数字孪生水闸整体体系,在整体体系中将给出系统框架以及有关理论、方法和模型。

1.3.1.1 建设步骤

(1)明确建设目标和重点,分析用户需求和运行维护条件,针对工程需求和运行维护条件确定数字孪生建设的内容和目的。

(2)搭建数字孪生水闸建设框架,明确数据库、方法库、模型库以及相关规则,优化数据流、信息流、决策流,确定系统设备故障、数据异常和结构安全预报预警预演预案和处置机制。

(3)数据底板和模型库开发、硬软件选型以及整体网络设计,明确数字孪生平台开发的软件架构、数据库选型、功能模块设计和软件开发的技术指标和功能性能要求。给出系统硬件接口、软件标准和维护升级方案。

(4)室内检验测试和系统联合检验。模拟现场实际运行要求搭建系统,通过室内检验发现问题,完善相关配置。结合现场应用制定安装调试规程。

(5)运行维护规程编制和系统现场部署。将室内检验合格的系统部署到现场,并按照安装调试规程完成系统安装、参数设置、分部调试和整体调试,依据相关要求对系统进行检验测试,直到具备投入试运行条件。根据系统运行情况进行功能性能完善和标准迭代。

(6)经过一年时间的试运行,收集并分析系统运行数据,对系统是否满足设计要求进行分析判断并提出下一步工作计划。

1.3.1.2 关键技术

(1)数字孪生指标体系建立。根据水闸的赋存环境和水文、气象、地质以及工程安全风险,结合工程日常运行维护记录、工程安全评价鉴定、结构检测和工程安全监测等信息,充分考虑结构隐患和除险加固等情况,建立基于漫顶、冲刷、变形疲劳、振动和渗透破坏等的工程日常运行维护、工程安全风险识别和风险规避及应急处置方法。

(2)融入防汛和结构安全"四预"功能的数字孪生模型构建。基于数据接口、调用和预测模型等技术方法,融合各类传感器、历史信息和安全预警方法的数字孪生模型是水闸数字孪生的关键。根据工程及影响区域测绘信息、工程运维管理信息、巡检养护信息、工程安全信息等建立三维数字化模型,实现工程三维动态可视化管理。通过 BIM、GIS 与 IoT 技术的融合,实现小尺度的 BIM 信息和监控监测数据与宏观大尺度的 GIS 信息的交换和互操作,提升 BIM 应用深度。在安全、质量巡检模块中,利用 BIM 模型与 GIS 地图服务,可以实现巡检路线的制定以及记录巡查时间与自动定位。将 BIM 模型与倾斜摄影模型融合后发布,并在融合模型上部署物联网设备(包括监控设备、环境监测设备、传感设备),提高安全管理能力。

(3)通过微服务、容器技术以及标准化、模块化手段提高工程数字孪生平台的通用性和灵活性,从而实现跨平台部署和系统的远程升级维护功能,实现 BIM 与工程安全管理专业知识体系的无缝对接。通过集成 GIS、IoT、ICT、大数据、云计算等新技术实现信息及数据的协同也十分重要。搭建基于 Vue3+Vite+TypeScript 的数字孪生平台应用体系架构及多源信息一体化数据库;支持 Maya、3D max、C4D、Blender 等主流三维建模工具成果,集成 Unity3D、UE4、Cocos2d-x 等多种三维引擎,实现三维场景高保真展示。

1.3.1.3　技术难点

(1)数字孪生水闸建设指标及标准体系

目前我国有关数字孪生水闸的研究成果不多,实际投入运行的系统更少。由于水闸工程安全涉及水文、地质、安全评价、运维管理等各类信息,具有动态性、变化性和不确定性,尤其是各个水闸安全风险不一样,其状态演化的形式及影响因素各不相同,选取哪些要素进行孪生、如何保证建成后系统的高效运行、如何保证系统建设的便捷性和维修维护的简洁性都需要标准化的支撑。

(2)嵌入"四预"功能的系统服务层建设与数据交互技术

系统服务层是实现水闸工程运维采集信息与人机交互的枢纽,通过自动或人工接入 GIS、倾斜摄影、安全检测、监测数据。数据交互是系统实现水闸工程管理信息交互访问、分类汇总以及人机交互模型参数驱动的桥梁。系统设计是在对运维管理信息进行分类分析的基础之上利用 SQL 数据库技术将信息识别、提取、存储到系统的数据库中。水闸工程人机交互模型运用混合现实、模式识别和自然语言理解等方法实现。

(3)开放性和可移植性平台架构

有效解决数字孪生平台构建中的框架结构设计、二三维一体化数据资源管理,可视化模型建立与集成交互等技术问题,特别是实现数字孪生平台应用体系架构及搭建多源信息一体化数据库,支持 Maya、3D max、C4D、Blender 等主流三维建模工具成果,可集成 Unity3D、UE4、Cocos2d-x 等多种三维引擎,实现三维场景高保真展示,且满足行业规范和专业应用需求都是数字孪生水闸建设的技术难点。

1.3.2 数据底板建设及信息感知

数据是建设数字孪生的基础,数据包括相对静态的基础数据,如地形、地质、气象、气候等数据,同时也包括实时动态数据,如水闸岩土、钢筋混凝土及金属机电设备结构荷载和结构动静态响应数据。

1.3.2.1 数据采集与收集

基础数据变化速率相对较慢,因此可以称之为拟静态数据。目前拟静态数据是通过资料收集和前期调查等方式来获取,如对于地形数据可采用倾斜摄影等遥感方式采集,对于水闸运行环境而言,遥感包括高精度天基 InSAR 和无人机遥感,而且后者可以将基础数据采集与无人智能巡检结合在一起。无人机遥感一般由无人机飞行平台分系统、任务荷载分系统、地面指控分系统三部分组成。

飞行平台分系统包括无人机机体、能源系统模块、动力系统模块、飞控系统模块和数据传输模块。考虑到水闸的运行和工作环境,特别是应急条件下应针对无人机抗风、防尘防水、续航等方面的性能进行改进优化。同时,研究无人机通信电源管理自适应技术、高精度定位和运动补偿技术和巡检路线规划与智能避障技术。

任务荷载分系统一般包括合成孔径雷达(Synthetic Aperture Radar, SAR)、激光雷达、光学和红外双目相机等,根据不同数据采集要求和信息处理能力,可以选用其他高光谱传感设备,这里重点介绍合成孔径雷达和激光雷达。

随着机载合成孔径技术的不断发展,经过轻量化改进的合成孔径雷达系统已经逐步适应水闸等工程的数据采集工作,影响地表形变解析结果的主要因素是干涉 SAR 数据处理过程中基线、多普勒效应、时间去相关、地形边坡和大气延迟等误差。在星载 SAR 中,大气效应和相位解缠的影响尤为严重,而在机载 SAR 数据中,运动补偿误差的去除尤为重要。无人机一般采用机载重轨干涉获取 SAR 数据,在数据采集过程中引入误差包括:运动过程中由于测量系统精度限制而引入的残余误差、热噪声等原因所引入的随机误差、由平地假设所引入的高程误差、配准过程中所引入的随机误差等。上述误差处理的好坏直接影响最终生成水闸及基础三维变形的精度。利用各维度误差的相关性和冗余性的多维度运动误差补偿首先需要建立运动误差多维度空间模型，并将误差分解到姿态参数域、原始数据域、时间域、频率域等各维度上。将多维度误差与多普勒相位关联，通过多维度间的交替迭代、估计和补偿运动误差，如在缺少偏航角参数时，可利用雷达信号中的多普勒频率中心参数，提取雷达波束指向角度参数进行补偿；可将惯导测量数据和 GNSS 测量数据相融合，提高对无人机平台运动参数的测量精度；可建立雷达与目标间的三维几何关系，通过运动误差在不同视角下的细化分解，弥补大测绘范围时相位梯度自聚焦算法的不足等。采用分级图像配准算法，粗配准使用尺度不变特征转换（Scale Invariant Feature Transform，SIFT）算法，精配准时使用解析搜索算法。使用高级时序 InSAR 分析方法，基于选择合适的冗余干涉图达到减少去相干目的原则进行干涉图的生成，通过满秩矩阵原则进行相干点探测，提高相干点测量精度和相干点的密度，使用网络校正法进行大气误差去除，使用最小二乘方法对解缠干涉图集进行解算，从而得到每个点的时序形变量，从而反演出研究区的地表形变。

激光雷达系统是一种集激光测距、全球定位系统（GPS）、惯性导航系统（INS）三种技术为一体的系统，用于获取数据并生成精确的三维地形（DEM）。机载激光测量系统在工作过程中通过 DGPS 和 IMU 直接求得相片的外方位元素，通过激光测距仪直接测得高密度和高精度的地面三维数据，并通过高分辨率的数码相机得到清晰的地面影像，最后将激光点数据和数码影像数据进行联合处理得到高精度的正射影像图和数字高程模型。根据正射影像和激光点高程数据最终获得用户所需要的 1∶500、1∶1000、1∶2000 等不同比例尺的数字图、影像图及各类专题数据成果，从而大大简化了摄影测量处理的工作流程，使处理结果更为精确和可靠。

地面指控分系统包括带屏遥控器、地面站软件和无人机综合管控平台，负责对无人机远程调度和控制、荷载图像和数据传输处理方面进行优化。

动态数据主要包括水闸运行过程中的水位、气温、水流、风雨激振、泥沙等荷载数据以及结构动静态响应数据，如静动位移、静动孔隙水压力/渗透压力/扬压力、振动频率/振幅/相位以及上述变量的时空分布等，这部分将在第二章详细说明。

1.3.2.2　数据汇集与关联

仅仅完成数据采集是不够的，不同来源数据的格式统一、协调、融合是数字孪生研究和工程建设必须考虑的问题。目前有关水利工程和水工建筑物数据格式研究的文献相对较少,在智慧城市建设领域,已有文献针对数字孪生城市亟需空间统一框架与数据高效组织问题,基于地球空间剖分理论及相应的《地球表面空间网格与编码》(GJB 8896—2017),《北斗网格位置码》及《地球空间网格编码规则》(GB/T 40087—2021)等国家标准编制成果,提出发展一种数字孪生城市空间网格框架与 GDS(Grid Data System,网格数据管理系统)数据平台技术。面向空间数据统一组织的 GDS 技术有利于在传统 GIS、BIM 等面向对象建模数据系统的基础上发展出面向空间建模的新型 G-GIS、G-BIM 等系统,为多源异构数据的汇聚、关联与高效计算提供基础。上述研究为数字孪生水闸的建设提供了有益的参考,特别是大尺度和水闸群的数字底板建设。

1.3.2.3 大数据混合存储架构及多级缓存

数据的存储是数据调用、检索和分析处理的基础。经过对水工结构工程的研究、测试和比选,本书推荐选用 HDFS(Hadoop Distributed File System,Hadoop 分布式文件系统)作为大数据文件存储解决方案、MongoDB 分布式存储作为对象数据存储方案、MySQL 分布式部署作为关系型数据和时序数据存储方案。通过配套两个混合数据存储服务集群,即原始数据存储集群和成果数据存储集群实现数据的存储和管理。系统通过 ETL(Extract-Transform-Load)服务,把各水闸的原始数据,第三方机构提供的水文气象数据、地形地貌数据抽取到原始数据集群进行数据存档。基于 Hadoop 分布式计算框架 MapReduce,搭建计算模型云,搭载水情预报模型、调度演算模型、气象预报模型、回归分析模型、相关性分析模型、浸润线分析模型、渗透坡降分析模型等,并提供后续模型能力扩展接口。通过集群模型计算后,将成果数据汇聚到成果数据混合存储集群中备用。通过微服务集群调用成果数据集群中的数据,使用微服务网关进行心跳管理、负载均衡管理、服务使用权限管理等,使用 WebAPI 为水库管理机构、水行政管理机构、流域管理机构、第三方服务机构提供数据服务。

为保证程序的高性能和可用性,减少数据的重复存取和计算过程的消耗,对高频热点数据进行缓存处理尤为重要。

基于大数据平台下的多级缓存热点处理可采用 Redis 集群缓存来保证数据的安全写入、一致性(非强一致性)、可用性(容忍少量节点出错),同时采用消息队列机制,一方面能平衡用户的数据消费与集群访问关系,另一方面也能发现高频、异常数据以实现对热点数据的统计分析等。

1.3.3　多源异构混合驱动建模和解译

数字孪生水闸的核心技术是实现真实物理结构到数字水闸的双向实时映射,并基于数字水闸实现对物理水闸的预报、预警、预演和预案制定优化,从而基于数字水闸实现对物理水闸感知要素在时空及物理尺度上的延拓。因此,基于收集和采集的各类数据,结合相关知识实现多源异构信息及相关知识的建模,并在模型的基础上实现对真实物理水闸感知广度、深度的延伸,最终为提高水闸安全管理水平和效益服务。通过上面的分析不难发现,数字孪生与目的密切相关,孪生什么、如何孪生都与具体的目的密切相关,本书主要针对水闸工程安全及其风险预警展开,因此孪生主要针对结构强度、稳定以及与工程安全有关的水文、水力等要素。

1.3.4　成果展现可视化与人机交互

基于虚拟现实(VR)、增强现实(AR)和混合现实(MR)等技术实现工程表观信息和抽象信息的多尺度可视化交互是数字孪生建设的必然要求,目前基于扩展现实(XR)的技术已经得到广泛研究与应用,如 BIM＋GIS 融合技术 Hightopo 的水工结构 3D 可视化场景。通过 3D 建模从多种角度直观展示水闸闸室、闸门、启闭设备、泄洪镜像等运行态势,实现水闸调度运行态势一屏掌握。

随着移动交互技术的发展,三维可视化技术可采用 B/S 架构,经过模型轻量化处理后,无需高性能的图形工作站来支撑三维可视化系统。用户通过 PC、PAD 或是智能手机浏览器可随时随地访问三维可视化系统,通过 VR、手持或固定触控终端等多种控制设备对水闸 360 度全景浏览、点选、筛选、圈选、地图平移放缩,实现远程监控等功能。基于 HTML5 标准的组件库无缝集成 HTML5 各项多媒体功能以及各类视频资源形成统一的视频访问平台,可在二三维态势地图上标注摄像头对象,并关联其视频信号源,可以通过场景交互来调取相应监控视频。

1.4　总体架构及关键技术

数字孪生水闸建设目前尚缺乏系统完整的研究,本节将以提高水闸智能化管理水平为目标,以确保工程安全为底线,给出数字孪生水闸完整实施过程,对每个环节的关键技术进行详细的研究,为数字孪生水闸的建设实施提供模型库和方法库。水闸作为一种挡水和泄水的混合功能建筑物,一般采用混凝土-钢筋混凝土-钢结构的组合结构,与混凝土大坝具有许多相似之处,因此本节的方法可以推广到一般的混凝土大坝数字孪生建设。由于土石坝材料结构与混凝土大坝结构差别相对较大,本节的方法还需要针对土石坝的失效模式进行适当调整,但整个流程和关键技术是可以借鉴的。

1.4.1　总体架构

数字孪生水闸系统总体架构体系见图 1-2,其中数字孪生水闸是联系物理水闸和运行管理人员乃至行业专家的桥梁和纽带,通过数字孪生水闸实现物理水闸和相关人员的双向交互、促进相互理解。基于物理水闸的结构、材料、赋存环境、荷载条件及相关响应,并融合专业知识和环境信息,经特征提取、响应预报、状态评估、辅助决策以及信息可视化交互,从而构成一个相对完整的数字孪生水闸。数字孪生水闸通过信息展示、人机接口、综合评价、实时诊断、控制反馈和计算分析等子系统实现对感知信息、历史数据库信息、网络知识信息的甄别、校正、清晰、融合、评价、优化、排序等处理,从而实现与物理水闸以及相关人员的交互。

1.4.2　关键技术

(1) 状态感知优化与调度

为全面精准进行水闸状态感知,必须结合水闸实际状态和运行环境,并基于风险分析的思想进行感知要素的优化。感知要素包括监测变量的类型、位置和时间采样频次及其动态调整过程。随着遥感,包括雷达、多光谱、视频图像、红外微光等先进感知手段的不断应用,如何协调监测与检测、人工与自动化、静态与动态以及点、线、面感知布署之间的关系,需要应用多目标优化、数据同化、物理场重构、样本增强等理论方法。这里要强调的是,根据目前水闸安全监测设计规范,其监测项目设置和数据分析的深度尚不能满足数字孪生的要求,还需根据水闸失事机理和风险演化规律采取增加图像信息等优化措施。当前讨论较多的"天空地"一体化监测也需要根据水闸类型进行针对性优化,而不是盲目设置。监测设备设施包括安装或巡航在水闸上或围绕水闸的空、天、水上、水下区域上用于感知水闸安全运行相关的各类荷载、边界条件以及水闸安全性态响应参数的传感器,这些参数既包括水位、变形、渗

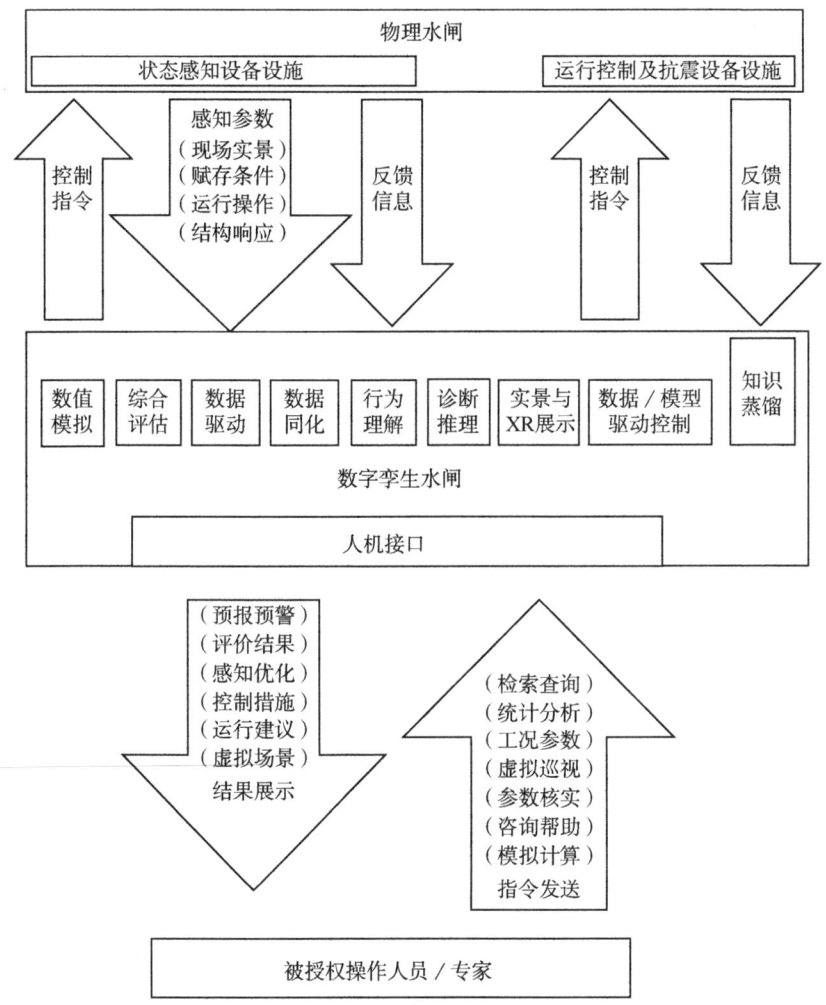

图 1-2　数字孪生水闸总体架构

流、温度以及应力应变,也包括现场实时场景的声、光、电、磁图像以及感知设备自身参数,如视频摄像图、激光雷达、InSAR(地面或空中干涉合成孔径雷达)、激光扫描等设备设施,包括无人机、船、水下多波束等的运行及状态参数。

(2)预测预报和安全评价模型自适应

水闸属于薄壁结构且长期处于交变荷载作用之下,因此其安全状态的预测预报需要同时考虑水闸结构本身及运行工况的变化,可采用数值模拟和统计分析的自适应技术和人工智能中的元学习、迁移学习等方法以适应水闸实际情况的动态特性。目前水闸的安全评价模型主要包括模糊综合评价模型、云模型、集对分析模型等,但上述模型的动态跟踪能力及迭代更新策略方面还有许多问题需要研究。另外在数值模拟、知识驱动和数据混合驱动方面，综合动态评估模型、动态递推数据驱动和在线数据同化方法等还需进一步研究。

综合评价实际上是一个多尺度和多层次的概念，同时也只有针对有关联性的问题进行"综合"才有意义。对于水闸而言综合评价包括水闸整体安全、坝段安全、结构裂缝稳定性、渗透破坏和材料屈服等从整体到材料的不同层次和尺度的评价，同时也包括全体设备设施工作状态综合评价、通信网络及可靠性综合评价、数据和采集信息可用性评价、所建立模型的可靠性综合评价等。

考虑到实测信息的融合与更新，对实测数据的可靠性、冗余性和不确定性进行实时诊断是必要的，实时诊断对象除了水闸安全隐患外，还包括机电控制设备、感知以及交互设备设施等，同时也包括对模型和计算结果的实时检验和校准。

（3）人机交互设备设施布置与部署

数字孪生水闸通过感知设备设施获取水闸现场影像、视频、雷达红外等电磁成像、可见光场景以及结构安全运行和响应的各类参数。目前水闸 BIM（Building Information Model）只能展示水闸的相关信息，包括坝体内外部及上下游现场场景、水闸表观及监测检测信息等，对于感知及计算分析一体化、动静关联及融合分析、结构非结构数据同化，以及人与水闸之间的交互做得还不够。人机交互包括人对机器信息的理解以及机器对人行为和表达的理解，通过人机接口实现。人对机接口包括键盘、麦克风/拾音器、视频探头及相机等，机器通过摄像头、振动传感器等读取人的手势、眼球、表情、肢体行为，机器的表达"器官"包括屏幕、投影、扬声器等。机器对人的行为理解和身份识别模型还包括推理、自然语言理解、姿态识别、表情识别、瞳孔跟踪、步态识别等。目前有关人机交互设备设施的研究大多都是针对室内环境的，而对于水闸现场的人机交互，特别是虚拟现实、增强现实和混合现实的研究还不多见。下一步需要针对水闸运行维护，特别是工程安全预警和后果预测，设置相应的人机交互设备，包括针对巡视操作人员自身的安全感知设备设施，从而实现水闸和现场工作人员之间的协同感知。为达到上述目标，机对人显示设备除布置在后方监控中心外，在水闸坝面、廊道内及水闸下游重要部位等能实现人机交互的地方都应有相应的感知人指令以及显示水闸安全状态的显示投影设备。

（4）运行控制相关理论及模型

水闸工作时要面临闸门启闭、流激振动、机械诱导振动、船舶碰擦和交通车辆激振等外界干扰，因此根据感知到的动态信息及时规避共振、减少有害振动，甚至水闸运行和应急处置等方面都需要相关控制理论的支持。目前常见的控制模型有比例积分控制、滑模控制、自适应控制、模糊控制、变结构同步控制、鲁棒控制、分布式控制等，但上述模型在水闸数字孪生方面的应用及改进还不够。在稳定性分析方面，目前应用比较多的依然是 Lyapunov 理论，对于多体系统动力学、刚柔耦合动力学等的研究和应用还有待加强。

在结构减震控制方面，通过在水流进出口、闸门启闭设备设施上安装水位控制设备设施，包括闸门启闭机、卷扬机等，以及结构减震控制设备设施，如阻尼器、隔振器等，从而实现对水闸动静力状态的控制，再结合相应的控制算法可进一步降低有害振动，延长水闸正常使用寿命。

1.4.3 数据流程

通过数字孪生水闸建设流程可以梳理各个环节的关键问题，同时为数据流、信息流和熵流提供接口和调控方法。

基于物理水闸，融合水闸建设运行过程资料、赋存环境数据以及领域知识，通过自适应数值模拟/综合评估模型、动态递推数据驱动/在线数据同化模型/异常诊断推理、行为理解/实景与 XR 模型、数据/机理驱动控制模型构建与物理水闸安全性态相同、影响因素一致、可测响应同步、多维场景逼真的数字孪生水闸。

基于数字孪生水闸，采用人机交互模式通过数据清洗、数据挖掘、逻辑推理、数值仿真、知识蒸馏实现对物理水闸安全状态的在线异常诊断、实时安全评估、精准预测预警和快速后果推测；根据过程信息建立预处理模型，结合专业知识，实现快速计算、数据模型更替和知识更新；通过设想各种可能工况，结合相应后果预测各种风险并建立预案，通过融合实时感知信息和反馈分析提出相应的水位和抗震控制措施、感知项目及采样频次优化策略、人员疏散规划以及除险加固方案等消警措施，并通过数字模型实现动态高保真实时扩展现实展示。

数字孪生水闸的总体数据流如图 1-3 所示，通过该图不难发现，一个完整的数字孪生水闸是一个系统工程，其中既涉及硬软件的相互配合，也涉及

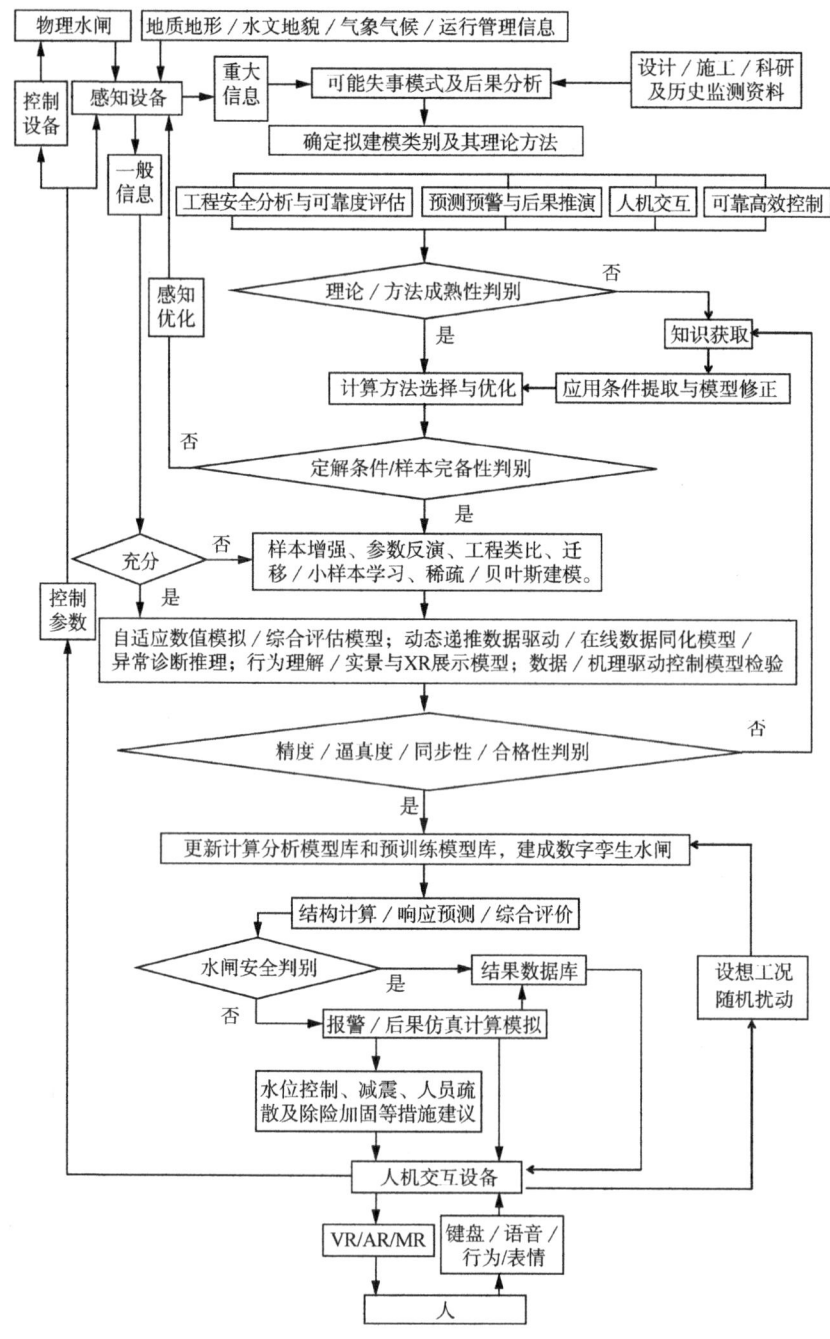

图 1-3 数字孪生水闸总体数据流

算法模型的深度融合。

工程安全是工程发挥效益的基础,聚焦工程安全的数字孪生水闸是一个与物理水闸在安全度和结构方面一致,与安全性状有关的外观逼真的数字水闸,同时在安全信息及响应方面与人和物理水闸保持实时同步更新。数字孪生水闸包括各种数值计算、分析模型和(预)训练模型,构建数字孪生水闸的方法和步骤如下:

1.4.3.1 步骤一:获取与水闸工程安全有关的信息并进行对比分析

依据建设运行过程和状态信息融合、数值模拟计算分析,特别是可能的不利工况及应力路径下的多次试算、类似工程对比、隐患成因及演化分析、标准规范/试验对比,通过人机交互结合专家评判得到水闸可能失事模式和失效路径。上述水闸工程包括与水闸安全有关的各种建筑物以及坝基坝肩等支撑结构。

1.4.3.2 步骤二:确定拟建模类别及其理论方法

水闸数量多、安全状态和失事风险不一,因此可以根据水闸风险大小,特别是依据具体物理水闸可能失事模式和失效路径来确定实时映射水闸安全状态、同步获取结构响应、精确预测失事后果和逼真再现实地场景所需的拟建模类别及其理论方法库。具体针对某一水闸实施时再根据该水闸的特点建立相应的指标体系进行选用。建模类别包括工程安全分析与可靠度评估、预测预警与后果推演、人机交互以及可靠高效控制。可采用通用理论/方法以及专用理论/方法来建立上述四种类别模型:

通用理论包括确定性理论和不确定性理论。确定性理论就是针对结构几何、力学、物理、化学参数以及模型和定解条件都是确定的相关理论,如刚体极限平衡理论、弹塑性力学、断裂力学、变分法、变分不等式以及相应的求解理论;不确定性理论就是上述参数、模型或定解条件中有一项为不确定的相关理论,或将感知信息视为不确定的分析处理方法,如随机过程、随机微分方程、多元统计分析、排队论、随机控制、随机优化、统计理论、极限理论、小偏差理论、随机场、摄动理论、区间数学、凸集理论、盲数理论、灰色系统、模糊理论、未确知数学等。

通用方法包括参数估计、多目标优化、同伦方法、知识图谱、神经网络、专家系统、进化计算、模糊逻辑、机器学习、深度学习和自适应方法等。其中神经网络包括前馈神经网络、卷积神经网络、递归神经网络、Transformers 网络、生成对抗网络、自编码器、脉冲神经网络、概率神经网络、图神经网络、傅里叶神经网络等。卷积神经网络模型包括 R-CNN、Fast R-CNN、Faster R-CNN、FPN、YOLO、SSD、RetinaNet。递归神经网络包括长短时记忆网络、门控制循环单元以及带 QuadTree Attention 注意力机制的递归神经网络。自编码器包括去噪自编码器、变分自编码器、去耦变分自编码器。机器学习包括线性/非线性回归、逻辑回归、决策树、向量机、贝叶斯更新；深度学习包括迁移学习、元学习、表征学习、度量学习、多任务学习、强化学习、集成学习、主动学习；自适应方法包括自适应路由、自适应调度、自适应时空步长选择和自适应网格划分/节点布置。

专用理论/方法/模型包括工程安全分析与可靠度评估、预测预警与后果推演、人机交互以及高可靠控制各类别对应的专用理论、方法和模型。

1. 工程安全分析与可靠度评估专用理论、方法及模型

1) 专用理论

专用理论包括：用于建立水闸动/静力学平衡方程和能量/物质/动量守恒方程的牛顿力学、热力学、连续-离散介质力学、液固耦合理论、渗流力学、破坏力学、块体理论、岩土力学、界面力学、非局部化理论、固结理论、弹塑性力学、损伤断裂力学、Hamilton/拟 Hamilton 原理、相场理论、近场动力学、结构与系统可靠度理论、Noether 原理；用于参数反演的约束最优化、动态规划理论和预测理论；偏微分/积分方程组的高精度数值求解理论；固结渗流启动和扩散问题的重正化群/多重分形理论；应力应变状态分析的张量分析与微分几何理论；用于大变形/不连续分析的有限变形/不连续变形/关键块体分析理论。

2) 专用方法

专用方法包括：用于建立水闸平衡/守恒微分/积分方程的代表单元/微元法/极值原理法；用于分析边坡稳定的极限平衡法；用于求解守恒微分/积分方程的有限元、有限体积、边界元、差分、无限元以及其耦合方法；用于水闸边坡失稳渐变到突变数值模拟的元胞自动机方法；用于循环交变荷载作用下结构安全分析的安定分析方法；用于克服几何边界插值误差采用的自适应等几何分析；为减少网格重新剖分对裂缝采用扩展有限元/近场动力学/相场方法进行数值建模；用于参数反演分析与反馈分析的全局优化仿生算法、同伦方法以及数值优化方法，所述数值优化方法包括最速下降法、共轭梯度法、L-BFGS、高斯牛顿法、预条件方法；用于系统可靠度计算的随机有限元法/蒙特卡洛方法；用于多区域分区数值计算的子结构方法；液固界面耦合液体采

用基于层级结构的非结构自适应网格方法进行加密获得自适应网格,自适应流场采用基于延迟分离涡模拟的高效 RANS-LES 混合方法,采用快速多极子边界元。

地震起伏地面传播采用贴体网格解决由于阶梯状网格存在所产生的虚假绕射,采用基于弹性介质的全交错-Lebedev 网格有限差分方法处理起伏地表面波模拟中稳定性问题。

对于岩石/混凝土内部的非达西渗流采用 Forchheimer 二次方程;压力钢管计算同位网格中采用 SIMPLE-P 算法处理压力边界,IDEAL 算法处理压力和速度耦合。

水闸整体或局部稳定分析与评估力学模型分析区域整体建模,逐级加载、材料强度损失以及结构渐进破坏,应变局部化以及动力学效应和应力转移效益,基于刚体极限平衡法和强度折减法、超载法以及两者结合的局部或整体稳定分析方法。

用于综合评价的模糊综合评价法/云模型法/投影寻踪法;用于不适定问题求解的正则化方法;用于赋权的博弈论组合赋权和主客观赋权法;用于安全度和风险等级排序的未确知测度法/极差分析法/全局敏感性分析方法和矩阵填充法。

3)专用模型

专用模型用于模拟仿真、反演反馈、预测预报水闸在各种内外因素及历史因素共同作用下材料、结构和整体效应演化乃至材料屈服、损伤、液化、开裂和结构屈曲、破坏、失稳等破坏形式及其发生时间、位置、严重程度和后果。专用模型建立过程中应考虑实际作用在水闸上的各种静动力、化学作用和材料及结构的物理化学性质演化等影响工程安全的内外因素,既要考虑材料结构本身的力学特性及其时空分布和演化对应力、变形和渗流演化的影响,也要考虑应力诱导各向异性以及岩石/土体等摩擦材料的剪胀性、压硬性和结构性。

专用模型包括解析模型、数值模型、数据驱动模型以及综合评价模型。建立数值模型首先要建立偏微分/积分方程组,再通过变分/积分/差分等等效弱形式结合插值函数等方法将解析形式的偏微分方程组转化为数值离散格式,再结合定解条件建立数值求解模型。对于存在氯离子、酸离子以及应力耦合的侵蚀环境,建模需要考虑物理-化学作用对水闸材料和结构的侵蚀作用,并根据能量守恒、质量守恒和动量守恒定律对模型进行修正。由于水闸结构的复杂性,解析模型分析在水闸安全分析评价中应用比较少;数值模型是水闸安全分析的主要模型,数据驱动模型是采用感知数据经过统计理论、神经网络、贝叶斯方法等建立的模型,可以通过将预测值与实测值比较、拟定预警指标等方法进行安全性评价;综合评价模型则是综合了上述各类模型对水闸进行安全性评价。

这里自适应模型包括网格划分/节点布置采用自适应方式进行离散和自适应确定时空步长、自适应收敛到真解的数值模型,以及自适应采样、样本自适应增强、参数估计自适应递推和自适应全局收敛的数据驱动模型。

(1)自适应数值模型

自适应数值模型包括:① 整体多场多尺度耦合时空演化模型;② 裂缝稳定分析与演化模型;③ 整体或局部稳定分析与评估模型。

所述整体多场多尺度耦合时空演化模型包括水闸整体应力-变形-温度-渗流多场耦合多重介质模型和温度-渗流-应力-变形-侵蚀-淤积组合作用下多场耦合多重介质模型;所述整体应力-变形-温度-渗流多场耦合多重介质模型根据物理水闸结构、材料、运行特点和赋存环境确定其安全影响因素,并根据上述因素之间的相互作用得到水闸在内外因素耦合作用下的结构稳定性、耐久性和抗扰动能力的度量方程。根据结构材料及其演化过程呈现的形态采用连续介质力学-离散介质-孔洞几何力学方法建立水闸的热-力-渗多场耦合质量、动量、能量和通量守恒方程,根据结构和材料的屈服准则和材料本构模型形成封闭方程组;对最危险的或可能首先破坏的区域采用子结构法通过节点优化/插值函数升阶等方法提高相应区域的计算精度。屈服准则包括金属材料屈服准则和岩土材料屈服准则,其中岩土材料屈服准则选用满足拉压异性效应、正应力效应、静水应力效应、中间主应力效应、中间主剪应力效应、双剪应力正应力效应、双剪应力围压效应、应力角效应和屈服面的外凸性效应的三剪屈服准则;材料结构本构模型采用符合热力学规律且能准确模拟三轴应力条件下结构材料应力变形演化的时间效应、应力路径效应、加卸载过程非关联流动法则和非共轴特征的应变局部化增量本构模型;对于金属材料考虑金属包辛格效应及 Lode 角对断裂应变影响的本构模型;土体结构根据实际土坝材料和施工情况选用各向异性边界面模型、应力路径本构模型、等效粘塑性本构模型、基于应力空间变换的原状软土本构模型、超固结非饱和土的弹塑性双面模型;基于耗散能、运动硬化、旋转硬化与等向硬化相结合的硬化理论同时引入屈服面收缩参数来描述循环荷载加载过程中土体屈服面的演化和黏土各向异性的修正剑桥模型。

本构模型引入材料结构的屈服/液化/损伤、屈曲/失稳/破坏准则,其中小尺度破坏准则包括最大应力/应变准则、应变能、液化破坏准则。大尺度破坏准则包括应变局部化、渗透变形、应力/应变累计、累计塑性变形区域、应力释放率/转移率、液化/损伤体积比、裂纹萌生与失稳扩展、塑性区连通/位移突变/计算不收敛准则;共振失效准则包括受迫共振、内共振和参数共振破坏准则。

温度-渗流-应力-变形-侵蚀-淤积组合作用下多场耦合多重介质模型除考虑上述模型因素外,还应考虑内外部水流/应力/化学冲刷、侵蚀或淤积/固结对结构孔隙率、形状、尺寸等几何特征和强度刚度等力学特征的影响,在建模时进行必要的几何、质量、力学和表面参数修正。

裂缝稳定分析与演化数值仿真模型包括线弹性断裂力学模型、黏弹性断裂力学模型和非线性断裂力学模型。模型采用无网格方法、相场方法或近场动力学方法建立,裂缝判据包括应力强度因子、J 积分、裂缝间断位移、基于广义双剪应力强度理论裂缝尖端的位移场、应力场、能量释放率 G、断裂过程区、双 K 断裂韧度、COD 等开裂/失稳扩展准则。对于混凝土和岩石采用混凝土软化本构关系与裂缝扩展 GR 阻力曲线的相关性、最大周向正应力、比应变能、最大拉应变准则,对于土体破坏采用内摩擦以及双剪切/最大抗拉强度的断裂准则。

渗流分析中应充分考虑多相渗流、复杂介质、液固界面效应、表面张力影响以及渗流通道非连续性对渗流的影响,包括优先流、段塞流、非饱和多相流数值模型。

(2)综合评估模型

综合评估模型就是综合响应水闸安全的各种信息对水闸安全进行全面评估,既可以针对整个水闸,也可以针对某个坝段、坝肩、坝基等与水闸安全有关的某一部分,甚至厂房、压力钢管、开关站等与水闸安全有关的结构,既可以从对结构施加荷载角度,也可以从结构本身抗力角度。

本书将综合评价转化为多指标逼近/贴近度、分类/聚类问题,通过定义各种距离或贴近度,如相似度/模糊贴进度/灰色关联度或应力/应变/能量/能量释放率空间应力路径相关的测地距离,在此基础上采用监督学习(分类)、无监督学习(聚类)以及半监督学习的方法进行评估。

根据不同的分类准则可以对综合评估模型进行不同的分类:① 按荷载作

用极限状态或承载能力/结构破坏极限状态进行分类。② 按影响因素确定性分类,包括确定性综合评价和非确定性综合评价。非确定性水闸安全综合评估模型采用考虑荷载、材料参数和结构参数不确定性的系统可靠度评估模型、模糊综合评估模型、D-S证据模型和云评估模型。③ 按评价方法进行分类。如依据行业规范《水闸安全评价导则》(SL 214—2015)评价模型、依据解析分析和数值计算的评价模型、融合感知和运行多源信息的综合评估模型;解析分析包括偏微分方程、动力系统解析和突变模型;动力系统稳定判据包括 Lyapunov 第一法、Lyapunov 第二法,突变模型包括尖点突变模型、燕尾突变模型和折叠突变模型。数值计算包括结构动静及物理化学效应耦合计算,同时考虑静动力和侵蚀/腐蚀破坏准则,以及水闸不同分区弹性能释放的综合刚度和综合能量准则,充分考虑初始微缺陷、应力路径影响以及能量耗散的特点,体系失稳采取应变局部化、应变强化、应变软化模型以及孔压/静力触探(CPT)液化评价、动应力动强度/共振动力评价、屈服/屈曲和动/静失稳评价模型;多源信息包括依据数据和机理驱动的系统动力学模型、数值计算结果、感知数据和领域知识,采用信息融合的方式进行水闸安全综合评估。

2. 预测预警与后果推演专用理论、方法及模型

预测预警与后果推演专用理论、方法及模型用于对水闸外部运行环境、水闸本身运行性态、可能失事后果进行预测预警,具体包括感知信息粗差/噪声甄别与处理、感知信息异常诊断与演化推断、预测方法提出和模型建立、预警方法提出与预警指标拟定。

其中,预测是对影响工程安全的水闸水文气象参数、地形地质条件、荷载工况作用、运行管理效果等外部作用,以及材料结构参数及其之间的相互关系等内部因素,还有应力、应变、温度、渗流和变形等水闸响应以及考虑社会经济生态影响等后果的工程安全风险进行预测。

预警是根据可接受风险,对可观测、可提取和可计算物理量接近、超过临界状态进行的判断和提醒。临界状态可以是分类线、面,也可以是一个区域;预警指标既可以是标量,也可以是矢量,甚至是张量;预警空间既可以是在欧几里得空间也可以是在其他空间。

后果推演就是根据水闸目前的状态,结合历史和将来的环境对水闸安全状态演化及其后果进行分析判断。包括感知/实测数据异常成因推理和水闸隐患成因和后果推理。

1）专用理论

预测预警与后果推演专用理论包括数据驱动、机理驱动和混合驱动建模相关理论。数据驱动专用理论包括机器学习、深度学习、回归分析、大数据、逼近论、状态空间理论、组合/集合预报、统计学习理论、混沌理论、熵理论、参数估计/非参数估计；机理驱动专用理论包括基于物理化学规律的相关理论；混合驱动专用理论包括数据同化理论、模型修正以及多源信息融合理论。

其中预测理论包括机器学习、深度学习、机理驱动、数据同化、状态空间；预警理论包括阈值、危险度、易损性分析、风险分析、动力学方法、结构损伤与破坏理论；后果推演理论包括灾害链、马尔可夫模型、序贯分析、贝叶斯网络、复杂网络、时间序列分析、仿真数值模拟等理论。

2）专用方法

预测预警与后果推演专用方法包括：用于数据插值的生成式对抗网络方法、信息扩散方法和矩阵填充方法；用于不完整数据和非平衡数据处理的样本生成、数据增强、矩阵填充、非负矩阵分解、独立分量分析等理论；用于在线预测的稳健在线递推最小二乘法、递推近似最小一乘法和稳健估计、交互式状态空间方法；用于组合预测的非诱导有序加权平均算子；用于集合预测的集合状态空间模型；用于回归参数估计的全局最优仿生算法、约束/总体/阻尼最小二乘等方法；用于概率密度估计的最大熵原理/核估计/最大使然估计/期望最大化算法等。

联合概率分布和不利工况遭遇概率分布采用 Copula 方法；采用强跟踪滤波/鲁棒容积卡尔曼滤波建立多输入多输出系统模型；数据同化和模型修正采用四维变分同化方法；信号非平稳分解采用小波、小波包、提升小波、谱分析、经验模态分解、变分模态分解以及希尔伯特-黄变换方法；针对分类/聚类问题采用回归、模式识别、聚类算法；结构数据回归分析采用逐步回归/分位数回归/分位数回归，针对多重共线性采用偏最小二乘回归/核主成分分析回归；针对模态分解中的端点问题采用信号序列延拓方法。基于实测数据的隐患/异常特征提取方法包括短时傅里叶变换、小波/小波包变换、经验模态分解、希尔伯特-黄变换、变分模态分解、独立分量分析/约束独立分量分析。

异常诊断推理方法包括数据异常诊断、结构健康异常诊断、计算结果和感知信息可信度评估、水闸隐患成因分析以及系统自身运行状态评估与诊断；异常诊断采用独立分量分析方法、临界阈值方法和趋势分析法；独立分量分析算法包括 FastICA、InfoMax ICA 和 KICA；根据水闸运行过程将时间因素与模糊 Petri 网演化建立映射,适合描述异常事件传播的赋时模糊 Petri 网模型实现异常诊断。

其他异常诊断推理方法还包括基于规则的专家系统、基于模型的推理系统方法、基于 DS 证据理论-神经网络算法的异常诊断方法、基于核主元分析与模糊神经网络的闸门/管道/启闭机振动故障诊断方法、自编码器的异常检测方法、基于聚焦式模糊综合评判的闸门/管道/启闭振动故障诊断方法、水位升降过程水闸及输泄水系统模糊逻辑推理异常诊断方法、基于大数据的传感器异常诊断的智能算法、基于注意力机制的循环神经网络和变分自动编码器相结合的异常诊断算法、基于随机森林的故障预测、基于独立分量分析与希尔伯特-黄变换的异常/故障特征提取、基于短时傅里叶变换/小波变换/经验模态分解/希尔伯特变换/变分模态分解/时频分析方法的隐患/特征提取方法、基于约束独立分量分析的水闸/监测/控制系统故障诊断方法。

后果推演采用证据理论,考虑人为误操作,结合设备/材料/结构老化的随机点过程以及外界强迫的非平稳随机过程理论、扰动论进行演化推演;预警采用强度理论、稳定理论、混沌分形以及分岔理论、突变理论和复杂网络理论。

3) 专用模型

预测预警与后果推演专用模型包括数据驱动模型、机理驱动模型、数据和机理混合驱动模型三类。这里的数据既包括结构化数据,也包括非结构数据和半结构数据。数据和机理混合驱动模型包括数据同化模型。

所述数据驱动模型包括统计分析模型、回归分析模型、状态空间模型、神经网络模型和深度学习模型;机理驱动模型包括基于数学、物理、化学等公理、定律和相关逻辑推理建立的数学模型;所述数据同化模型包括感知信息与机理理论模型的时空四维变分同化模型。

(1) 动态递推数据驱动

一维及多维时间序列数据采用逐步抗差回归、偏最小二乘回归、稳健在线递推最小二乘回归、强跟踪粒子滤波、非高斯噪声下基于 Unscented 粒子滤波、改进的交互式多模型粒子滤波、自适应交互式多模型滤波、高斯混合模型、支持向量机/相关向量机、时间序列 ARIMA 模型、随机森林模型。

空间分布采用分形协同克里金回归、非齐次高斯混合随机场模型等进行拟合。

(2) 在线数据同化模型

采用集合状态空间扩展卡尔曼滤波、强跟踪滤波、粒子滤波以及在线递推估计算法的四维变分同化模型。

（3）异常诊断模型

知识图谱模型、推理证据模型、规则推理模型、赋时模糊 Petri 网模型、DS 证据理论-神经网络模型、基于核主元分析与模糊神经网络模型、自编码-解码深度学习模型、聚焦式模糊综合评判和模糊逻辑推理模型、基于注意力机制的循环神经网络和变分自动编码器异常诊断模型、随机森林预测模型、约束独立分量分析的隐患/故障诊断模型。

语义获取渐进式认知推理模型、基于证据推理的确定因子规则库推理模型、可重构知识管理系统中案例与规则的集成推理模型、知识图谱推理模型、云推理模型、基于中介逻辑的近似推理模型、基于 LOBA 逻辑的言语行为推理模型。

3. 人机交互专用理论、方法及模型

人机交互就是通过信息表达、信息传输、信息理解和响应实现人与机器/系统之间的相互行为理解。行为理解既包括机器对人的语言/语音/语气、操作、行为以及姿态等的理解，也包括人对机器输出信息的理解。可以通过增强系统的智能化水平和多模态信息处理能力来提高机器本身对人的理解力、响应力、执行能力和机器输出信息的可理解性。响应力和执行力是指机器通过调用数据/模型库资源、计算资源、网络资源和搜索能力从而更准确地理解人的意图、要求、疑问以及通过感知和控制系统快速精准地实现人的目标。

实景展示包括对现状实时情景的高保真展现和对水闸过去特定时间点状态的真实场景再现。而 XR 展示内容及目的包括：水闸安全状态发展以及灾害链演化诱导的最可能场景，从而实现人机交互过程中的知识的相互增强，协同提高对水闸安全状态、风险及其发展趋势的认知水平、判断准确度和预测预警能力；对不同人为设定输入的计算结果和运行控制效果的增加现实和混合现实，从而使得操作人员和相关专家达到沉浸式体验；通过图形化、重点渲染、融合对比和特征增强等方式提高感知系统获取的抽象数据信息的可辨识性、直观性、形象性。

所述人机交互理论及方法中的人是指被授权运行操作人员和技术专家。

1）专用理论

（1）行为理解

行为理解理论包括仿生学、人体工程学、信息感知、计算机图形学、视觉注意力机制、视觉掩蔽效应、拓扑知觉、模式识别、认知学、行为学、心理学、人体生物学、增量学习、属性学习、机器视觉、影像再现理论、零样本学习、流形学习、小样本学习等。

(2) 实景与 XR 展示

实景与 XR 展示专用理论包括图形图像学、视觉连贯性理论、超分辨率模型、机器视觉、计算图形学、形态学、虚拟现实、混合现实、增强现实、建筑信息系统、群论等。

2) 专用方法

合成高保真 UHR 纹理图像采用 OUR-GAN 网络算法,图像去噪和恢复采用正交随机投影算法,视觉监控采用超分辨率复原算法,协同过滤/系统识别/传感器网络/图像处理/稀疏信道估计/频谱感知以及多媒体编码和通信采用矩阵填充 SVT、ADMiRA 和 SVP 改进算法,成像泊松噪声消除、盲源分离和盲辨识采用独立分量分析算法,表情识别采用基于面部视频的成像式光电容积描记(IPPG)方法。

BIM 耦合数值计算方法首先利用无人机和地面三维激光扫描仪、全站仪结合竣工图采用 BIM 建模软件 Revit 进行建模,再根据 BIM 修正数值模型进行数值模拟。

模式识别过程中为克服角度和尺度对识别结果的影响,采用仿射变换、动态时间规整(DTW)和深度学习方法。

对于过去场景再现可通过自动建模、智能空洞填补、全自动数据提取、HDR 优化等三维重建技术将已有的空间数据及图片纹理映射到三维模型上还原真实三维空间。

对于现实场景,可将现场固定视角相机采集的 RGB 图像信息通过 PVnet 算法计算物体位姿,通过两个相邻并且相互可见的拍摄点视觉特征匹配,估算拍摄点的相对位置重建空间三维模型。

对于将来场景,可通过 AR 将虚拟的物体、场景或信息叠加至真实的环境中,用户可以体验到合并现实和虚拟世界而产生的三维实时互动式可视化环境。

对于 XR 展示,可通过 3D 建模(3D 软件、3D 扫描、光场捕捉)、自然交互(动作捕获、眼动追踪、语音交互、触觉交互、嗅觉及其他感官交互、脑机接口)、立体显示(HMD、光场成像、全息投影)或通过佩戴设备,利用电脑模拟三维虚拟世界,呈现给用户全封闭与沉浸式的虚拟环境,并加入听觉以及触觉等感官体验。

（1）行为理解

机器对人的行为理解通过如下方法实现：机器通过键盘、鼠标、摄像头、麦克风/拾音器、手写输入设备等获取人的动作、手势、表情、姿态、语音/语言、步态等信息，利用语音识别、自然语言理解、姿态识别、手写体识别等方法分析推理掌握人的目的、意图、疑问并做出相应的响应；姿态识别采用深度学习等模式识别方法，模式识别采用零空间线性判别分析快速增量分类算法、解决小样本和采样不均衡样本问题、核零空间的快速异常检测增量算法；语音情感识别采用语谱图特征提取算法，动作识别采用基于手势肢体运动时空特征的多尺度在线序列分割方法和混合集成学习模型的意图识别方法，语音识别采用隐马尔可夫模型和动态贝叶斯网络，机器对自然语言深层意思的理解采用基于自然语言理解结合外部知识辅助的多步推理方法。

人对机器的理解方法包括：通过眼、耳、手结合 VR 虚拟眼镜（裸眼 3D 等则不需要配置特殊眼镜）、立体耳机等对机器输出的数据、图形、声音、视频和全息图像等进行理解。

（2）实景与 XR 展示

实景展示方面，对于过去的实景采取检索调用方法展示，对于现实场景采用实时拍摄、宽带传输、实时现实方法进行展示。并采用非负矩阵分解方法抑制部分遮挡、光照变化和物体的旋转等外界变化给特征提取带来的不利影响。

XR 展示是基于数值模拟结果融合已有知识来实现异地或异时虚拟三维动态展示，其具体方法包括：VR 展示采用类似工程到本项目的场景迁移的深度学习方法、基于情景演算的贝叶斯方法和基于约束条件随机场的渲染方法；AR 展示针对实体结构融合数值预报信息，通过在现实场景中插入预测、需要和条件，实现虚实结合的一体化展示；MR 展示采用虚拟现实和增强现实相结合的方法对整体进行交互式三维动态展示，混合现实要求在响应速度和逼真度方面满足高保真和实时性要求。

建模中样本数不够时可采用数据增强和样本增强方法。灰度图像部分像素缺失或存在噪声时利用矩阵填充算法进行填充恢复。针对权威专家个性化推荐采用基于类别加权的矩阵分解模型 CW-MF 和基于近邻影响和类别加权的矩阵分解模型 NICW-MF。针对专家组或集体会商推荐问题采用基于近邻影响的主题模型的群组个性化推荐方法。

根据数字孪生水闸的系统规模，可以考虑基于 SDK（Software Development Kit,软件开发工具包)进行系统功能开发,支持跨平台部署(Windows、Linux)。数字孪生平台采用 Vue3＋Vite＋TypeScript 基于微服务架构开发,桌面端工具采用 Maya、3D max、C4D 等主流三维建模工具进行相互转换,然后加载到开发的基础平台里面,并且对 Unity3D、UE4、Cocos2D 进行封装,形成二次开发 SDK。

3)专用模型

(1)行为理解

对人的行为理解采用福格行为模型(Fogg's Behavior Model),能够发现文档的语义相关度,用于信息自动索引和提取;水库入侵检测采用非负矩阵分解算法,进行文本聚类/特征的提取和分类/数据挖掘;语音自动识别也采用非负矩阵分解算法。

基于半监督学习的增量式自生长自组织神经网络,可以解决采集数据的空间分布复杂、增量式输入以及获得大量标准数据困难的问题。

人体姿态表征模型可以采用姿态识别的动态贝叶斯网络、隐马尔可夫模型、条件随机场等特征提取算法,采用模式识别的方法进行人体姿态理解并做出响应。近年来,基于人体约束的行为语义运动模型及其增量更新算法、多类别行为共享运动语义网隐变量模型等新型模型和算法相继出现,从而为实现机器对水闸运行管理人员行为更精准地理解奠定了基础。

在对水闸安全状态理解的过程中,可以对水闸静动态结构化数据、表面隐患特征图像数据、结构材料隐患的超声数据和温度场数据进行结构数据和非结构数据的融合,在此基础上结合破坏失事空间的演化路径,基于模式识别和流形距离等相关算法转化成易于理解的结构安全特征和度量。

数字孪生的显著特点就是人机交互,为此在数据分析处理、模型计算、逻辑推理和异常诊断、结果判别等过程中可以根据操作人员的专业水平、事件的紧急程度等,可选择 Imu 滤波模型作为交互模型。

(2)实景与 XR 展示

虚拟现实(VR)技术利用头戴设备模拟真实世界的 3D 互动环境;增强现实(AR)技术则是通过电子设备(如手机、平板、3D 眼镜等)将各种信息和影像叠加到现实世界中;混合现实(MR)介于 VR 和 AR 之间,在虚拟世界、现实世界和用户之间,利用数字技术实现实时交互的复杂环境。

单样本超高分辨率图像合成框架采用 OUR-GAN 模型进行,人机状态预测采用隐马尔可夫模型、贝叶斯网络、贝叶斯更新模型。

对于采用无人机进行水闸智能巡检所获取的图像其航拍图像的无缝拼接可采用 SIFT 算法；水闸表面裂缝图像采用 Sobel 算子提取边缘特征再利用引入通道域机制的残差 FCN 构建裂缝智能识别模型；3D 全息显示采用 FCNN-propCNN 神经网络求平面到多平面波传播模型，全息近眼显示采用波传播模型以及可微分摄像头校准模型。

4. 可靠高效控制专用理论、方法及模型

可靠高效控制包括对感知系统的优化调度以及水闸安全控制措施两个子系统的控制，即根据水闸实时安全评估、风险分析、敏感分析、风险规避、防灾减灾的需要而对感知网络、计算分析（包括存储通信）子系统以及水闸安全控制设施所采用的优化配置、自适应采样、反馈调度等智能鲁棒动态操作。

1）专用理论

包括系统论、信息论、控制论、动态规划和多目标优化、稀疏采样/压缩感知、空时自适应处理理论。

（1）水闸安全控制理论

通过使水闸水位和温度荷载处于相应的区间，从而使得水闸在满足当前不可控因素的前提下具有最高安全度/最小安全风险的调整策略。

基于水闸局部和整体安全的确定性和非确定性判据，通过调整泄水设施和温控设施，使得水闸处于预先设定的安全状态。

相关理论包括前文的水闸安全建模、计算分析和综合评价理论，以及专家根据当时实际情况所做的必要的决策论。

无边界主动轮廓图像分割算法首先利用数学形态学算子对图像进行平滑预处理，随后将选择性注意机制引入到基于区域的无边界主动轮廓模型中，对单目标和多目标图像分别采用基于显著图的方法以及基于选择注意与小波变换相结合的方法进行掩膜初始化，最后应用水平集方法进行图像分割。

（2）计算分析/感知子系统控制理论

计算分析和感知系统采用端边云协同架构，采用协同论、排队论、博弈论等方法保证整个系统高效可靠运行，同时采取必要的冗余措施使得整个计算分析/感知系统具有较高的鲁棒性。现场感知系统采用固定测点与移动巡检相协调的感知方法，测点优化采用一类稀疏约束下不适定反问题的求解矩阵填充、约束反演存在唯一性以及安全评价定解理论。考虑到仪器设备损坏和必要的备份，仓库储存采用物流管理和库存相关理论。对于内部破损和共振破坏采用基于光纤分布式震动/微震的分布式控制理论，时空采用基于压缩感知的自适应理论,隐患推理采用基于复杂网络推理算法。

2) 专用方法

(1) 水闸安全控制方法

水闸安全控制可以采用基于最优化理论的多目标控制方法,也可以采用基于 Lyapunov 稳定理论的状态空间控制以及基于深度强化学习人工智能控制方法。人工智能控制是当前研究热点,相应的控制方法包括基于马尔可夫决策和部分客观马尔可夫决策方法、深度强化学习方法等。

(2) 计算分析/感知子系统控制方法

仪器设备控制方法采用强化学习以及监督学习、半监督学习和自监督学习多种方法进行。

采用空时自适应处理方法对无人机(车、狗)载激光、合成孔径雷达、双光相机、摄像头等对强地/水杂波进行抑制。

裂缝或隐患检测采用双光模式,即红外和可见光/微光模式。先根据点扩散函数原理仿真生成红外小目标训练样本,再用主成分/核主成分分析方法提取目标样本的主特征构建目标的主成分空间。对测试样本只要判断其在主成分空间的重构残差便可识别其是否为目标。

内部岩石/混凝土断裂感知综合采用红外、微震和声发射方法。针对红外图像存在边缘模糊或离散状边缘的特点采用基于图像全局信息并且不需要重新初始化的变分水平集红外图像分割方法,同时通过引入内部变形能量约束水平集函数逼近符号距离函数。

总体最小二乘-LASSO 方法的自适应校正方法用于解决控制中的 off-grid 问题。应用最大期望算法(EM)的多个改进版本包括贝叶斯推断 EM 算法、EM 梯度算法、广义 EM 算法等用于处理数据的缺测值、高斯混合模型和隐马尔可夫模型的参数估计。

通过基本构建单元自适应诱导出控制闸门运动鲁棒学习模型,构建单元的模型的鲁棒性采用数据驱动的非梯度的伪逆学习策略结合图拉普拉斯正则化方法训练来提高。

3) 专用模型

所述高可靠控制理论方法用于建立水闸安全控制、计算分析/感知子系统控制的数据驱动和模型驱动控制模型。

(1) 水闸安全控制模型

包括基于数值试算的水闸安全控制模型、基于强化学习的水位控制模型、基于无监督学习的类似工程参考控制模型和迁移学习模型。

（2）计算分析/感知子系统控制模型

包括控制论、滑模边结构控制模型、数据驱动学习迭代控制模型、部分可观马尔可夫决策模型、多目标优化与动态规划模型、强化学习/迭代学习预测控制模型。

1.4.3.3　步骤三：理论/方法成熟性判别

根据逻辑严密程度分析、对物理水闸实际的描述能力、假设的合理性和已推广应用情况判别建模理论是否成熟。

若建模理论成熟，则根据方法与模型对具体水闸的针对性、匹配性结合推荐算法和专家经验，初步选择相应的算法，通过实际计算结果从计算精确度、收敛稳定性和鲁棒性等方面确定相应的理论方法，并根据相应的理论方法构建相应的数值模型和深度学习预处理模型。

1.4.3.4　步骤四：计算方法选择与确定

根据工程地质、结构、材料、运行情况和风险选择适合于具体工程实际的计算方法，保证计算结果与实际情况的一致性。为提高计算精度和保证响应时间，根据计算复杂度选择相匹配的算力，算力采用端边云协同以及任务卸载机制完成。云端计算采用云计算、并行计算和集群计算完成，结合 NPU、GPU 等硬件，前端采用轻量化深度学习模型专用神经芯片、FPGA 以及嵌入式系统完成，配置 tinyML 基于 TensorFlow Lite 在 Arduino 和超低功耗微控制器上部署模型。

方法选择及确定是指针对上一步所确定的模型种类寻找相匹配的自适应鲁棒自动求解方法，包括偏微分方程组的求解方法、非参数和半参数模型的建立方法、参数模型的参数估计方法和深度学习方法。

情景再现模型采用水闸安全性态演化过程建筑信息模型耦合水闸失事影响区域地理信息系统模型进行搭建。

偏微分方程组的求解方法包括等价形式和数值离散方法。所述等价形式包括变分形式、积分形式、相场形式和近场动力学形式；所述数值离散方法包括方程离散和网格选择，所述方程离散包括差分法、加权残值法、区域分解法、配点法、移动最小二乘法，所述网格选择根据模拟精度和匹配性选择有限元法、边界元法、无限元法或有限体积法，或进行组合与改进，所述组合包括多种网格组合的子结构法和区域分解法，所述改进包括多重网格法、分层基法、BPX法，同时选用等几何分析法用于减少边界离散误差，选用依赖度低的物质点法以减少对网格的依赖,对应力集中部位采用无网格法离散;离散网格初期根据竣工资料和实测数据完成,离散网格后期根据感知系统测量的水闸结构实际尺寸和材料分区采用动态自适应自动生成。

所述数值离散方法还包括插值方法和检验方法,所述插值方法包括多项式、径向基法、小波基及其扩展、高阶、不协调、混合和谱形式,所述离散后的检验算法包括网格无关判别算法、模型稳定性算法和收敛性判别算法。

非参数、半参数和参数模型的选择依据包括样本维数、长度、独立性、平稳性,包括核估计模型、回归模型、灰色模型和相关向量机模型。

所述参数模型的参数估计方法包括整体抗差估计方法、正则化方法和仿生全局优化算法。

所述神经网络架构的确定方法包括经验法、试错法和裁剪法,所述神经网络架构的确定方法的参数求解方法采用误差反向传播算法,所述误差反向传播算法包括梯度下降算法和动量算法。

若建模理论不成熟,则进行知识获取,采用网络爬虫、专家咨询、数据挖掘、知识蒸馏等方法,图神经网络、知识图谱用于获取新模型,对知识获取获得的新模型应针对物理水闸的特征进行条件核对和修正。所述知识获取的方法包括广域专家咨询和网络爬虫方法,所述知识获取方法的选用由人机交互专家进行确认。

1.4.3.5　步骤五:定解条件/样本完备性判别

当发现样本不足时先通过感知系统进行感知,如感知足够就直接应用,如不够则采用样本增强方法进行增强处理。

分析问题解决模型的定解条件和样本是否满足求解要求:

若满足,则建立情景再现模型、安全分析模型、预测预警模型和人机交互模型的自适应多尺度数值模型、动态递推自适应数据驱动模型、混合驱动数据同化模型、信息融合预警预测模型和虚拟动态三维显示模型;所述自适应数值模型采用 hp 自适应。

若不满足,当样本数量不足或位置不合理时先通过感知系统增强感知,当感知系统所获结果仍然不能满足定解条件需要时则对样本进行增强处理,处理方法包括:通过生成对抗网络、变分方法和扩散模型进行样本生成或样本增强;通过数据同化、分形克里格协同插值计算样本填充;若上述两种增加样本的方法仍不能满足求解或参数估计要求时采用 0 样本学习适应无样本情况,采用小样本学习适应少样本情况;采用稀疏建模或贝叶斯建模进行数据驱动建模;采用仿生算法、抗差估计、同伦方法和正则化方法进行参数反演;采用迁移学习、知识蒸馏、模型裁剪等适应不同工况和模型应用场景的变化。

依据处理后的问题解决模型建立自适应混合驱动多尺度数值模型和动态递推自适应数据驱动模型;所述自适应混合驱动多尺度数值模型依据误差界限要求自动调整离散节点和计算步长;所述动态递推自适应数据驱动模型依据采样速率、数据误差和泛化能力自动调整时空窗口和模型类型。

1.4.3.6　步骤六:预处理模型建立及模型检验

根据前面步骤建立模型对水闸进行工程安全分析与可靠度评估、预测预警与后果推演、人机交互以及高可靠控制,当满足如下条件时所构建的数字孪生水闸满足要求:

结构化实测数据、数值模拟计算结果以及预测值之间的相对最大误差满足:水闸及基础温度$\leqslant 1\%$、水闸及基础变形$\leqslant 2\%$、水闸及基础渗流压力$\leqslant 3\%$、水闸及基础应力$\leqslant 5\%$;水闸隐患细部构造超高分辨率图像清晰度不小于4K;实时生成全彩1 080p分辨率高质量全息图。

实景现实外观表现一致;多种感知手段获取信息协调;非结构数据的可视化满足可理解性、直观性、形象性和易鉴别性的专家评审要求。

通过云计算和并行计算加快计算速度和人机交互效率,通过任务加卸载优化调度算法协调后台运行,采用提前规划、预先计算存储以提高系统响应速度,使得结构化信息响应滞后时间$\leqslant 0.1$秒,非结构化信息响应滞后时间$\leqslant 0.1$秒。

1.4.3.7　步骤七:模型库更新

模型库存储的模型包括:对于数值计算就是网格/节点已经完成优化,只需输入需要计算的荷载条件/边界条件/截至时间即可完成计算;对于数据驱动/同化/等模型已经完成预训练,只需进行精细化训练/迁移学习或直接输入样本即可得到所需输出。

模型库更新就是根据水闸最新状态、最新实测数据和最新技术发展,用安全分析与可靠度评估更合理更准确、预测预警与后果推演更快速更精准、人机交互以及高可靠控制更可靠更直观更快捷的模型取代落后的模型。

有关物理水闸工程安全的信息包括:水闸建设运行过程资料、外部赋存环境数据、水闸结构力学参数、响应数据、领域知识和失事后果。所述外部赋存环境数据包括地质地形、水文地貌、气象气候、运行管理信息;所述水闸结构力学参数包括设计/施工/科研及历史监测资料,如结构和地质的几何尺寸、坡度、孔隙率、岩性、糙率、渗透系数、固结系数、释水率、热传导系数、热膨胀系数、弹塑性力学、断裂力学、损伤力学、施工过程、监测/检测数据等;响应数据包括变形数据、渗流数据、应力应变数据和温度数据;失事后果包括社会、经济、生态影响数据,社会、经济、生态影响数据包括水闸不同失事模式影响到的防洪投入和损失数据、抗旱投入和损失数据、供水投入和损失数据、生态投入和损失数据、发电投入和损失数据以及航运投入和损失数据。水闸的工程安全的失事模式包括漫顶溃坝、滑动失稳、开裂坍塌、渗透冲刷、溢流泄洪冲刷、底板架空和泄洪洞变形淤堵。

工程安全分析与可靠度评估、预测预警与后果推演、人机交互以及高可靠控制各类别模型和子模型之间相互目的协同、逻辑顺畅、匹配合理且结果相互验证。

依据分析结果进行水闸安全预警包括如下步骤:

判断水闸是否安全;

若水闸安全,则将水闸安全状态信息存入成果库,通过人机交互设备进行定时或查询条件下的即时可视化展示;

若水闸不安全,则通过正演计算和灾害链分析得到危险后果的估计结果,并将危险后果的估计结果进行可视化展示,依据危险后果的级别和严重程度进行水闸安全预警。所述正演计算和灾害链分析就是采用溃坝洪水分析、洪水淹没分析和损失评估一体化序贯分析。

水位和抗震控制建议的求解步骤包括:

获取水闸允许变形、抗滑稳定安全系数、应力强度因子、应变能释放率、渗流压力、渗透坡降、频率相位、振幅、最大下泄流速和最大下泄流量等作为约束条件;

获取水闸的结构材料静/动强度数据建立液固耦合动力学模型;

基于约束条件,将水位、水位变化幅度和速度、阻尼作为待反演变量,通过约束优化方法,以损失最小或效益最大为目标函数进行多目标优化求解;

依据多目标优化求解的结果,反演得到水位、水位变化、阻尼的容许区间和最优控制路径;

除险加固建议根据规范要求和计算分析结果,基于投资、工期和生态多目标优化方法,提出除险加固结构、材料、方法和进度的多目标优化方案。

物理水闸上设置状态感知设备设施和运行控制设备设施,所述状态感知设备设施包括设置于水闸坝体、坝基、坝肩内部及表面以及水闸周围的空天、水上和水下区域,用于感知水闸安全运行相关的各类荷载、边界条件以及水闸安全性态响应参数的传感器、无人机、无人船,以及用于感知地质地形/水文地貌/气象气候/运行管理信息实时场景的声、光、电磁场图像感知设备,如微震监测、声发射监测、分布式光纤多模态监测、水下多波束监测以及静动态安全监测/检测设备等。

无人机的双光相机采用机载高清变焦云台相机配合后台图片处理软件,无人机感知图像分标率不小于 7 360×4 912 PIX;边缘计算具有畸变校正、倾斜校正、幅面校正、拱形校正、图像拼接、尺寸标定、图形描绘、裂缝抽取、计算宽度、长度/直方图/DXF 输出等功能。

感知设备日常运行采用投入和效果多目标优化策略,巡查点线路规划采用各向异性和基于注意力的图神经网络模型进行优化调度,隐患节点和相互之间的通道被编码为隐空间表示,采用图搜索技术贪心搜索或束搜索进行路径优化。当后台数值计算发现隐患征兆时,同步调度现场移动感知设备进行现场求证,并采用推荐算法搜索相关区域,为提高信息搜索速度采用哈希算法,建立相应快速搜素哈希模型。

所述运行控制设备设施包括设置于水闸的流量进出口、闸门启闭设备处以及振动控制敏感部位的抗震设备,前者包括用于控制水位闸门启闭的启闭机和卷扬机,后者包括各类阻尼器、减震器和隔振设备。水闸或抗震设备控制通过标准策略梯度算法或 Q 学习轻量化强化学习模型、Seq2seq 指针网络模型,状态感知设备和运行控制设备采用嵌入式系统,内置轻量化深度学习模型。感知设备通过多种有线无线通信手段与后方边缘计算、雾计算、云计算、数据中心以及人共享信息和实时交互,通过预先设置的安全预警指标并经过融合判断:当感知信息发现影响水闸安全的重大因素、隐患或响应时,进行结构失效路径重新评估,当感知设备发现局部异常或正常状态下,感知设备将数据只作为新的样本或边界条件应用;当结构异常时需要重新更新相关理论;公有云计算采用联邦学习。

孪生水闸系统包括信息展示子系统、人机交互子系统、综合评价子系统、实时诊断子系统、反馈控制子系统和计算分析子系统,用于完成对感知信息、历史数据库信息、网络知识获取信息的甄别处理、校正处理、清晰处理、融合处理、评价处理、优化处理和排序处理,实现与物理水闸以及人员的交互。

信息展示子系统用于展示包括坝体内外部及上下游现场场景、水闸表观及监测检测信息、感知及计算分析存储通信仪器设备工装的状态及参数、闸门及震动控制设备的状态和参数。

人机交互子系统包括键盘、拾声器/麦克风、摄像机、触摸屏、显示器、屏幕和投影仪。所述人机交互系统是一个分布式分散系统,包括控制室机房内、水闸廊道及坝面坝顶、溃坝下游影响区、有人驾驶飞机或船舶上,从而实现相应的 XR。

综合评价子系统用于综合评价包括水闸整体安全、坝段和边坡安全、裂缝失稳和局部渗透破坏、局部应力异常/损伤和屈服等四个层次,同时也用于对全体设备设施工作状态进行综合评价、对通信网络及可靠性进行综合评价、对数据和采集信息进行综合评价、对所建立模型的可靠性进行综合评价。

实时诊断子系统用于对水闸感知信息的异常成因进行实时诊断,包括结构、环境和仪器设备的工作状态。

反馈控制子系统通过对闸门的工作状态、主动减震设备的控制及其反馈参数进行分析,采用闭环控制方法判断仪器设备的工作状态及其效果。

计算分析子系统用于计算分析水闸结构、运行环境、后果损失、仪器设备本身的能源管理任务分配、加载卸载、路由优化、敏感参数确定、重要性排序、下一步工作推荐和方案综合比较。

结构响应计算、进行风险评估,预测预警,综合评价结构安全状态和系统风险,根据规范确定的要求指标、动力系统稳定要求、结构数值计算屈曲与稳定要求、可接受风险等进行分级预警,并指出敏感因素和后果发展预测。

人机交互:通过人机交互和头脑风暴对各种可能因素进行分析,预设各种可能不利工况,储备相应的预训练模型和计算成果,制定相应的预案,为快速调用、检索提供库存。智能推荐算法采用基于知识图谱的图学习,进行防灾减灾措施推荐;灾情分类采用自监督学习。

控制反馈:根据事先的模拟仿真计算结合实时反馈信息,依据控制论完成闸门启闭、闸门群组合、流速水位控制、水闸荷载及激励控制、水闸静动态响应控制等。

采用一般情况边缘计算、特殊情况后方仿真计算复核及专家人机交互确认策略,所述一般情况是指满足设计正常工况以及预计的响应两者都一致的情况;所述特殊情况就是除一般情况以外的情况,主要包括水闸结构产生危害性裂缝、显著的渗透破坏,出现超过 $1\,m^2$ 的液化,以及关键部位的关键状态量突变或趋势性增加等;一般情况只需更新样本或模型;特殊情况需要及时更新相关理论方法、相关方法模型和知识库,并将相关信息及时存入数据库。

在非汛期等水闸安全风险较小的阶段,可以收集数据并预训练新的模型,经检验对比新模型的效果比原有模型效果好时,可以部署到相应工作站进行试运行,通过迁移学习方法使得预训练模型适应所在水闸的实际情况。同时在风险较小时期收集的相关信息可以采用其他知识蒸馏、知识挖掘的方法。

端边云协同部署,对前后端通信带宽或可靠性受限制的应用场景,将轻量化深度学习模型或一般简易计算部署在水闸现场,采用边缘计算方式进行计算,对于复杂计算,如大规模数值计算则部署在后端数据中心,采用云服务器、集群和并行计算的方式实现快速高性能计算。

参考文献

［1］刘青,刘滨,王冠,等.数字孪生的模型、问题与进展研究[J].河北科技大学学报,2019,40(1):68-78.

［2］郭洪飞,冯亚磊,丁娜,等. 基于 CiteSpace 的数字孪生技术研究进展与趋势分析[J]. 计算机集成制造系统, 2020, 26(12): 3195-3204.

［3］唐文虎,陈星宇,钱瞳,等. 面向智慧能源系统的数字孪生技术及其应用[J]. 中国工程科学,2020,22(4):74-85.

［4］张雷. GIS＋BIM 在数字孪生机场建设中的应用[J]. 工程技术研究,2021,6(6):12-14.

［5］王强,林如,李雪来. BIM＋数字孪生技术的装配式轨道交通工程预制构件生产管理应用研究[J]. 工程管理学报,2021,35(3):88-93.

［6］BERNINI L, WALTZ D, ALBERTELLI P, et al. A novel prognostics solution for machine tool sub-units: The hydraulic case[J]. Proceedings of the Institution of Mechanical Engineers, Part B: Journal of Engineering Manufacture, 2022, 236(9):1199-1215.

［7］SAKALA E, FOURIE F, GOMO M, et al. GIS-based groundwater vulnerability modelling: A case study of the Witbank, Ermelo and Highveld Coalfields in South Africa[J]. Journal of African Earth Sciences, 2018, 137:46-60.

［8］黄艳,喻杉,罗斌,等.面向流域水工程防灾联合智能调度的数字孪生长江探索[J].水利学报,2022,53(3):253-269.

［9］刘昌军,吕娟,任明磊,等.数字孪生淮河流域智慧防洪体系研究与实践

[J]. 中国防汛抗旱，2022，32(1)：47-53.

[10] 李文正. 数字孪生流域系统架构及关键技术研究[J]，中国水利，2022 (9)：25-29.

[11] 黄勇，杨党锋，苏锋，等. 基于BIM的水电工程全生命周期数字化移交应用研究[J]. 中国农村水利水电，2020(11)：182-187.

[12] 刘鑫. 水利水电工程BIM族库构建方法的研究[D]. 郑州：华北水利水电大学，2018.

[13] 蒯鹏程，赵二峰，杰德尔别克·马迪尼叶提，等. 基于BIM的水利水电工程全生命周期管理研究[J]. 水电能源科学，2018，36(12)：133-136.

[14] 杰德尔别克·马迪尼叶提，牛志伟，蒯鹏程，等. 基于Revit及Navisworks软件的泵站BIM模型及其应用[J]. 水电能源科学，2018，36(6)：92-95.

[15] 王仁超，吕康. 基于BIM与MVD的混凝土坝施工仿真模型信息处理研究[J]. 水电能源科学，2017，35(6)：92-95.

[16] 张社荣，姜佩奇，吴正桥. 水电工程设计施工一体化精益建造技术研究进展—数字孪生应用模式探索[J]. 水力发电学报，2021，40(1)：1-12.

[17] 蒋亚东，石焱文. 数字孪生技术在水利工程运行管理中的应用[J]. 科技通报，2019，35(11)：5-9.

[18] 高英，赵亚永，屈志刚，等. 基于BIM的数字综合管理系统在穿黄工程运维中的应用[J]. 人民黄河，2022，44(4)：157-160.

[19] 张晓阳，杭旭超，贾玉豪，等. 基于BIM＋GIS的土石坝安全监测管理平台研究及应用[J]. 人民珠江，2022，43(2)：24-29.

[20] 潘二虎. 基于BIM管网工程全生命周期管理研究[J]. 山西建筑. 2021，47(19)：162-164.

[21] 董灵莉，丰景春，杨志祥，等. BIM在水利工程中应用的影响因素研究[J]. 水利经济，2021，39(6)：10-15＋77-78.

[22] 施华堂，傅兴安，朱锋，等. 基于BIM技术的灌浆过程数据多维集成分析[J]. 水电能源科学，2021，39(9)：149-151＋110.

[23] 曹勇，苏晓慧，孙梦梦，等. 开源建模软件在水利工程BIM领域中的应用[J]. 水利规划与设计，2021(8)：96-101＋126.

[24] 陈晨，李国宁，王静，等. 基于Inventor的灌区典型建筑物建模方法研究[J]. 水利规划与设计，2021(10)：81-84.

[25] 于琦，张社荣，王超，等. 基于WebGL的水电工程BIM正向协同设计

应用研究[J]. 水电能源科学，2021，39(8)：174-177.

[26] 饶小康，马瑞，张力，等. 基于 GIS＋BIM＋IoT 数字孪生的堤防工程安全管理平台研究[J]. 中国农村水利水电，2022(1)：1-7.

[27] 任海文，刘永强，闫文杰. 基于 BIM 技术的堤防工程运维信息管理系统设计与实现[J]. 水电能源科学，2020，38(10)：116-120.

·第二章· 水闸监测与感知网络

水闸的结构较为复杂,通常由机电金属及钢筋混凝土组合而成,其在结构影响因素及响应方面与一般的实体大坝存在一定的差别,如它更容易受到气温变化及动力静力的影响。本章将对影响水闸动静力响应的输入输出监测网络进行系统梳理。

2.1 运行环境及水文监测

2.1.1 激光测风

激光测风雷达作为一种新型测风设备(如图 2-1 所示),利用多普勒原理获取风向、风速信息,具有能够探测晴空风场、测风范围广、探测精度高、时空分辨率高、机动性能好等优点,其在风场精准探测领域具有重要应用前景[1]。

激光测风雷达的基本原理是基于激光的多普勒效应。目前主流的激光测风雷达的波段为 1.5 μm,采样频率为每秒 1 Hz,测量范围为 10 m~200 m 高度,温度范围为 $-40℃$~$50℃$,测量精度为风速<0.05 m/s,风向<0.5°,功耗为 100 W 以下。可精确测量水平风速、垂直风速、温度、风向、风切变和湍流强度。

激光测风雷达根据空气中颗粒物的激光后向散射回波的多普勒频移,测量风速和风向等参数,同时可支持平面位置、距离高度、垂直廓线和连续固定视线等测量模式,提供高时空分辨率的空间三维风场。

传统的风速风向仪器采用机械式转动测量,摩擦阻力大,受风面分布不均匀,测量的准确度不足,在台风等风速较大的场合无法获取可信数据,而激光测风雷达则不存在这样的固有问题,其采用非接触式测量,具有体积小、重量轻、机动性强、风速探测范围广、分辨率高等优点。

图 2-1 激光测风雷达

2.1.2 雷达测雨

测雨雷达又称天气雷达,它利用雨滴、云状滴、冰晶、雪花等对电磁波的散射作用来探测大气中的降水或云中水汽的浓度、分布、移动和演变。测雨雷达能探测台风、局部地区强风、冰雹、雨和强对流云体等,并能监视天气的变化。

图 2-2 X 波段测雨雷达

测雨雷达多为 X 波段雷达,如图 2-2 所示,采用中频相参脉冲多普勒体制,工作频率为 X 波段,发射峰值功率≥75 kW,采用地形匹配扫描和垂直功率谱自动探测方式,可定量测量约 100 km 范围内气象目标的强度、平均径向速度、谱宽及垂直功率谱,以 5 分钟为探测周期,自动获取 60 m×60 m 分辨率的格点雨量数据,并实时传输至数据处理单元进行处理,可实现对流域高分辨率格点雨量的精确测量。测雨雷达具有以下技术优点：

（1）系统工作脉宽 0.4 μs，可实现 60 m 距离分辨率，实现高分辨网格点雨量监测；

（2）天线口径 1.8 m，可实现 1.3°窄波束，波束充塞系数好，探测更精细；

（3）发射峰值功率≥75 kW，可提升 X 波段雷达在强降雨时的探测效果，避免雨量过大探测不准；

（4）采用数字中频接收机，实现数字自动频率跟踪和数字定相，实现雷达较高的改善因子，确保系统达到较高的测速精度和地杂波对消能力，地物抑制能力优于 30 dB。

与传统自动监测雨量站相比，高分辨率面雨量雷达测雨系统在空间连续性、降雨演进、监测密度、维护工作量等方面具有较大优势[2]。通过将雷达定量测量降水资料同气象卫星探测资料及常规气象观测资料相结合，可进行暴雨监视、短时间降水预报，又兼作洪水预报。

2.1.3　水位监测

闸门水位监测是闸门安全监测的重要方面，目前最常用的水位监测类传感器，按测量方式大致可分为电子水尺、浮子式、超声波式、压力式、气泡式、雷达等多种形式，这些传感器在精度及性能指标等方面基本都可以满足闸门水位的监测要求，但投入式传感器普遍存在零漂和温漂，而非接触式传感器普遍存在容易受介质及温湿度影响的问题。目前在闸门水位监测应用领域，新兴的视频水位识别技术作为传统监测仪器的相应补充，也获得了广泛的应用。

2.1.3.1　视频水尺识别

目前很多厂家都研发了基于视频智能水位识别技术的水位监测系统，系统包括水位刻度尺（搪瓷水尺）、摄像头、数据采集模块（RTU）等，组成相对简单，所有设备均安装于现场水位采集点。所述摄像头本身具备一定的像素和变焦能力，其通过数据线连接至具备图像运算能力的 RTU 模块，摄像头用于采集水面信息、刻度尺信息，然后传送至 RTU 端，RTU 内部集成了相关边缘计算算法，对采集到的视频信息进行逐帧分析，在水位监测现场计算分析得出当前水位值，再通过其输出传输功能将测量结果通过有线或无线的方式发送至相关管理单位。此系统成本低廉、自动化水平高，并且 RTU 可通过无线网络直接与用户端连接，可以实现实时监测。

采用视频水尺法进行水位监测的注意事项如下：

（1）视频水尺法在渠道、小河道安装，需要人工混凝土或镀锌钢管立柱安装水尺，然后安装视频摄像头组合形成水位监测，需要配套协调使用，相对复杂；

（2）视频水尺法测量涉及摄像头及补光灯等，功耗较大，一般该系统需配备较大容量的铅酸蓄电池或使用交流电；

（3）采用视频水尺法监测水位，要保证水尺附近不能有水草杂物遮挡，且长远来说由于水尺老化折损可能导致视频辨识不明确，影响测量；

（4）一般的水尺用于地表水的监测，它是由金属或非金属材料制作而成，上面标有刻度，精度一般以厘米计（最小刻度 1 cm），视频水尺具有一定的误差，精度不如雷达水位计等，但是观测结果直观可靠；

（5）采用视频水尺法监测水位，需要确保视频摄像头的网络环境良好，其流量资费较高，且方式较为单一。

2.1.3.2　雷达水位计

雷达水位计一般采用高频雷达，雷达发射的微波信号接触到被测物质表面后被反射，部分信号反射回来被天线接收识别并记录下时间，微波的传播速度为光速，处理器通过算法计算微波行进的速度与时间的积，得到零点到物质表面的距离。雷达水位计的测量量程一般可从最小 5 米延伸至最大 70 米，精度一般可达 ±3 mm。在闸门上下游水位的监测应用中，雷达水位计可根据现场情况安装于交通桥上或渠道旁。

雷达水位计的主要特点如下：

（1）采用一体化设计，主要由电子元件和天线构成，无可动部件，不存在机械磨损，在使用中故障较少，使用寿命长；

（2）测量时发出的电磁波能够穿过真空，不需要传输媒介，具有不受大气、水蒸气等影响的特点；

（3）采用非接触式测量，测量范围大，可用于高温、高压的液位测量；

（4）天线等关键部件采用高质量的材料，抗腐蚀能力强，能适应腐蚀性很强的环境；

（5）主要缺点为易受干扰波影响，进而影响测量精度，需要率定及配置一些智能滤波算法来排除这部分的干扰；

（6）存在一定的测量盲区。

2.1.3.3　浮子水位计

全量机械编码水位计是一种被大量应用的典型浮子式水位计，适用于江河、湖泊、水库、河口、渠道、船闸、地下水及各种水工建筑物处的水位测量。其主要特点有:浮子传感、结构简单、机械编码、间歇进位、前端传感器不带电、无雷击危险。全量机械编码水位计量程一般为 40 m 或 80 m,分辨率 1 cm。

浮子式水位计在实际应用中的主要缺点如下:

(1) 需要建设水位测井,并安装直径较大的护管,水位变幅范围越大,相关配套建设越繁琐;

(2) 引线的芯数较多,焊接较为麻烦,可采用相关的 RS485 前置变送器进行简化;

(3) 安装时需要将水位尽可能降低;

(4) 当变幅较大时可能造成浮子线体与平衡重锤的线体相互纠缠影响测量,应考虑在护管内加入套管进行空间的分割。

2.1.3.4　投入式液位计

投入式液位计是基于所测液体静压与该液体高度成正比的原理,采用先进的隔离型扩散硅或陶瓷电容等敏感元件的压阻或压电效应,将静压转换成电信号。再经过温度补偿和线性校正,转化成标准电信号(0~20 mA 电流或 0~5 V 电压)输出,也有的仪器内置相关芯片在仪器端就近进行模数(A/D)转换,将数字化后的水位结果直接输出(一般为 RS485 信号)。投入式静压液位变送器的传感器部分可直接投入到液体中,变送器部分可用法兰或支架固定,安装使用较为方便。

投入式液位计的优点如下:

(1) 稳定性好,精度高,宽范围的温度补偿;

(2) 固态结构,无可动部件,高可靠性,使用寿命长,从水、油到黏度较大的糊状都可以进行高精度测量,不受被测介质起泡、沉积、电气特性的影响;

(3) 相关芯体具有较强的过载能力,不易损坏。

投入式液位计的缺点如下:

(1) 存在零漂和时漂,需要定期进行校正;

(2) 探头存在结钙现象,会影响相关传感器件对水压力的感知;

(3) 一般探头内部存在电路板,对探头部分的密封和电缆出线部分的防水性能提出了较高的要求。

投入式液位计被广泛应用于城市供排水、污水处理、地下水、水库、河道、海洋等水位监测领域,在闸门的相关水位监测中也有广泛的应用。

2.1.4　水质监测

水质在线监测系统(On-line Water Quality Monitoring System)是一个以在线分析仪表和实验室研究需求为服务目标,以提供具有代表性、及时性和可靠性的样品信息为核心任务,运用自动控制技术、计算机技术并配以专业软件,组成一个从取样、预处理、分析到数据处理及存储的完整系统,从而实现对样品的在线自动监测。自动监测系统一般包括取样系统、预处理系统、数据采集与控制系统、在线监测分析仪表、数据处理与传输系统及远程数据管理中心。这些分系统既各成体系,又相互协作,以确保整个在线自动监测系统连续可靠地运行,尽早发现水质的异常变化,为防止下游水质污染迅速做出预警预报,及时追踪污染源,从而为管理决策服务。

水质在线分析按测量方式通常分为电极法和光度法两种,应根据使用环境的不同作相应的选择。目前水质在线监测系统的监测参数包括:pH、温度、溶解氧、电导率、浊度、氧化还原电位、电导率、盐度、氨氮、高锰酸盐指数、总氮、总磷、重金属、叶绿素、蓝绿藻、总有机碳、挥发酚等。江苏南水科技有限公司的水质在线监测系统组成如图 2-3 所示。

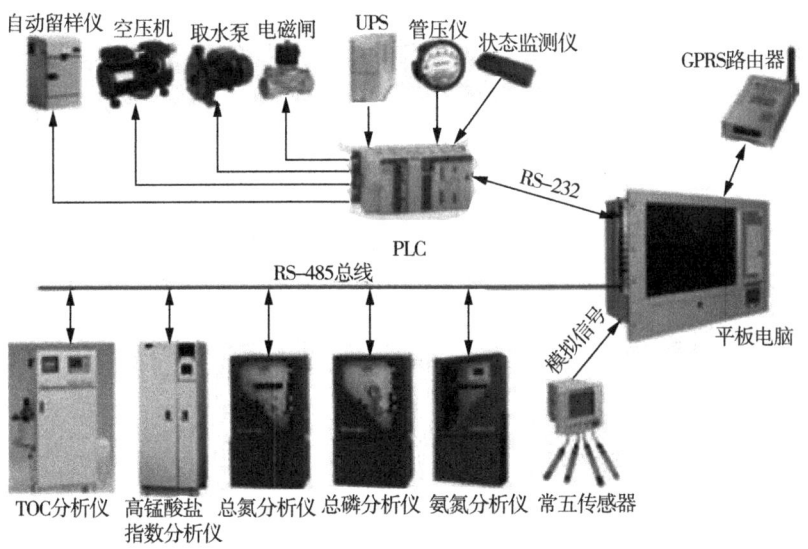

图 2-3　典型水质在线监测系统

2.1.5　流速流量监测

2.1.5.1　超声波测流

超声波测流其基本原理是通过设在河道两岸等高且斜向水流的超声换能器从两个方向同时或先后往返发射声脉冲,已知声脉冲从上游方向向下游方向发射和从下游方向向上游方向发射的传播时间之差(即逆流与顺流传播时间之差),即可求得声道平均流速,从而计算换能器所在的某层水深处水流平均流速和水流通过全断面的流量。

闸门流速及流量的在线监测可采用在线超声波时差法进行。该方法适用于河流、闸门、渠道的流速、流量在线监测,为流场数值模型提供标定或验证数据。该方法有如下功能及特点:

(1)可对断面流速、水温、流向、水位等参数进行 24 小时连续在线监测,并直接计算断面流量;

(2)可人工设定和修改断面平均流速关系线;

(3)声学时差法测流系统测量范围大,理论最大测量宽度为 3 000 m;

(4)测量精度高,受含沙量影响小,可实现流速较小情况下的流量测量;

(5)全断面分层测量,实现流量的高精度测量;

(6)可采用交叉路径测量方式实现非顺直河道的流量测量。

2.1.5.2　视频测流

视频测流,即通过分析视频来获取流速数据,采用传统浮标法原理,通过对水面图像进行处理,提取画面中的刚性漂浮物或波纹、气泡等水面纹理特征并进行跟踪匹配,计算出特征点的物理距离以及帧间时间,从而得出水体表面实时流速值,根据断面数据可推算出断面流量。

通过视频方式对流速进行测量,具有如下技术优势:

(1)安装简单:在河岸边远离水面处安装设备即可,对设备架设位置要求较低,对不同场景具有更普遍的适用性;

(2)适应性强:测流量程一般为 0.2 ~ 15 m/s,尤其对高流速、高含沙量和多漂浮物的河道有良好的适应性;

(3)可视化好:在获取有效数据的同时可以看到现场的情况,从第一视角直击现场水情,便于人工分析校准;

(4)安全性高:系统无需浸入水中,可以保护系统免受水流冲刷和河道漂流物的影响,同时监测过程无需人工参与,保证了工作人员的人身安全。

2.2 混凝土结构响应监测

2.2.1 内部温度及应变监测

闸门混凝土结构的温度监测结果可以有效反映其内部的应力及变形等特征,其监测可采用光纤温度传感器。光纤温度传感器采用一种和光纤折射率相匹配的高分子温敏材料涂覆在两根熔接在一起的光纤外面,使光能由一根光纤输入该反射面从另一根光纤输出,由于这种新型温敏材料受温度影响,会导致折射率发生变化,因此输出的光功率与温度呈函数关系。其物理本质是利用光纤中传输的光波的特征参量,如振幅、相位、偏振态、波长和模式等,对外界环境因素如温度、压力、辐射等具有敏感特性。它属于非接触式测温。

分布式光纤测温系统的监测距离可达 30 km,系统能在几秒内检测整条光纤沿线完整的温度分布。由于测温光纤由石英构成,电气绝缘性好,不易受电磁干扰,也不发射电磁波,特别适用于复杂及强电环境。分布式光纤测温系统的感温元件为测温光纤,其内部传输的光信号的平均功率为微瓦级,安全可靠。该系统测量的取样间隔为 1 m,定位精度达到 ±1 m,测温精度为 ±1℃,温度分辨率为 0.1℃。

2.2.2 位移监测

1. 结构体变形监测

光电式(CCD)双向垂线坐标仪属于非接触式测量,可以用来监测水闸混凝土部分的变形。其工作原理是由正交的两组平行光源分别发射出一束平行光束,将正倒垂装置的钢丝投影至光电耦合器件 CCD 的光敏像素阵面上,CCD 将与投影在像素阵面上阴影位置有关的光强信号转换成电荷量输出,经信号处理即可得到垂线相对于坐标仪位置的坐标值。不同时间坐标值的变化代表了坐标仪相对垂线线体的 X、Y 两方向上的位移变化。对于比较高的闸门,坐标仪安装在正垂线上可量测结构物的相对水平位移和挠度,安装在倒垂线上可量测结构物的绝对水平位移。

CCD 光电式仪器的优点如下:

(1)测量响应快,可以连续读数,适应施工期的动态数据采集需求,安装

方便快捷;

(2) 一般采用 RS485 数字量结果输出,便于采集和遥测。

CCD 光电式仪器的缺点如下:

(1) 功耗较大,一般需要交流电供电,且须注意供电安全;

(2) 透光玻璃及塑料片等可能受到滴水、溅水及水雾影响,导致线体位置解析问题,需定时擦拭或于仪器内部安装加热电阻等进行防潮处理;

(3) 量程一般较小,多为 50 mm,适用于混凝土坝及相关混凝土水工建筑物,土石坝、堆石坝等一般较少使用。

2. 闸段上下游位移监测

水闸的水平位移一般也可以通过各闸段或闸墩上设置的已有沉降标点或专门标点,结合在视准线上岸上通视的适当位置设置的观测基点进行观测。为实现上下游水平位移的自动化监测,可沿大坝或水闸的左右岸(轴线)方向布设引张线仪,该仪器与垂线坐标仪原理类似,一般为步进光电式或 CCD 式,目前应用以 CCD 类型为主。

3. 闸段空间位移监测

闸门重点闸段及特殊部位的空间三维位移可利用全球导航卫星系统(Global Navigation Satelite System, GNSS)定位技术进行监测,GNSS 表面位移监测的误差水平方向一般为 ±(2.5 mm+0.5 ppm),高程方向为 ±(5 mm+0.5 ppm)。GNSS 表面位移点均可以和当地的坐标系进行联测,所有监测点的坐标均可以转换为当地坐标。

1) GNSS 测量方法具有下列优势

(1) 测站间无需保持通视。由于 GNSS 定位时测站间不需要保持通视,因而可使位移监测网的布设更为自由、方便,可省略许多中间过渡点,且不必建标,从而可节省大量的人力物力。

(2) 可同时测定点的三维位移。采用传统的大地测量方法进行位移监测时,平面位移通常是用方向交汇、距离交汇、全站仪极坐标法等手段来测定;垂直位移一般采用精密水准测量的方法来测定。水平位移和垂直位移的分别测定增加了工作量。且在山区等地进行崩滑地质灾害监测时,由于地势陡峻,进行精密水准测量也极为困难。改用三角高程测量来测定垂直位移时,精度不够理想。

(3) 全天候观测。GNSS 测量不受气候条件的限制,在风雪雨雾中仍能进行观测。这一点对于汛期闸门面临的相关地质灾害监测是非常有利的。

（4）易于实现全系统的自动化。由于 GNSS 接收机的数据采集工作是自动进行的,而且接收机又为用户预备了必要的入口,故用户可以较为方便地把 GNSS 位移监测系统建成无人值守的全自动化监测系统。这种系统不但可保证长期连续运行,而且可大幅度降低位移监测成本,提高监测资料的可靠性。

（5）获得的毫米级精度已可满足一般位移监测的精度要求。需要更高的监测精度时应增加观测时间和时段数。

2) GNSS 测量方法也存在下列缺点

（1）受天顶方向遮盖影响极大,不能在室内、隧道内作业;

（2）需要多点联合解算,还需要包含基准点,布点太少不利于提高测量精度;

（3）设备功耗较大,一般均需要交流电供电,野外暴露可能造成电源的雷击损坏;

（4）需要专门的数据处理软件进行目标位置的复杂解算,因此增加了监测成本。实际监测结果表明,相比传统的工程定位测量,采用 GNSS 定位技术进行精密工程测量和大地测量时,其平差后控制点的平面位置精度至少可达到 $1 \sim 2$ mm,高程精度可达到 2 mm,其专业的处理软件可对数据进行自动结算处理,得到的监测点为实时的毫米级坐标值。这大大提高了测量的精度和工作效率,降低了测量难度,但也提高了工程的测量成本。

4. 闸墩沉降监测

水闸闸墩的沉降一般可通过埋设沉降标点进行观测,但是通常无法实现自动化。为实现水闸沉降的自动化观测,可采用智能静力水准仪器。静力水准系统采用连通器原理,可用于监测多个闸段或闸墩上测点的沉降或抬升,可提供不低于 0.5 mm 的系统精度。当前采用的静力水准仪器一般为磁致伸缩式或振弦式,测量精度较高,但也存在以下主要缺点:

（1）仪器无法自成一体,需要多台组合进行联动观测;

（2）整个系统需要配备水管及通气管,对于水路的密封及防冻等需要重点处理,相关管道需要做好防鼠防拉断等防护工作;

（3）随动性较差,一点发生沉降等变化时整条液位管道恢复平衡静止需要时间。

2.2.3　渗流监测

水闸的渗流监测可参考大坝渗流监测方法,如采用量水堰等措施进行观测。

主流的量水堰计根据测量原理可分为浮子＋电阻器式及磁致伸缩式等。浮子及磁致式的量水堰计其浮子与水面均存在接触,但是浮子＋电阻器式的量水堰计还包含转轮、悬索、平衡锤等部件,结构较为复杂,因此对测量的精度和稳定性影响较大。而磁致式量水堰计除了浮子外无其他可能受现场环境影响的部件,因此精度和稳定性均较高,适用于长期测量河流、湖泊、水库、坝体等堰槽的水位,是监测水位及流量变化的有效监测设备。磁致伸缩量水堰计具有线性测量、绝对位置输出、非接触式连续测量、无相关磨损、传感器不用标定及安装、维护简单方便等优点。磁致伸缩式量水堰计的量程可达600 mm,分辨力可达 0.01 mm,测量精度可达满量程的 0.1%。

浮子式和磁致伸缩类型量水堰计的主要缺点如下:

(1) 相关的水面感应器件为浮子,浮子在不干净的水中会与不洁物质发生粘黏或结钙等,影响浮子或浮球的正常自由运动,从而导致测量误差或错误;

(2) 精度高的仪器相对量程较小,实际应用中需针对不同的量水堰的大致流量及其变动范围来选择相应量程的量水堰计;

(3) 水面的波动会影响浮子的运动,需要根据量水堰监测要求在水流平稳处设点;

(4) 相关浮球具有磁性,一旦消磁后会导致测量失准或无法测量;

(5) 磁致伸缩式量水堰计的核心部件波导管内的敏感元件由特殊的磁致伸缩材料制成,振动较易导致其损坏;同时,产生电流脉冲及检测应变机械波脉冲信号的电路部分也容易受到电压或雷击冲击而损坏,实际应用中应加强屏蔽防护,避免运输及安装振动。

2.2.4　混凝土碳化及剥蚀检测

1. 混凝土碳化

混凝土的碳化是混凝土所受到的一种化学腐蚀,是在气相、液相和固相中进行的一个复杂的多相物理化学连续过程。水闸混凝土碳化的影响因素主要有混凝土的水泥用量、水灰比、密实度、空气中 CO_2 的浓度及环境的相对湿度等。另外,混凝土的渗透系数、透水量、混凝土的过度振捣、混凝土附近水的更新速度、水流速度、结构尺寸、水压力及养护方法与混凝土的碳化都有密切的关系。

混凝土碳化深度值测量相关方法规定:采用适当工具在测区表面形成直径约 15 mm 的孔洞,其深度应大于混凝土的碳化深度。孔洞中的粉末和碎屑应除净,且不得用水擦洗。同时,应采用浓度为 1% 的酚酞酒精溶液滴在孔洞内壁边缘处,当已碳化与未碳化界线清楚时,再用深度测量工具测量已碳化与未碳化混凝土交界面到混凝土表面的垂直距离,测量应不少于 3 次并取其平均值,每次读数精确至 0.25 mm。

2. 混凝土剥蚀

剥蚀是从混凝土的外观破坏形态着眼,对水闸混凝土结构物表面区混凝土发生麻面、露石、起皮松软和剥落等老化病害的统称。剥蚀主要是由冻融、冲磨气蚀、钢筋锈蚀、化学侵蚀、碱骨料反应及低强风化等原因导致的。

水工建筑物的混凝土剥蚀一般通过人工巡查发现及观测剥蚀发展,发现相关剥蚀情况后可在相关发生部位处安装摄像头进行频繁的视频自动观测及拍照记录等。剥蚀深度≥3 mm 的部位需采用丙乳砂浆修补处理,首先应根据出现剥蚀现象的部位具体情况,划定修补范围。为确保修补质量和外观要求,修补区应尽量方整,边缘采用砂轮机打磨至需要的修补位置。采用人工凿毛、打磨机打磨等方式对混凝土表面进行处理,清除表面疏松层、污垢,直至露出坚硬、牢固、新鲜的混凝土面。施工时应注意对混凝土缝面的聚硫密封胶进行保护。将基础面的灰尘吹净,洒水湿润至饱和状态,最后用海绵吸去表面明水。在已涂刷底涂的基层上,压抹丙乳砂浆。压光时应掌握好施工时间,并宜一次抹平压实。施工完成 24 小时后,喷水潮湿养护 3 天即可。

3. 箍筋锈蚀

不管是在水闸钢筋混凝土构件的安全监测现场中,还是在当前水闸工程混凝土构件的耐久性研究过程中均有同样的发现,即一般箍筋率先锈蚀。通常情况下,由于钢筋混凝土梁构件的箍筋主要位于主筋的外面,箍筋与主筋相比,其截面损失更为敏感,所以通常箍筋锈蚀比纵向受力钢筋锈蚀情况更严重。当箍筋出现锈蚀现象后,其截面面积不断缩小,强度和弹性模量、延展性逐渐下降。同时,箍筋对水闸混凝土构件的约束能力逐渐降低,其保护层受到锈蚀逐渐出现裂缝,严重降低水闸混凝土箍筋的黏结能力。因此,箍筋锈蚀会严重影响钢筋混凝土受弯构件抗剪承载能力。

混凝土电阻率测定仪也叫电位检测仪(锈蚀分析仪),如图 2-4 所示,是一种利用 Wenner 阵列传感器测试混凝土电阻率的仪器,其通过电化学过程,产生电流使金属离解,混凝土的电阻率越低,腐蚀电流流过混凝土就越容易,腐蚀的可能性就越大,因此测量混凝土的电阻率可以有效评价其抗腐蚀能力和评估现有钢筋的腐蚀程度。

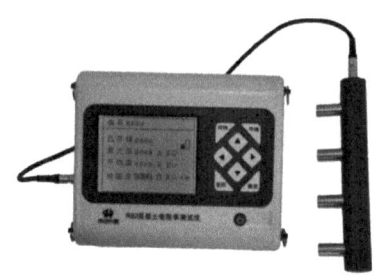

图 2-4 混凝土电阻率测定仪

2.2.5 振动监测

1. 关键监控点振动感知

对水闸及桥梁等建筑物的关键结构点或结构段进行振动监测可以采用微芯桩等点式智能振动监测设备。用于振动监测的无线智能传感器,目前国内已有集三轴振动传感器和数字化测量、存储、无线传输于一体,基于先进的微机电、微电子测量、无线通信、嵌入式技术研制而成的无线智能测量终端,该类终端一般称为"微芯桩"。该类监测装置一般采用失稳动力学理论设计,针对倾角及加速度的采集,反映物体静态形变及振动特征。该类设备体型小巧,方便携带,适用于施工期的现场测量、工程结构、特种设备和大型机电设备健康监测,可实现分布式无人值守在线监测。

"微芯桩"类设备的主要特点如下:

(1)自成一体,一般具有内置微型太阳能充电板及大容量锂离子电池等供电部分,无需外置电力供给设备也能较长时间独立工作;

(2)可单独或多点部署,简单易用,对于施工期监测或关键部位最大振动加速度或倾斜滑坡预警等应用效果较好;

(3)该类设备能够监测物体的振动和倾斜角度,但是无法测量沉降、位移和土体内部的变形等自动化监测的最重要指标;

(4)该类设备可主动监测工程安全参数的细微变化,分析工程安全状态及演变趋势,属于态势感知的范畴,一般作为定性监测应用。

2. 长距连续振动感知

当要在水闸、桥梁等建筑物的长度范围内全线进行连续振动监测时,则需要采用分布式光纤振动传感系统。单通道监测距离可以达到 20 km 以上,振动监测频率范围可实现 1 kHz 以上,空间定位精度可以达到米以内。分布式光纤振动监测系统基于分布式光纤振动传感技术,可以监测光缆及管线沿线近域的所有振动扰动,对事件定位、定性、现场音频还原。当光缆管线周域或内部出现机械施工、人工动作、自然事件等扰动时,事件振动信号即被系统采集并分析,实时判定扰动发生的位置、类型,并采集还原事件现场的音频。系统可自动识别并分级,筛除非破坏性事件,在监控终端以丰富的信息显示相应的告警事件,同时将信息发送到管理人员手机,帮助管理人员实时掌握线路上发生的事件。光纤全线振动监测示意图如 2-5 所示。

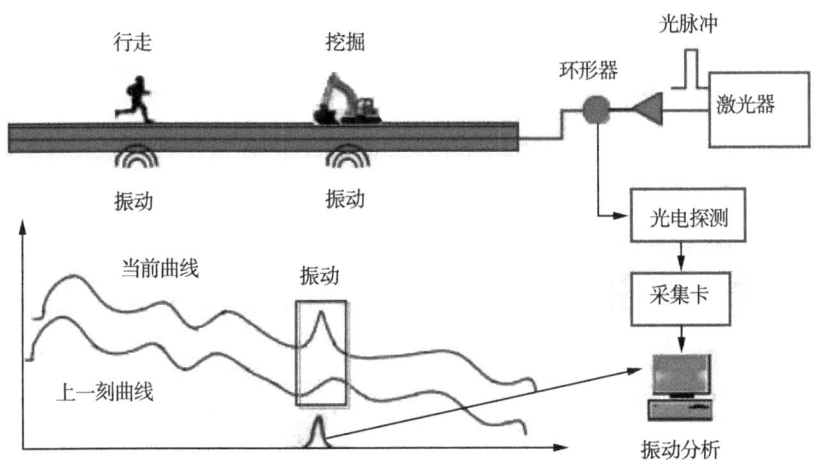

图 2-5　光纤全线振动监测示意图

分布式光纤振动监测系统硬件设备由主机与远端单元两部分构成,主机完成光的发送与接收、信号分析处理、告警信息管理发送、系统运行管理等工作,一般安装在设备机房,接入监测管线光缆的一端;远端单元为无源模块,主要完成环形光路的构成,可灵活安装,接入监测管线光缆的另一端。

分布式光纤振动监测系统可根据实际管线网络采取组网方式布设,形成以数据采集主机为中心的星型、树形、环形结构。

分布式光纤振动监测软件系统可实现对多地多条线路进行集中远程监测管理。开放的通信接口方式,允许建立方便的监控方式。在管理终端的监控界面中,展示线路告警事件的时间、位置、类别、地理图、事件。系统具备智能模式识别功能,可自动完善数据库,便于长期数据存储,查询便捷。事件信息如时间、位置、类型、现场声音等可完整再现。

分布式光纤振动监测系统可以高精度地感知光缆管线周域和内部的所有振动事件,为光缆线路维护提供可靠高效的技术手段,不仅可以大幅降低巡线人工工作量,降低线路故障率,而且使现在庞大的光缆网络成为高灵敏度的巨大传感网,可拓展至地质、道路、水电气管线等领域的监测工作,应用前景非常广泛。

2.3 岩土结构响应监测

2.3.1 护坡监测

水闸护坡的安全监测主要涉及护坡的深层土体位移、可能的滑坡体表面变形位移及渗漏等,护坡的表面位移可于护坡不同的坡段设置 GNSS 位移监测设备进行相关观测,渗漏可采用在不同断面设置测压管的方法通过渗压计进行监测,而护坡的深层土体位移则可采用打测斜孔的方法通过测斜仪进行监测。测斜仪根据仪器结构性能以及应用场景特点一般可分为固定式测斜仪、柔性测斜仪和活动测斜仪。

1. 固定式测斜仪

基于微机电系统 MEMS 设计的固定式测斜仪可用于长期监测大坝、基础墙、边坡等类似建筑的变形。该仪器通过在建筑物内部钻孔,装入倾斜仪传感器,可首尾相连多支串接,来测量建筑物或结构内部不同深度的倾斜状态。在钻孔内安装多支倾斜仪可以更加准确地监测建筑物或构筑物内部的变形情况。

2. 柔性测斜仪

柔性测斜仪是近年新兴发展起来的一类基于微机电系统 MEMS 传感器的具有一定自由度的"软体"传感器,一般也称作阵列式位移计(Shape Accel Array, SAA)。该传感器由一节节独立的"刚性段"组成,每一节内集成了相关高性能加速度传感器,通过加速度在垂直方向上的分量大小来监测每一节"刚性段"与垂直方向的夹角,再通过相应计算得出相关位移值。该测量系统主要适用于土体水平位移及剖面分层沉降监测,特别适合边坡、渠道护坡等内部变形较大的深层位移监测,以及堆石坝混凝土面板挠度、路基沉降等挠度监测。该类新型仪器是未来深度位移和滑坡监测的发展方向。

3. 活动测斜仪

活动测斜仪一般为人工操作方式,用于在山体滑坡、筑堤、水坝、护坡、深坑及隧道周围监测土体内滑动面上的变形。同样,测斜管安装在垂直的测斜孔内,测斜孔穿过可能的滑移区域直到稳定的土体内。实际使用中,测斜仪第一次测量即建立了测斜管的初始轮廓。通过将后续测量结果与初始测量结果进行比较,若发现轮廓改变,说明土体发生了移动。根据测斜仪数据进行绘图,可以显示土体移动的距离、方向和速率。

活动式测斜仪的应用注意事项主要有以下几点:

(1)每支仪器只有一节独立倾斜传感段,与固定式测斜仪类似,其配备了较长的线缆及终端读数仪,结构较为单一,不易损坏;

(2)测量时由人工手动将仪器沿测斜孔放入,在不同深度进行读数,人工操作时放入的深度可能会存在误差;

(3)测量灵活性较大,但是测深较大时需人工操作,费时费力,无法做到自动化监测。

4. GNSS

与深层土体位错及位移监测不同,护坡的表面位移监测一般采用 GNSS方法,可参照前文提出的闸门重点闸段及特殊部位的空间三维位移监测,即利用 GNSS 定位技术,在地基稳定处布置参考站(不动点)以及在护坡上相应位置布置变形监测站(位移点),各 GNSS 监测站与参考站接收机实时接收GNSS 信号,并通过数据通信网络实时发送到控制中心,控制中心服务器GNSS 数据处理软件实时计算出各监测点三维坐标,数据分析软件获取各监测点实时三维坐标,并与初始坐标进行对比,从而获得该监测点变化量,同时分析软件根据事先设定的预警值进行报警。

2.3.2 强震监测

根据《水工建筑物强震动安全监测技术规范》(SL 486—2011)要求,强震动安全监测的台阵布置要求为在 1 级建筑物不少于 18 个通道,在 2 级建筑物不少于 12 个通道。强震动安全监测的台阵分为结构反应台阵和场效应台阵两类。

结构反应台阵布置要求如下：

（1）重力坝：在溢流坝段和非溢流坝段各选一个最高坝段或地质条件较为复杂的坝段布置测点。

（2）拱坝：在拱冠梁从坝顶到坝基、拱圈 1/4 处布置测点，并在坝肩、拱座部位、河谷自由场布置测点。

（3）土石坝：测点应布置在坝顶、坝坡的变坡部位，坝基和河谷自由场处，对于坝线较长者，宜在坝顶增加测点。

场效应台阵的测点宜布置在河床覆盖层、基岩、坝址峡谷地形处、区域活动性断裂附近。水闸的周边强震监测也可参考相关布置方案。

目前的强震监测传感器一般采用机械加速度计或 MEMS 加速度计作为核心，如北京腾晟桥康科技有限公司的 QZ2013 型力平衡加速度传感器，可对 ±4.0 g 范围的振动进行监测，采用电压的输出形式，分辨力可达 0.000 002 g。该设备也可用于桥梁、水坝、护坡、风机塔等建筑物的振动监测，实际应用中的组网连接形式如图 2-6 所示。

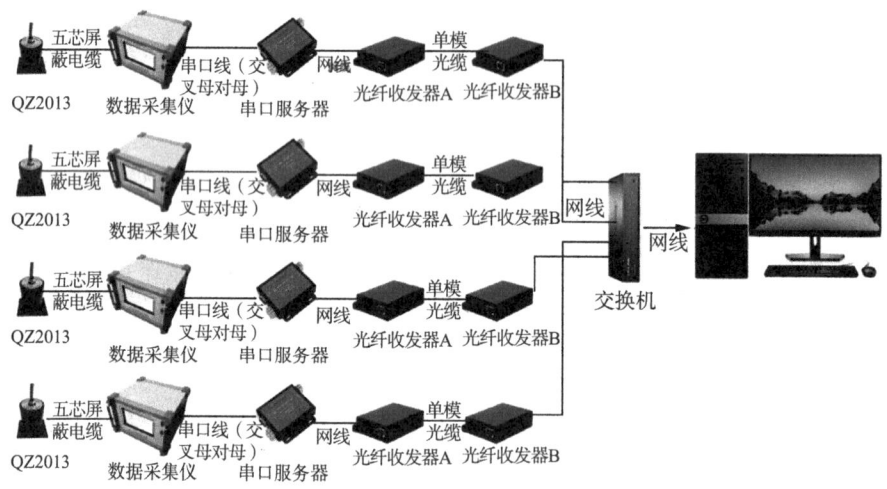

图 2-6　强震仪组网示意图

2.3.3　渗漏监测

水闸护坡可能存在的局部渗漏情况可通过布置红外热成像传感器进行监测，具体布置时可采用可能渗漏点固定布置或采用无人机作为载具进行渗漏巡检。当热成像摄像头以无人机为载具时，可形成基于无人机和红外热成像的渗漏巡检装备,因渗漏地点都伴随着温度的降低变化,小型水库坝体及水闸早期非稳定渗漏可以通过此类设备来进行探测。通过无人机携带红外热像仪拍摄坝体或护坡下游面的温度场来发现疑似渗漏部位,通过复飞并抵近拍摄热像图进一步确认是否为渗漏点,通过间隔合适的时间再次复飞并拍摄渗漏点的温度场,并比较低温及高温区域面积的变化来判断是否存在早期非稳定渗漏。目前国内已有相关研究及试验,应用结果表明该系统可以快速有效地检测出坝体下游面是否存在早期非稳定渗漏。

热成像在线测温是"稳定可靠、易于集成"的高精度测温设备。该设备测温更准确、使用更方便、报警更快速,可应用于水闸表面测温、巡检机器人等场景。

如图 2-7 所示为红外相机及热成像传感器。

图 2-7　红外相机及热成像传感器

国内著名的监控器材生产商海康威视的热成像传感器产品的测温范围一般为−20~150℃或100~400℃。测温精度:环境温度<T≤400℃时±2℃或读数的±2%;当−20℃<T≤环境温度时±3℃。

1) 红外热成像监测渗漏的优点如下

(1) 无需任何光照,采用被动红外,依靠物体自身辐射的红外热能即可清晰成像,不受强光影响;

(2) 非接触测量感知,隐蔽性好;

(3) 全天候监控,可以穿过烟雾;

(4) 作用距离远;

(5) 能够显示物体温度场,很容易辨别出渗漏的大致位置。

2) 红外热成像监测渗漏也存在如下局限性

(1) 分辨细节的能力较差,只能大致确定渗漏的部位,不能精确定位;

（2）不能透过透明的障碍物,例如玻璃等;

（3）成本相对普通摄像机较高。

2.3.4　土压力监测

界面土压力计适用于长期测量混凝土与土体交界面上的压力,同时测量埋设点的温度。对于建筑在地质条件较差的软基上,完全由水闸底板承受上部荷载作用的水闸,可以在水闸基底布设土压力计,以监测水闸底板地基反力作用。水闸翼墙后填土高度较大时,容易产生侧向倾斜或滑移,可以在翼墙背后和填土的结合面上布设土压力计,以监测翼墙背后土压力情况。同时,对于一些地质条件特殊的边坡,往往会增加锚索锚杆以及挡土墙等,以增加坡体的稳定性,边坡土体与挡土墙的压力监测可以选用界面土压力计。

2.3.5　地下缺陷监测

对于一些比较高的水闸,周边护坡及不同高程的马道的地下缺陷也需要纳入安全监测的范畴,对于地下可能存在的渗漏、裂缝、脱空、不同岩层以及地下管道、钢筋、线缆等,可以借助探地雷达(Ground Penetrating Radar,简称GPR)进行定期检测。

探地雷达的使用方法和原理是通过发射天线向地下发射高频电磁波,通过接收天线接收反射回地面的电磁波,电磁波在地下介质中传播时遇到存在电性差异的界面时发生反射,根据接收到的电磁波的波形、振幅强度和时间的变化特征推断地下介质的空间位置、结构、形态和埋藏深度。探地雷达就是一个极为精密的热成像仪,能够区分极小的温差,从而确定地下缺陷目标的情况,这是普通热成像仪所不能比拟的。它还可以检测不同岩层的深度和厚度,因此在地面作业开工前可用它对地面作一个广泛的调查。

在坝体渗漏探测中,渗透水流使渗漏部位或浸润线以下介质的相对介电常数增大,与未发生渗漏部位介质的相对介电常数有较大的差异,在雷达剖面图上产生反射频率较低反射振幅较大的特征影像,以此可推断发生渗漏的空间位置、范围和埋藏深度。如图 2-8 所示为小型车载探地雷达。

图 2-8 小型车载探地雷达

1）探地雷达检测具有以下技术优点

（1）对混凝土的穿透能力很强，可进行较大深度测量，对于一般水闸的混凝土结构体的探测能够满足相关要求；

（2）能够实现非接触探测，并且探测速度快；

（3）可以通过增大频率宽度和减小波长实现高分辨率的探测；

（4）微波有极化特性，可以确定缺陷的形状和取向。

2）探地雷达检测技术当前存在的主要问题包括

（1）无法探测深度较深的位置，探测深度和分辨率的矛盾无法克服，加大探测深度意味着牺牲探测分辨率；

（2）多次波及其他杂波干扰严重，且一直没有好的消除办法，国内外的探地雷达均存在这一严重问题；

（3）介质不均匀对检测结果影响很大，且无法消除，导致难以获得必要的数据资料；

（4）单发单收的数据采集方式能够提供给后期处理和解释的信息量有限。

2.4 闸门金属结构响应监测

闸门金属结构的安全检测包括巡视检查、外观检测、腐蚀检测、涂层厚度检测、焊缝外观检测及无损探伤。外观检测主要包括对门体、止水等零部件、斜拉杆和锁定装置等的破损、变形、老化和腐蚀等情况的检查和定量。腐蚀检测主要是对水闸钢闸门的面板、主梁、竖梁、边梁等构件的腐蚀情况进行检测。涂层厚度检测一般采用十点法对闸门面板、主梁等部位的涂层厚度进行抽检。焊缝外观检测及无损探伤是先通过目测检查的方式对接焊缝的外观情况进行检测,再用超声波探伤方法对闸门主要受力焊缝(一、二类焊缝)的内部缺陷进行检测。

在定期对闸门做相关检测的同时,在检测间隔的运行期内对闸门进行相关监测,可以及时发现潜在的安全隐患。

2.4.1 闸门安全监测

2.4.1.1 闸门开度监测

闸门开度仪又称行程检测装置,是被广泛应用于水利枢纽中的水工金属结构设备,是启闭机上一种相当重要的关键性检测装置,其测量精度、工作的稳定性和可靠性以及抗干扰能力等,直接关系到闸门和启闭机的运行安全。

闸门开度仪通常采用闸门开度传感器(位移传感器)来进行测量,通过专用测控仪表采集编码器值从而准确地测量出位移量,达到对被测件位移的实时测量与控制的目的,适合对各类卷扬机、螺杆启闭机的闸门,包括垂直门、平板门、弧形门、人字门、门机、桥机等的开度进行测量。闸门开度仪采用的传感器主要有如下几种:

(1)拉绳位移传感器:通过联轴器等联结件将增量式编码器轴与启闭机卷筒轴或小齿轮轴联结,使编码器与被测轴同步转动,将被测轴的旋转转化为编码器轴的旋转。拉绳位移传感器分外置式和内置式两种。外置式安装简单、价格便宜,但其强度不够高,环境适应能力不够强,容易产生误差,机械机构需要长期维护,难以抗拒人为因素、机械磨损、风力、冰冻、水中漂浮物等影响;内置式可减少现场安装工作量,其环境适应能力也较强,但成本有一定增加,且现场维修不便。

(2)磁致伸缩位移传感器:通过内部非接触式的测控技术精确地检测活动磁环的绝对位置来测量被检测产品的实际位移值。磁致伸缩式位移传感器精度高、绝对值输出、无磨损,但行程受限,不宜过长(一般只适合 5 m 以内行程);该类型多为国外品牌,价格较贵,供货周期较长。

(3)静磁栅式传感器:静磁栅绝对编码器与位移读码器技术结合,通过安装在闸门启闭机油缸臂上带动静磁栅式闸门开度传感器运动,利用霍尔元件感应位置磁场来输出与闸位相对应的绝对位置信息。静磁栅式绝对型输出,"空间栅片"具有非常固定的编号,能做到"绝对编码",避免打滑现象和零点漂移问题。静磁栅源和静磁栅尺之间采用"悬浮"的无接触运动方式,最大间隙可达 10 mm,无机械磨损。同时,对两者间的相对安装状态(偏移、侧移、倾斜)没有苛刻的要求。

2.4.1.2 疲劳裂缝监测

一般情况下,闸门正常运行不存在疲劳问题,但是当闸门运行过程中出现明显振动时,持续的振动产生的动荷载可能使应力集中处的局部应力超过屈服强度而产生裂纹。此外,材料及焊缝内部已有的微裂纹,随着使用次数的增加,裂纹扩展到一定程度,也会造成结构的突然断裂。

通过定期检查可以尽早发现振动现象,消除振源;另一方面,定期检查存在振动的闸门的主要焊缝、高拉应力区、连接部件等部位,可以尽早发现可能出现的裂纹,避免事故扩大。相关金属结构振动的监测可以采用点振动监测方式或采用布设光纤振动传感器进行面或线振动的捕获及监测。

对于振动或周期性应力产生的金属疲劳导致的裂缝,应作为关注及监测的重点,可在相关部位布置裂缝监测设备,如表面式测缝计,也可以采用图像(照片)分析的方法进行监测。在过去,图像处理中的识别一般都会通过像素数进行判断,而现在已经可以通过光电传感器进行三维测量,如图 2-9 所示,以实际尺寸的形式来测量指定平面的截面面积(mm^2)以及块状物的体积(mm^3),相关测量精度及可靠性完全可以得到保证。

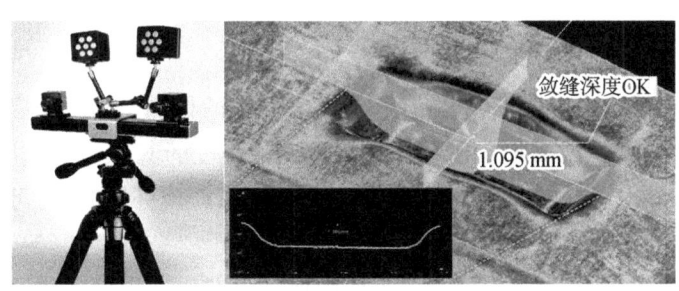

图 2-9 光电裂缝及缺陷测量

2.4.1.3 流激振动监测

闸门开度较小时,门底出流产生淹没水跃,跃头紧挨闸门,加上闸门启门速度慢,门叶受到冲击时间延长,使弧门支臂动力失稳。动水操作的闸门启闭过程和局部开启运行时一般均存在流激振动,只是程度不同。设计时往往要求运行时尽量避开有害振动区或避免在振动严重的区域长期停留,但何为有害振动或严重振动只能凭经验人为判断。当闸门挡水、启闭运行过程或局部开启运行发生剧烈振动时,需进行振动检测,以查找振源,确定闸门振动量级,评估闸门运行的安全性。为了优化闸门的运行方式,进行原型观测时振动检测也是其中的一项重要内容。

在水闸的实际运行工作周期,安全监测范围也可包括振动监测,通过安装相关设备对闸门金属结构启闭时的振动进行监测。实际应用中,可采用光纤振动传感器(如图 2-10),当光纤线路由于振动、冲击、入侵或者声波等发生扰动时,相应位置处光纤的折射率及长度将会发生动态变化,导致该位置处瑞利散射光的干涉谱发生相应变化,通过对瑞利散射光干涉谱的幅度及相位信息进行解调,即可获得振动扰动的全部信息。

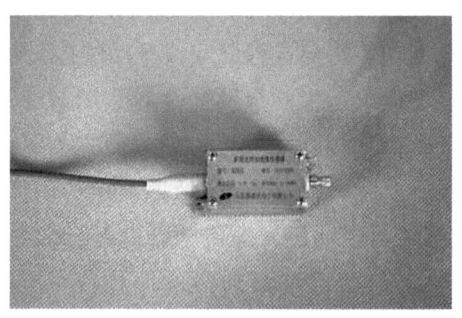

图 2-10　光纤振动传感器

2.4.1.4　金属腐蚀监测

金属腐蚀检测可以扩展为锈蚀、空蚀和磨损的检测。闸门和启闭机的承重构件空蚀、锈蚀或磨损程度相当于规范腐蚀程度的 C 级即较重腐蚀时,应进行蚀余厚度检测,当锈蚀特别严重,对涂料体系产生怀疑时,还可进行水质检测,为涂料体系的优化提供依据。[3]

在实际应用中,通过追踪金属表面的腐蚀情况而获得设备腐蚀过程的相关信息,称作腐蚀的在线监测,主要方法有如下几种:

(1)腐蚀挂片失重法

把已知重量的金属试样放入腐蚀系统中,经过一定时间的暴露,取出样品进行清洗、称重,根据其质量变化测算出平均腐蚀速率。

(2)在线电阻探针法

常被称为可自动测量的挂片失重法。既能在液相(电解质或非电解质)

中测定,也能在气相中测定。电阻探针法所测量的是金属元件因为腐蚀导致其横截面积减少进而造成的金属元件电阻的变化。电阻探针分为暴露在腐蚀介质中的测量元件和不与腐蚀介质接触的参考元件两部分。

（3）电化学法

电化学测试技术的优点是可进行瞬时腐蚀速度的测量,反应灵敏,适用于电解质介质。而电化学监测方法又细分为电位法、线性极化法和极化电阻法等。其中极化电阻（LPR）法是指利用金属材料在腐蚀介质中发生的电化学极化行为,将电化学探头（三电极组装）安装在腐蚀环境中,然后进行电化学极化,测量其电化学响应,计算出当时的极化电阻,再根据理论计算得到的换算系数,计算腐蚀电流（即腐蚀速度）实现快速腐蚀速度监测。

（4）化学分析法

化学分析法并不是对腐蚀状况进行直接监测,而是对影响腐蚀的各种因素及腐蚀产物进行追踪,再用各种数据处理方法来间接监测腐蚀状况,并分析找出腐蚀规律,作出预测。

2.4.1.5 金属应力监测

运行工况复杂的工作闸门,需要通过原型观测优化运行方式时,可通过应力监测了解闸门的运行性态。对于闸门钢结构部分的局部应力监测,可采用体积小巧的振弦式钢板应变计（如图 2-11 所示）,该型仪器适用于长期布设在水工建筑物或其他建筑物的钢结构上来测量钢结构的应力,内置温度传感器可同时监测安装位置的温度。

图 2-11 钢板应变计

2.4.2 启闭机安全监测

2.4.2.1 轴承失效监测

轴承在水闸启闭机的运转中起着非常重要的作用,由于许多轴承的更换并非易事,不同部位的轴承使用的频繁程度也各不相同,运行期间对轴承进行定期检查显得尤为重要。定期观察闸门运行形态,注意支铰、定轮等轴承使用部位发出的声音,观察启闭力的变化,必要时进行启闭力检测,尽早发现问题,予以维修,是避免事故发生的有效措施之一。

2.4.2.2 启闭力监测

水工钢闸门包括平面闸门和弧形闸门,由固定卷扬式启闭机、移动式启闭机、液压启闭机等设备进行启闭。闸门启闭力是指开启、关闭闸门或保持闸门在一定开度时所需的力。启闭力的大小主要取决于闸门自重、水柱压力、上托力、下吸力、摩擦阻力等参数。在复杂水流条件下,摩擦阻力等水力荷载很难通过计算精确获得,必须通过现场测定启闭力。

启闭力的检测是水工金属结构安全检测中的一项重要内容。启闭力检测的目的主要有两点:① 复核启闭机的设计容量,即在设计工况下检测最大启闭力,将其与启闭机的额定容量进行比较,由此判断启闭机的额定容量是否满足闸门启闭要求,并为优化设计提供依据。② 为水工金属结构故障诊断提供技术支持。当闸门由于卡阻、门体变形以及淤泥堆积等原因不能正常启闭时,启闭力检测可作为故障诊断的一种重要手段[4]。

目前,启闭力的测试方法主要有直接测试法和间接测试法。直接测试法是采用测力计或拉压传感器直接测量启闭力,即通过在定滑轮轴承座或卷筒轴承座上安装压力传感器,或在钢丝绳于荷重间串入拉力传感器,测量压力或拉力,并根据传感器的安装位置,扣除额外构件(如吊具及钢丝绳等)的质量,计算得到启闭力。采用直接测试法需要对设备进行拆卸,如在定滑轮轴承座或卷筒轴承座安装压力传感器,或根据设备吊钩的形式,配备专用工装将拉力传感器串联在钢丝绳和荷重之间,后期安装传感器的难度及工作量较大,故在现场检测时应用较少。

间接测试法是通过测试应变、振动等物理量,再经过计算得到启闭力,一般包括应力测试法、振动测试法、液压启闭机油压测试法、钢丝绳张力测试法等。间接测试法具有对现场工况要求不高、传感器安装方便等优点,故在启闭力现场检测中被广泛采用。

1) 应力测试法

应力测试法是通过测试受力构件的应力,根据力-力的关系换算出启闭力的一种方法。应力测试方法有电测法、光纤光栅法等。目前启闭力现场测试中常用的电测法,即通过应变计测量结构表面的应变,再根据应变-应力关系确定构件表面应力。

应力测试法一般通过在闸门吊杆、吊耳、启闭机传动轴座等部位沿受力方向布置单向应变计来进行测量。具体测试方法是在启闭设备空载时,将检测仪器平衡调零加载后测试出应变,再经过换算即可得到启闭力。

（1）固定卷扬式启闭机

由于固定卷扬式启闭机定滑轮轴座板和卷筒轴承座板一般布置有加强筋板,截面比较复杂,单向应变计一般布置在闸门吊耳板、吊具耳板或闸门拉杆等截面单一且轴向承受荷重的位置,应变计沿启闭力方向布置。

需要注意的是,双吊点闸门的两吊点距门叶中心线的距离可能存在偏差,闸门安装可能存在偏斜。因此,双吊点启闭机各吊耳板上的应力不能简单认为相等,建议在各个吊耳板上都布置单向应变计。

（2）移动式启闭机

对于移动式启闭机,应变计布置方式与固定卷扬式启闭机类似。对于门机,应变计还可布置在各支腿的腹板和翼板上,每个支腿的腹板和翼板沿重力方向各布置1个或2个单向应变计。

（3）液压启闭机

目前弧形闸门多采用液压启闭机,启闭时除了受到沿活塞杆方向的力外,还受弯矩的影响,为避免活塞杆的弯曲对启闭力测试数据产生影响,单向应变计可沿活塞杆方向布置在液压启闭机的吊头上。

应力测试法适用于各种启闭机类型,应变计布置方法灵活,技术成熟,应用广泛,是现场检测中比较常用的一种启闭力测试方法。该方法具有测量精度高、采样频率高、量程大等优点,可实现实时在线监测,并绘制时间-应力曲线图或时间-启闭力曲线图,可对整个闸门启闭过程中的启闭力进行比较完整的测算。

2）钢丝绳张力测试法

钢丝绳张力测试法的原理为:钢丝绳张紧后,利用钢丝绳张力计施加垂直方向的力,使钢丝绳产生微小夹角,当系统平衡时,利用力分解原理求解出钢丝绳张力,该钢丝绳张力乘以滑轮组倍率即为启闭力。

钢丝绳张力测试仪布置在钢丝绳系统的固定端,这样可以保证钢丝绳运动时仪器位置固定不动,方便读数。钢丝绳张力测试法适用于不同直径钢丝绳(一般为6~40 mm)的张力测试,该方法不需要拆卸钢丝绳即可直接测量,可通过仪器显示屏直接读数,简单便携、操作方便,常用于启闭力的快速检测。同时,可通过配置外接模块实现数据实时显示,绘制时间-启闭力曲线,故也可用于启闭力实时在线监测。

3）振动测试法

振动测试法是通过施加外部激励(垂直敲击钢丝绳)产生横向振动,采集加速度数据后,基于张紧钢丝绳振动法计算钢丝绳基频,从而计算得到启闭力。

钢丝绳拉力与各阶固有频率之间存在特定关系,通过现场振动测试可识别出计算长度内的单根钢丝绳的固有频率,并在钢丝绳的线密度已知时,可求出单根钢丝绳的拉力,考虑滑轮组倍率后,即可求得启闭力。

在现场测试及监测中,将加速度传感器通过绑带固定在钢丝绳上,用硬质物体(为防止对钢丝绳造成损伤,敲击物体的硬度应低于钢丝绳材质硬度,可选择铜棒、铝制力锤等)敲击绑定有加速度传感器的张紧钢丝绳,给钢丝绳一个横向激励,采集振动加速度数据,分析计算钢丝绳拉力。

振动测试法可测试各种张紧钢丝绳的拉力,适用于测试采用柔性钢丝绳的固定卷扬式启闭机和移动式启闭机的启闭力。由于该方法需要进行后期数据处理,无法实现实时在线检测和监测,不能绘制时间-启闭力曲线,现场测试时使用频率较低。但是,当测试现场没有合适的位置布置应变计或钢丝绳直径过大,无法采用应力测试法或钢丝绳张力法时,振动法是有效的替代方法。

4) 液压启闭机油压测试计算法

通过测试液压启闭机有杆腔和无杆腔内液压油的压力,得出时间-油压曲线,并根据油压-力的关系换算出启闭力。

液压检测仪可在线检测及监测流体的压力、流量和温度。将液压检测仪的压力传感器连接接头与液压泵站上的取压口连接,实时测量油压,计算分析启闭力。

液压启闭机油压测试计算法适用于液压启闭机启闭力测试。液压检测仪具有多种接口工装,适用于各种型号的液压启闭机,操作简单,可以实时采集油压,绘制时间-油压曲线以及时间-启闭力曲线,实现对闸门启闭全过程的启闭力实时监测,应用比较广泛。

2.4.2.3 启闭机振动监测

闸门启闭机的振动监测一般为选择若干监测点进行定点监测,可采用相关的加速度传感器进行振动数据的采集,后经相关计算处理得到振动信息。

由于安装需要考虑传感器的大小以及供电等因素,可采用最新微电子技术的硅微加速度传感器,如图 2-12 所示,按原理分其主要类型有压阻式、电容式、力平衡式和谐振式。国内在微加速度传感器的研制方面也做了大量的工作,如西安电子科技大学研制了压阻式微加速度传感器,清华大学微电子所开发了谐振式微加速度传感器。后者采用电阻热激励、压阻电桥检测的方式,其敏感结构为高度对称的 4 角支撑质量块形式,在质量块 4 边与支撑框架之间制作了 4 个谐振梁用于信号检测。

图 2-12　微加速度传感器

使用微加速度传感器测量振动的时候有如下注意点:

(1)尽可能降低及滤除乱真响应,即在使用传感器测量机械振动或冲击时,由同时存在的其他物理因素所引起的传感器的响应,此响应会干扰正确测量。引起乱真响应的主要因素有:瞬变温度、横向运动、旋转运动、基座应变、磁力影响、安装力矩及对特殊环境的响应等。

(2)加速度传感器的自然频率由黏接的耦合程度决定,选择正确的黏合剂将是很重要的一步。还需要考虑加速度传感器的重量、测试时的频率和带宽、测试时的振幅和温度,以及一些测试过程中会出现的问题,比如正弦曲线的受限和测试中出现的随机振动等。通常需要根据不同的测试需求选择合适的黏接剂来黏接加速度传感器,在一块小的薄膜上尽可能地用最少的黏接剂黏接加速度传感器,从而使得加速度传感器获得最佳的频率响应传送性。

(3)一般来说,越灵敏的传感器对一定范围内的加速度变化越敏感,输出电压的变化也越大,同时比较容易测量,从而获得更精确的测量值。最小加速度测量值也称最小分辨率,考虑到后级放大电路噪声问题,应尽量远离最小可用值,以确保最佳信噪比。同时,在频响、重量允许的情况下,可提高灵敏度来提高后续仪器输入信号,提高信噪比。

2.5　闸门机电设备监测

2.5.1　电机转速监测

对水闸起闭机的拖动电机的转速进行监测,同时可获取闸门运行速度。电机转速监测一般采用光电转速测量传感器。该类传感器将红色可见光作为光源,通常在旋转轴上贴反射标签,或在电动机的旋转轴上涂上黑白两种颜色,转动时反射光与不反射光交替出现,光电传感器相应地间断接收光的反射信号,并输出间断的电信号,再经放大器及整形电路放大整形输出方波信号,最后由电子数字显示器输出电机的转速。此类传感器体积较小,全长一般为 50~90 mm,检测距离最大可达 200 mm 左右,距离过大对反射接收以及信号的解析会产生影响。光电转速传感器如图 2-13 所示。

图 2-13　光电转速传感器

光电转速传感器的主要优点如下:

(1) 抗干扰性好

光电转速传感器多采用 LED 作为光线投射部件,极少会出现光线停顿的情况,也不会存在灯泡烧毁等故障危险。另外,光电转速传感器的光源都是经过特殊方式调制的,有极强的抗干扰能力,不会受普通光线的干扰。

(2) 结构紧凑

光电转速传感器的结构紧凑,主要由投射光线部件、接收光线部件也就是光敏元件和放大元件等组成,因此光电转速传感器的体积小巧、内部结构精致,一般重量不会超过 200 g,便于使用者携带、安装和使用。

(3) 测量能力好

光电转速传感器采用光纤封装,可用于微小的物体特别是微小旋转体的转速测量,特别适用于高精密、小元件的机械设备测量。光电转速传感器运行稳定,有良好的可靠性,测量的精度较高,能满足使用者的测量要求。

(4)非接触式测量

光电转速传感器采用光学原理制造,属于非接触式转速测量仪表,它的测量距离一般可达 200 mm 左右。光电转速传感器在测量时无需与被测量对象接触,不会对被测量轴施加额外的负载,因此光电转速传感器的测量误差更小,精度更高。

2.5.2　电机温度监测

闸门启闭机电机的温度监测可以参考发电厂发电机组的温度监测方法,采用红外热成像传感器。目前,红外热成像测温技术已在河北张河湾抽水蓄能电站得到应用研究,研究人员开发了一种基于图像分析与温度结合的精细化分析的红外热成像在线检测系统,实现对发电机的实时热成像监控,支持区域温度显示、历史曲线分析、超限阈值告警等系统功能,后台部署在监控中心,支持远程调阅监控。该系统采用在线红外热像仪后,可以实时自动巡检运行设备的温度情况并按预先设定的预警值发出声音报警信号,及时把报警信号上传至运维中心,从而使运维人员"早发现早处理",用减少负荷或改变系统运行方式等手段,确保设备的安全,提高运行人员对设备缺陷的识别能力和预见性。红外热成像测温技术在发电设备的性能及故障诊断方面的研究和实践将得到很大提高。

同时,电机温度也可以通过红外测温仪来测量,由光学系统汇集其视场内的目标红外辐射能量,视场的大小由测温仪的光学零件以及位置决定。红外能量聚焦在光电探测仪上并转变为相应的电信号。该信号经过放大器和信号处理电路按照仪器内部的算法和目标发射率校正后转变为被测目标的温度值。

也可采用较低成本的微机械温度传感器(图 2-14)来监测电机温度,将它们固定在需要测温的物体上即可。与传统的传感器相比,这类传感器具有体积小、重量轻的特点,其固有热容量很低,这使得它们在温度测量方面具有传统温度传感器不可比拟的优势,也可以将它们固定在一些机械结构的内部进行测温,相对精度较高。

图 2-14　微机械温度传感器

2.5.3　其他机电设备

对于水闸控制系统中的其他机电设备如水泵、PLC 中央控制机柜、配电柜等，可在线路中设置空气开关、烟雾报警器、断路保护器、继电器、温湿度控制器、水浸传感器等设备进行相关参数的监测及保护。

2.6　智能传感器特征分析

"数字与智慧水利"已成为水利高质量发展的标志，水利行业要探索数字孪生与水融合发展新路径，利用数字孪生等新技术提升核心能力，重点就是提高对实体物体的数字化水平，尽可能多地反映物体的综合性态，因此对于物体的相关性态参数的获取就是重中之重，集成智能传感器对于相关参数的采集及数字化过程就是数字孪生的基石。

集成智能传感器（Integrated Intelligent Sensor）是具有信息处理功能的传感器。智能传感器是一门现代综合技术，具有采集、处理、交换信息的能力，是传感器集成化与微处理器相结合的产物。智能传感器能将检测到的各种物理量储存起来，并按照指令处理这些数据，从而创造出新数据，同时还能进行信息交流，完成分析和统计计算等。

2.6.1　智能传感器的结构组成

智能传感器大体上可以分为三种类型：具有判断能力的传感器；具有学习能力的传感器；具有创造能力的传感器。

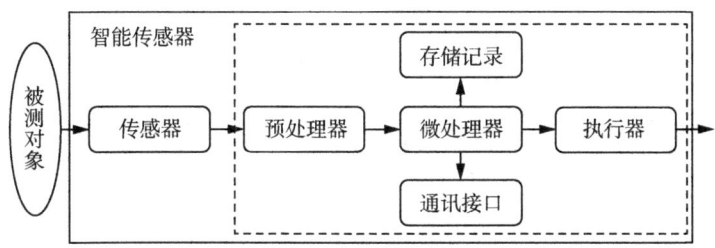

图 2-15　智能传感器结构图

　　智能传感器系统主要由传感器、微处理器及相关电路组成,如图 2-15 所示。传感器将被测对象的物理量、化学量转换成相应的电信号,送到预处理器(电路)中进行调制,经过滤波、放大、A/D 转换等处理后送达微处理器。微处理器对接收的信号进行计算、存储、数据分析处理后,通过通信接口将相关测量结果上传计算机或其他信号接收单元,同时将有用的信息进行本地存储记录,并根据测量结果控制相关执行器进行反馈及控制等。微处理器是智能传感器的核心,由于微处理器能充分发挥软件编程判断的功能,使传感器智能化,大大提高了传感器的综合性能。

　　将智能传感器的功能进一步集成叠加,就是智能传感器的网络化。基于分布式智能传感器的测量控制系统是通过网络将各个控制节点、传感器节点及中央控制单元连接在一起。其中传感器节点是用来实现参数测量并将数据传送给网络中的其他节点;控制节点是根据需要的信息(如温度、湿度等)来实现对被测物理量的标定和校准。在很多场合下需要从网络中获取所需要的数据并根据这些数据制订相应的控制方法和执行控制输出。在整个系统中,每个传感器节点和控制节点相互独立且能够自治,一般直接采用智能传感器,控制节点和传感器节点的数目可多可少,根据具体要求而定。网络的选择可以是传感器总线、现场总线,也可以是企业内部的 Ethernet,也可以直接是 Internet 公网。当前,智能传感器的网络化是未来发展的一个重要趋势,多个传感器构成的智能网络可以对某一个节点的错误进行自我诊断与校正,多个传感器所测出的多组数据在优化算法下无疑会更加精准。总线技术的应用也是未来智能传感器的重要发展趋势之一,同时充分运用无线组网技术,智能传感器的外观以及性能会更加简洁强大。

2.6.2　智能传感器的功能

1. 信息存储和传输

随着全智能集散控制系统(Smart Distributed Control System)的飞速发展,智能传感器单元已具备通信功能,通过通信网络以数字形式进行双向通信,这也是智能传感器的关键标志之一。智能传感器通过测试数据传输或接收指令来实现各项功能,如增益的设置、补偿参数的设置、内检参数设置、测试数据输出等。

2. 自补偿和计算功能

智能传感器的自补偿和计算功能为传感器的温度漂移和非线性补偿开辟了新的道路,放宽了传感器加工精密度要求,只要能保证传感器的重复性好,利用微处理器对测试的信号进行计算,采用多次拟合和差值计算方法对漂移和非线性进行补偿,就能获得较精确的测量结果。

3. 自检、自校、自诊断功能

普通传感器需要定期检验和标定,以保证其在正常使用时的准确度,这些工作一般需要将传感器从使用现场拆卸送到实验室或检验部门进行,对于在线测量传感器出现的异常不能及时诊断。采用智能传感器情况则大有改观,首先自诊断功能在电源接通时进行自检,运行诊断测试以确定组件有无故障;其次根据使用时间可以在线进行校正,微处理器利用存在 EPROM 内的计量特性数据进行对比校对。

4. 复合敏感功能

智能传感器一般具有复合功能,能够同时测量多种物理量和化学量,给出能够较全面反映物质运动规律的信息。如复合液体传感器,可同时测量介质的温度、流速、压力和密度;复合力学传感器,可同时测量物体某一点的三维振动加速度、速度及位移等。

2.6.3　智能传感器的特点

1. 提高了传感器的精度

集成智能传感器具有信息处理功能,通过软件不仅可修正各种确定性系统误差(如传感器输入输出的非线性误差、幅度误差、零点误差、正反行程误差等),而且还可适当地补偿随机误差、降低噪声,大大提高了传感器精度。

2. 提高了传感器的可靠性

集成智能传感器系统小型化,消除了传统结构的某些不可靠因素,改善了整个系统的抗干扰性能;同时它还有诊断、校准和数据存储功能(对于智能结构系统还有自适应功能),具有良好的稳定性。

3. 提高了传感器的性能价格比

在相同精度的需求下,多功能集成智能传感器与单一功能的普通传感器相比,性能价格比明显提高,尤其是在采用较便宜的单片机后更为明显。

4. 促成了传感器多功能化

集成智能传感器可以实现多传感器多参数综合测量,有一定的自适应能力,能根据检测对象或条件的改变,相应地改变量程及输出数据的形式,并具有多种数字通信接口功能,直接远程送入计算机进行处理,适配各种应用系统。

5. 较高的集成化水平

使传感器与相应的电路都集成到同一块芯片上,可带来以下三个方面的优化:

(1)较高信噪比:传感器的弱信号先经集成电路信号放大后再远距离传送,就可大大改进信噪比。

(2)改善性能:由于传感器与电路集成于同一芯片上,对于传感器的零漂、温漂和零位可以通过自校单元定期自动校准,又可以采用适当的反馈方式改善传感器的频率响应。

(3)信号规一化:传感器的模拟信号通过程控放大器进行规一化,又通过模数转换成数字信号,微处理器按数字传输的几种形式进行数字规一化,如串行、并行、频率、相位和脉冲等。

2.6.4　主要智能传感器

2.6.4.1　视频传感器

视频传感器当前发展的前沿是微光红外技术。微光夜视是通过带像增强管的夜视镜对夜天光照亮的微弱目标像进行增强,以供使用者观察的光电成像技术,微光技术是光电高新技术中的重要组成部分,微光夜视产品中图像增强器是核心器件。

微光成像技术的缺点在于易受周边环境影响,如怕强光,具有晕光现象,在遇到强光的时候夜视仪无法进行观测,微光图像的对比度差,灰度级有限,瞬间动态范围差,高增益时有闪烁,只敏感于目标场景的反射,与目标场景的热对比无关。

红外成像技术分为主动红外技术和被动红外技术,工程安全监测中一般采用被动红外技术,该技术根据目标与背景或者目标各部分之间的温差来发现目标。红外成像技术的优点在于无需借助外部环境光,不受雨雪、风霜、强光等恶劣环境影响,适合在室内和野外全黑环境下使用,探测距离远,能全天候工作,实现昼夜监控。

由于被动红外热成像对物体的温度和红外线的强度有要求,无法适应不同环境下的监控需求,且热成像不能够区别文字和标志,对周边环境的感应不强,不能穿透玻璃,因此,采用微光红外的双光融合技术是最新的发展趋势,通过"微光+热像仪"双通道,同时运用红外、微光技术使之在不同的波长进行成像,同步探测目标的二维几何空间与一维光谱信息,然后利用一定的图像处理算法对多波段图像进行分析处理,综合和发掘微光与红外图像的特征信息,使其融合成为全面的图像。国内某公司生产的"热成像+可见光"双光融合一体机相关产品外形如图 2-16 所示。

图 2-16 "热成像+可见光"双光融合一体机

"热成像+可见光"双光融合一体机采用国际先进的非致冷焦平面红外探测器和低照度可见光,设备体积小,有 1 路视频输出和 RS485 控制接口。特用无挡片技术,确保热图像监控不间断,保证观测更可靠,设备具有双光融合功能,可见光采用低照度传感器,可用于夜间监控。结合红外发现热源的优点以及可见光观察细节的优点,能快速准确地定位隐患。在闸门所在区域采用具有微光与红外成像技术的摄像头,可以昼夜不间断有效监测库区水位、闸门周边安全、相关渗水及漏水点、闸门开度情况等,可以做到"一机多用"。

2.6.4.2　超声波传感器

超声波传感器(Ultrasonic Sensor)是将超声波信号转换成其他能量信号(通常是电信号)的传感器。超声波是振动频率高于 20 kHz 的机械波,它具有频率高、波长短、绕射现象小,特别是方向性好、能够成为射线而定向传播等特点。超声波碰到杂质或分界面会产生显著反射形成反射回波,碰到活动物体能产生多普勒效应。超声波技术在水利闸门安全监测工程上的应用如下:

1. 超声波探伤

超声波探伤是利用超声波的传播能量大、贯穿能力强、能透入金属材料的深处,并由一截面进入另一截面时会在界面边缘发生反射的特点来检查零件缺陷的一种方法,当超声波束自零件表面由探头通至金属内部,遇到缺陷与零件底面时就分别发生反射波,在荧光屏上形成脉冲波形,根据这些脉冲波形可以判断缺陷的位置和大小。

超声波在介质中传播时有多种波型,检测中最常用的为纵波、横波、表面波和板波。用纵波可探测金属铸锭、坯料、中厚板、大型锻件和形状比较简单的制件中所存在的夹杂物、裂缝、缩管、白点、分层等缺陷;用横波可探测管材中的周向和轴向裂缝、划伤、焊缝中的气孔、夹渣、裂缝、未焊透等缺陷;用表面波可探测形状简单的铸件上的表面缺陷;用板波可探测薄板中的缺陷。

超声波探伤作为钢闸门无损检测方法之一,在不破坏加工表面的基础上,应用超声波仪器或设备来进行检测,既可以检查肉眼看不到的工件内部缺陷,也可以大大提高检测的准确性和可靠性。超声波探伤仪如图 2-17 所示。

2. 超声波测距

超声波碰到杂质或分界面会产生显著反射形成反射回波,利用这一特性可以测量距离。

超声波距离传感器可以广泛应用在物位(液位)监测、机器人防撞、各种超声波接近开关,以及防盗报警等相关领域,其工作可靠、安装方便、发射夹角较小、灵敏度高,方便与工业显示仪表连接。超声波距离传感器核心部件测距探头如图 2-18 所示。超声波具有易于定向发射、方向性好、强度易控制、与被测量物体不需要直接接触的优点,是非高精度水位测量的理想手段,一般可以达到厘米级的测量精度。

在水闸闸门控制系统中,超声波传感器可以用于闸门位置检测以及闭合

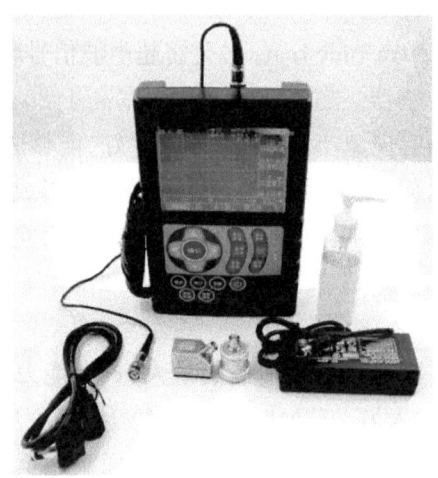

图 2-17　超声波探伤仪

图 2-18　超声波测距探头

检测,还可以用于闸门相关控制系统的防撞、防冲击以及启闭机调速闭环控制系统的相关反馈等,同时在闸门相关位置安装超声波传感器也可以有效掌握闸门启闭范围内有无障碍物等信息。

3. 超声波测流

超声波多普勒流速仪是应用声学多普勒效应原理制成的测流仪,采用超声换能器,用超声波探测流速,其优点如下:测量点在探头的前方,不破坏流场;测量精度高,量程宽;可测弱流也可测强流;分辨率高,响应速度快;可测瞬时流速也可测平均流速;测量线性,流速检定曲线不易变化;无机械转动部件,不存在泥沙堵塞和水草缠绕问题;探头坚固耐用,不易损坏,操作简便等。超声波多普勒流速仪如图 2-19 所示。

图 2-19　超声波多普勒流速仪

超声波多普勒流速仪的主要技术参数如下:测流范围:0.02~7.00 m/s,测量准确度 ±1.0%±cm/s;水温测量范围:0~40℃,测温准确度 ±1℃;工作最大水深:80 m。

超声波测流的最大好处是可以在线测流,在必要时可换算成流量,在汛期、泄洪、开闸时能够有效动态监测流速和水量,为闸门安全监测提供重要监测参数。超声波传感器存在的主要问题有以下几点:

(1)时间误差

在超声波的传播速度是准确的前提下,测量距离的传播时间差值精度只要达到微秒级,就能保证测距误差小于 1 mm。因此在使用相关处理器及与其匹配运行的晶振时,需要使用 12 MHz 以上的高精度晶振作为时钟基准,但是时间误差总难以避免。

(2)速度误差

超声波的传播速度受空气密度影响,空气的密度越高超声波的传播速度就越快,而空气的密度又与温度有着密切的关系,因此超声波测距结果与介质温度有一定关系。同时,由于声波的传播速度没有电磁波和光波快,使得测距速度不如激光测距和毫米波测距。

(3)角度影响

超声波有一定的扩散角因此只适合测量距离,不可以测量方位,只能在低速场合使用。

(4)收发干扰

发射信号和余振信号都会对回波信号造成覆盖或者干扰,因此在小于某一距离后传感器就会丧失探测功能,这就是普通超声波传感器的探测距离必须大于 30 cm 的原因之一,实际应用中若小于这个距离,则系统无法探测障碍物。

2.6.4.3　激光传感器

激光传感器是利用激光技术进行测量的传感器。它由激光器、激光检测器和测量电路组成。激光传感器是新型测量仪表，它的优点是能实现无接触远距离测量，速度快，精度高，量程大，抗光、电干扰能力强等。

利用激光的高方向性、高单色性和高亮度等特点可实现无接触远距离测量。激光传感器常用于长度、距离、振动、速度、方位等物理量的测量，还可用于探伤和大气污染物的监测等。

1. 激光测长

精密测量长度是精密机械制造工业和光学加工工业的关键技术之一。利用光波的干涉现象来进行长度测量，其精度主要取决于光的单色性的好坏。激光是最理想的光源，它比以往最好的单色光源（氪-86灯）还纯10万倍。因此若用氦氖气体激光器，最大量程可达几十公里，一般测量数米之内的长度，其精度可达 $0.1\ \mu m$。

2. 激光测距

激光测距的原理与无线电雷达相同，将激光对准目标发射出去后，测量激光的往返时间，再乘以光速即得到往返距离。由于激光具有高方向性、高单色性和高功率等优点，这些对于远距离测量、判定目标方位、提高接收系统的信噪比、保证测量精度等都很有益，因此在激光测距仪基础上发展起来的激光雷达不仅能测距，而且还可以测目标方位、运动速度和加速度等，采用红宝石激光器的激光雷达，测距范围为 $500\sim2\,000\ km$，误差仅几米。最新的测距传感器在数千米测量范围内的精度可以达到微米级。

3. 激光测振

激光测振是基于多普勒原理来测量物体的振动速度。这种测振仪在测量时由光学部分将物体的振动转换为相应的多普勒频移，并由光检测器将此频移转换为电信号，再由电路部分作适当处理后送往多普勒信号处理器，将多普勒频移信号变换为与振动速度相对应的电信号，最后记录于存储器中。

激光测振仪采用非接触式的测量方式，可以应用在许多其他测振方式无法测量的任务中，其频率和相位响应都十分出色，足以满足高精度、高速测量的应用。使用非接触测量方式，可以检测液体表面或者非常小物体的振动，同时还可以弥补接触式测量方式无法测量大幅度振动的缺陷。激光测振仪在桥梁建筑等土木工程、风力发电、变压器、船舶、电视塔、核电等领域均有广泛的应用。激光测振仪如图2-20所示。

图 2-20　激光测振仪

4. 激光测速

激光测速是基多普勒原理的一种激光测速方法,应用较多的是激光多普勒流速计,一般用于测量高速运动的物体或气流的速度,如测量风洞气流速度、火箭燃料流速、飞行器喷射气流流速、大气风速和化学反应中粒子的大小及汇聚速度等。

2.6.4.4　雷达传感器

雷达传感器根据工作原理一般可分为 RADAR 和 LiDAR 两类。

RADAR(Radio Detection and Ranging),即无线电探测与定位,该系统由在无线电或微波领域产生电磁波的发射器、发射天线、接收天线和接收器组成处理器来确定对象的属性。来自发射器的无线电波从物体反射并返回接收器,提供有关物体的距离、方向和速度等信息。

运用无线电探测技术的地基合成孔径雷达(GB-SAR)是基于干涉测量技术而研发的一种地面主动微波遥感形变探测设备,可以实现大面积隐患点早期识别。设备采用地基重轨干涉 SAR 技术实现高精度形变测量,通过高精度位移台带动雷达往复运动实现合成孔径成像,对不同时间图像相位干涉处理提取相位变化信息,实现对被测对象表面微小形变的高精度测量,可有效应用于山体滑坡、大坝坝体、重大建筑设施的变形监测、预警和稳定性评估。设备如图 2-21 所示。

LiDAR(Light Detection and Ranging),即激光探测及定位(激光雷达),是将激光器作为发射光源,采用光电探测技术手段的主动遥感设备。激光雷达的工作原理与雷达测距非常相似,脉冲激光不断地扫描目标物,就可以得到目标物上全部目标点的数据,对这些数据进行成像处理后,就可得到目标

图 2-21 地基合成孔径雷达

的精确三维立体图像。LiDAR 和 RADAR 的主要区别为：RADAR 以无线电和微波波段为主，而 LiDAR 则以近红外、可见光和紫外波段为主。

三维激光扫描仪采用激光测距原理，在水利工程安全监测的现场应用中，可以针对重点隐患区域，利用三维激光大范围扫测定点进行面状的实时监测，可以探测到多重乃至无穷多重目标的细节信息，通过检测位移距离确定滑坡体范围及失稳关键位置，其相对观测精度为毫米级。设备如下图 2-22 所示。

图 2-22 三维激光扫描仪

与普通微波雷达相比，激光雷达由于使用的是激光束，其工作频率较微波高了许多。

1) 激光雷达具有如下优点

(1) 分辨率高

激光雷达可以获得极高的角度、距离和速度分辨率。通常角分辨率不低于 0.1 mard，也就是说可以分辨 3 km 距离上相距 0.3 m 的两个目标，这是微波雷达无法做到的;距离分辨率可达 0.1 m;速度分辨率能达到 10 m/s 以内。距离和速度分辨率高,意味着可以利用距离-多普勒成像技术来获得目标的清晰图像。分辨率高是激光雷达最显著的优点,其多数应用都是基于此特点。

(2)隐蔽性好、抗有源干扰能力强

激光直线传播、方向性好、光束非常窄,只有在其传播路径上才能接收到,且激光雷达的发射系统口径很小,使得接收区域窄,有意发射的激光干扰信号进入接收机的概率极低;另外,与微波雷达易受自然界广泛存在的电磁波影响的情况不同,自然界中能对激光雷达起干扰作用的信号源不多,因此激光雷达抗有源干扰的能力很强。

(3)体积小、质量轻

普通微波雷达的体积庞大,整套系统质量数以吨计,光天线口径就达几米甚至几十米。而激光雷达就要轻便、灵巧得多,发射望远镜的口径一般只有厘米级,架设、拆收等都很简便。而且激光雷达的结构相对简单,维修方便,操纵容易,价格也较低。

2)激光雷达具有如下缺点

(1)易受天气大气影响

激光一般在晴朗的天气里衰减较小,传播距离较远。而在大雨、浓烟、浓雾等天气里,衰减会急剧加大,传播距离大受影响。而且大气环流还会使激光光束发生畸变、抖动,直接影响激光雷达的测量精度。

(2)探测方向性受限

由于激光雷达的波束极窄,在空间中搜索目标非常困难,直接影响对非合作目标的截获概率和探测效率,只能在较小的范围内搜索、捕获目标,因而激光雷达较少单独直接应用于大范围内的目标探测和搜索。

2.6.4.5　MEMS 传感器

MEMS 传感器(图 2-23)即微机电系统(Micro Electro Mechanical Systems),是在微电子技术基础上发展起来的多学科交叉的前沿研究领域。它涉及电子、机械、材料、物理学、化学、生物学、医学等多种学科与技术,具有广阔的应用前景。当前基于 MEMS 技术的传感器主要有微机械压力传感器、微加速度传感器、微机械陀螺、微流量传感器、微气体传感器、微机械温度传感器等,各类型传感器在多领域都得到了有效应用,其最大的优势就是体积小巧,可以内置或安装于普通传感器无法布设的狭小空间内。

图 2-23　MEMS 传感器

MEMS 传感器在以下几方面还有待进一步发展：

（1）更高的集成度和更小的体积

MEMS 惯性传感器的小尺寸和低功耗特性极具吸引力。

（2）进一步提高精度

采用 MEMS 技术制造的传感器（如陀螺、加速度计、地磁传感器、气压计等）构建多传感器的个人及商用定位系统是当前定位领域的研究热点，但是存在体积、成本、功耗与精度的矛盾。采用 MEMS 传感器可以满足体积、成本和功耗的要求，但是需要进一步提高精度。

（3）传感器与处理器、RF 融合的问题

MEMS 传感器与微功耗处理器的结合可以对信号进行前端无损采集及处理，避免可能的失真及信号丢失，获取最微小的变化；同时相关计算结果及变化感知结果与射频 RF 芯片的结合可以有效将相关结果进行传输上报，第一时间融合相关传感器的信息，为后方大数据采集及处理提供支撑。

（4）多传感器协同

单一 MEMS 传感器的信息获取能力有限，实际的应用场景可能需要多种传感器协同对环境及变化量进行采集，例如，运动传感器涉及温度、加速度、倾斜、振动等，在数据采集的过程中彼此之间是否会存在干扰、能否同步进行采集，以及各传感器的功耗、供电功率匹配等能否满足都是需要综合考虑的。所以，多 MEMS 传感器的集成及协同工作更为复杂。

（5）工艺及设计层面的智能化需求

在 MEMS 系统设计层面，设计者需要对完整的物理体系，而不是仅对电子体系有更好的理解即可，这既牵涉到融合包括计算、连接在内的传感器数据分析，也牵涉到如何创新。

（6）凸显其物联网应用价值

在互联网环境下，传感器将被赋予智慧，不仅是多传感器集成，而是多传感器，进一步与处理器、射频等融合，并最终能捕捉数据中的价值。

2.6.4.6　光电传感器

光电传感器（图 2-24）是各种光电检测系统中实现光电转换的关键元件，是把光信号（可见光及紫外光）转变成电信号的器件。可用于检测直接引起光量变化的非电物理量，如光强、光照度、辐射测温、气体成分分析等；也可用来检测能转换成光量变化的其他非电量，如零件直径、表面粗糙度、应变、位移、振动、速度、加速度，以及物体的形状、工作状态等。

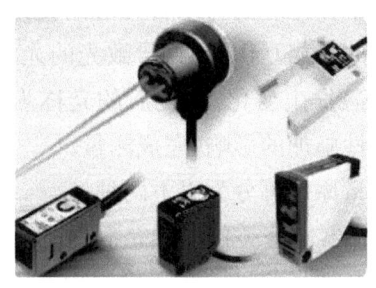

图 2-24　光电传感器

1）光电传感器的主要特点及优势如下

（1）数字接口，通信能力强；

（2）检测距离长；

（3）对检测物体的限制少；

（4）响应时间短；

（5）分辨率高；

（6）可实现非接触的检测；

（7）可实现颜色判别。

2）光电传感器存在的主要问题如下

（1）部分对光源或是对测量光的平行度要求高的光电传感器的最大缺点是温度适应性不足，过高或过低的温度可能造成光源发光效率的变化，导致测量的精度可能受到影响，一般需要做完善的温度补偿电路进行校正。

（2）光从发射端到接收端的过程中需要经历一定的介质，对介质的纯净度或一致性有所要求，如在透光玻璃的表面存在水珠或油渍会造成光路的折射及偏移,导致测量出现误差或错误。

（3）在远距离测量时精度较差,因光线在介质中传播的距离越长,受到介质中的各种因素的影响就越大,导致时差的误差越大。

（4）对于光电发送器、光电接收器和信号检测电路的协同工作性能要求较高。相关应用对于发送器和接收器的直线度、信号检测电路的放大及滤波等专用电路要求较高。

（5）对于光线反射后需要接收进行信号处理的情况,对反射液面或反射介质的要求较高。

2.6.4.7 光纤传感器

光纤传感器的基本工作原理是将来自光源的光经过光纤送入调制器,使待测参数与进入调制区的光相互作用后,导致光的光学性质（如光的强度、波长、频率、相位、偏振态等）发生变化,变化后的光称为被调制的信号光,再利用对被测量光的传输特性施加的影响,完成测量。

光纤传感器根据测量原理可分为以下两种:

（1）物性型光纤传感器。这类传感器是利用光纤对环境变化的敏感性,将输入物理量变换为调制的光信号。其工作原理基于光纤的光调制效应,即光纤在外界环境因素,如温度、压力、电场、磁场等发生改变时,其传光特性,如相位与光强,会发生变化。因此,如果能测出通过光纤的光相位、光强变化,就可以知道被测物理量的变化。这类传感器又被称为敏感元件型或功能型光纤传感器。激光器的点光源光束扩散为平行波,经分光器分为两路,一路为基准光路,另一路为测量光路。外界参数（温度、压力、振动等）引起光纤长度的变化和光的相位变化,从而产生不同数量的干涉条纹,对它的模向移动进行计数,就可测量温度或压力等。

（2）结构型光纤传感器。这类传感器是由光检测元件（敏感元件）与光纤传输回路及测量电路所组成的测量系统。其中光纤仅作为光的传播媒质,所以又称为传光型或非功能型光纤传感器。

目前市场上已有多种光纤类型的传感器,主要包括:光纤温度传感器、光纤振动传感器、光纤位移传感器、光纤陀螺传感器以及光纤水声传感器等。其中一些产品可用于水闸安全监测。

2.6.5 存在问题

我国当前在智能传感器的研制和应用领域还存在着一些问题,主要有以下几点：

（1）尚缺共性关键技术

从设计技术角度看,传感器设计涉及到多学科、多理论、多材料、多工艺和多条件的综合运用;设计软件昂贵,设计过程复杂,考虑因素多;缺乏专业设计人员,相关人员不仅要掌握通用的设计程序和方法,还要熟悉器件的制作工艺,了解器件的现场使用情况。

（2）产业化能力不足

目前我国高精度、高可靠传感器的研发和产业化能力滞后于需求,产业化程度低,产品一致性、可靠性等与国外产品有较大差距,高端传感器仍依赖进口,相关市场被 GE、Honeywell、英飞凌、西门子、ABB、欧姆龙、Kiennes 等一些发达国家的公司垄断。

（3）资源分散产业规模小

目前国产传感器产品的品种较少,企业分散,生产水平低,产业规模小。行业分散化表现为资金分散、技术分散、企业布局分散、产业结构分散、市场分散。政策支持方面也表现为集中化程度不高,缺乏集中的专项计划支持。

（4）高端人才缺乏

传感器产业对知识水平要求较高,新技术层出不穷,我国长期以来难以吸引国际顶尖人才投入传感器产业,而国内因学科设置不合理,缺乏复合型人才培养机制。

智能传感器未来的发展方向总结起来有以下几点：

（1）高精度、高可靠性

开发出具有灵敏度高、精确度高、响应速度快、互换性好的新型传感器,以确保智能化应用的可靠性。

（2）微型化

受制于安装尺寸及各种应用场合的限制,要求各个部件体积越小越好,因而传感器本身也是体积越小越好,这就要求开发新的材料及加工技术。

（3）微功耗及无源化

传感器一般都是非电量向电量的转化,工作时离不开电源,开发微功耗的传感器及无源传感器是必然的发展方向,这样既可以节省能源又可以提高系统寿命。

（4）定制化

智能传感器与终端产品的灵活定制化将是趋势。

（5）智能化数字化

如今的传感器已突破传统的功能,其输出不再是单一的模拟信号,而是经过微电脑处理后的数字信号,甚至带有控制功能。同时传感器本身也可以针对多样化的检测与测量信号进行处理,节省系统的数据处理时间,提高效率,降低成本。

（6）网络化

网络化是智能传感器发展的一个重要方向,网络的作用和优势正逐步显现出来,网络传感器必将促进电子科技的发展。

2.7　水闸安全监测智能组网

数字孪生离不开数据的获取和支持,数据的获取过程需要强有力的通信手段作为支撑,同样,对于水闸安全监测应用,闸门相关的各类监测数据的实时传输及汇总也十分重要。由于水库库区存在大量的小型闸门,闸门之间距离远,不易操作和监测,因此在闸门监测项目实际应用中,一般均需要专门为水库库区的多个闸门开发具有远程闸门控制、灌溉流量监测、设备工况视频图像采集等功能的数据采集终端机(DTU)。采用分布式布置的各 DTU 可通过光纤、4G 手机信号网络、数传电台、以太网等通信介质实现数据的远程传输,不但管理中心的监控电脑能实时查看设备工况、灌溉流量、现场照片或视频,控制闸门的开启和闭合,管理者的手机也能完成以上操作。系统由智能闸门控制器、高精度闸位传感器、高精度流量监测系统、图片视频监视系统、大功率防雷保护器等组成,采用成熟的低功耗电子电路设计。根据现场的实际情况,在有电力线的情况下可以选择 220 V 电力供电,在没有电力线的情况下,可以采用风能、太阳能发电装置配套蓄电池组的供电方式。闸门控制系统架构示意图如图 2-25 所示。

2.7.1　超短波组网

超短波电台一般采用 220～240 MHz 的免费频段进行一对多通信,电台组网相关架构示意图如图 2-26 所示,该组网方式在实际水利工程安全监测应用中的特点和注意事项如下:

（1）中心机房与测站处的直线距离一般在 2 000 m 之内,测控装置发送端与机房接收端两点之间通视无障碍物遮挡,机房接收电台的天线宜置于房

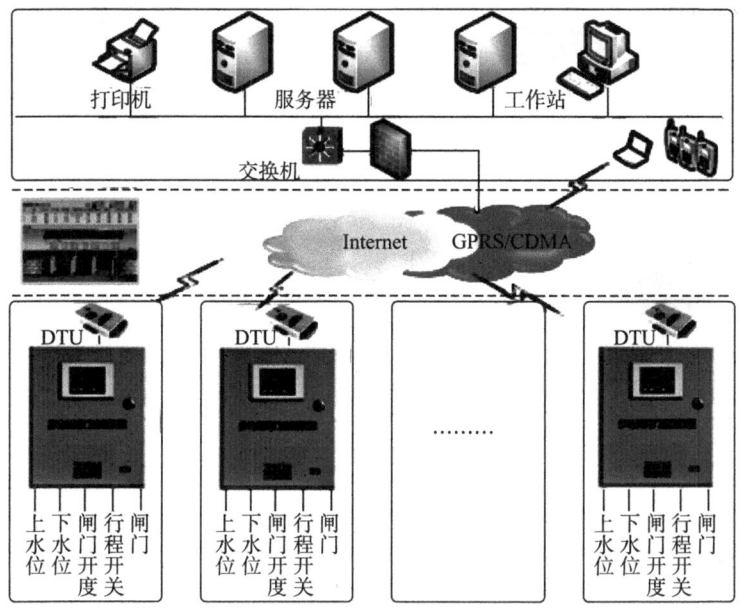

图 2-25 闸门控制系统架构示意图

顶或面向测站的窗外,不宜置于室内。为延伸通信距离或绕开障碍物,可设立中继站。

（2）超短波电台发射功耗较大,无数据发送的待机状态工作电流约为 1 mA,发送数据时瞬间电流可达几百毫安。局域网内的每一台电台包括中继台的功耗及供电方式在方案确立之初都应给予详细考虑。建议各站点配备 12 V/100 Ah 容量的铅酸蓄电池以及不低于 12 V/30 W 的太阳能电板或相应功率的不间断电源。

（3）当现地测控装置的报文较长时,通信波特率设置不宜过高,多个测控装置通过多个电台同时发送数据时,机房中心接收电台处易发生数据堵塞,建议接收数据采用握手。

（4）现场组网的每台电台的通信频段必须一致,设置好后不能远程修改。周边有其他监测项目使用同频段的电台上报数据时,会干扰监测数据的接收,需要通过数据接收软件进行滤除。多条报文同时到达接收端电台也会造成阶段性堵塞。

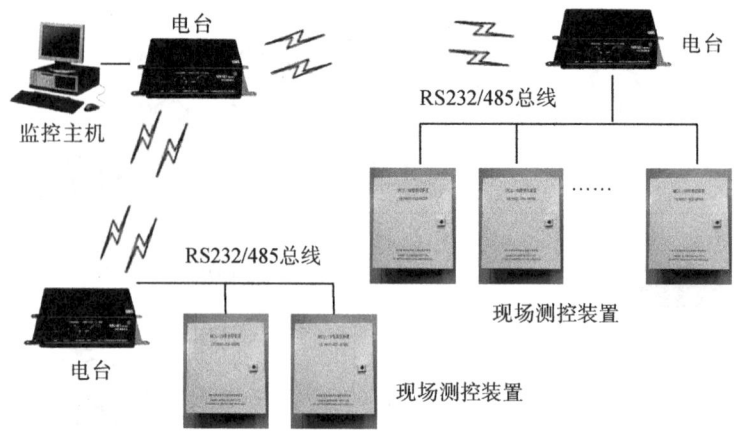

图 2-26　电台组网示意图

2.7.2　无线网桥组网

无线网桥其本质上是一种微波通信技术，它利用无线传输方式实现在两个或多个网络之间搭起通信的桥梁，一般在 2.4G 或 5.8G 的免申请无线执照的频段工作，因而比其他有线网络设备部署更方便。

无线网桥通常用于室外，主要用于连接两个网络，一般成对使用。无线网桥功率大，传输距离远（最远可达约 50 km），抗干扰能力强，不自带天线，一般配备抛物面天线实现长距离的点对点连接。无线网桥一般用于数据量较大的局域传输，如图 2-27 所示为无线网桥在水闸视频监控领域的应用组网示意图。

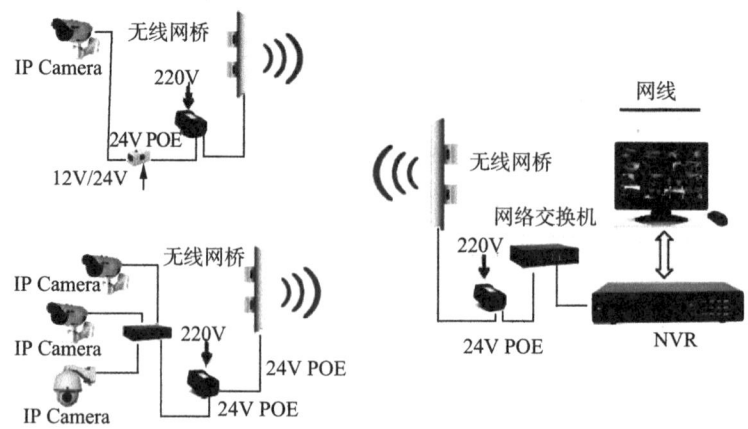

图 2-27　无线网桥在视频监控应用组网示意图

2.7.3　ZigBee 组网

ZigBee 技术采用主流 2.4GHz 公用频段,是一种应用于短距离范围内、低传输数据速率下的各种电子设备之间的无线通信技术,近年来该技术在一些小型水库大坝的安全监测及一些灌区的喷淋灌溉节水控制上得到了应用。ZigBee 组网架构示意图如图 2-28 所示,其数传模块类似于移动网络的基站,网络内各模块之间可相互通信接力,使通信距离可以从标准的 75 m 扩展至几百、几千米。

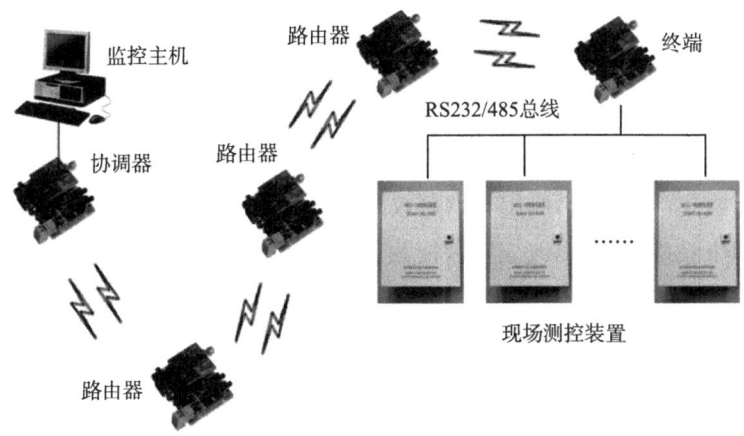

图 2-28　ZigBee 组网示意图

ZigBee 组网的特点及其在实际水闸监测应用中的注意事项如下:

（1）ZigBee 的点对点通信距离通常在 100 m 之内,虽然从技术角度可以通过不断增加路由的方法来扩展通信距离,但更多的路由节点会带来更大的维护工作量和出错几率。且只要距离测控装置终端处最近的路由损坏,而其他路由都在通信距离之外,则测控装置处的终端就无法接入 ZigBee 网络,从而导致测量数据无法传递至上位机协调器处。在具体的水闸监测项目中,若测站与中心机房距离超过 1 km,且中途没有合适地点设置中继路由器的情况下,不建议采用 ZigBee 技术,如需使用,建议于网络内加入若干冗余路由,以加强无线网络的健壮性。

（2）ZigBee 网络采取了碰撞避免策略,每个测控装置处的 ZigBee 终端需要发送数据时要先向机房的协调器发送请求,请求被允许后才能发送数据,同时网络内的其他所有终端也会得到相关协调器正忙的通知,均保持静默,直到需要发送数据的终端发送完成,并且中央协调器确认接收数据成功,整个网络解除忙碌状态恢复正常。只有 ZigBee 协调器或是路由器有权允许新终端加入网络。

(3) ZigBee 无线网络穿墙性能弱,近距离一般只能穿透一面墙。障碍物厚度、内部钢筋等造成的屏蔽性因素均会严重影响通信距离,建议在窗口及建筑物内转角处增加路由器的布置,尽量排除相关网络信号死点。

2.7.4　LoRa 组网

LoRa(Long Range)是一种新型的基于 1 GHz 以下的超长距低功耗数据传输技术。其核心芯片的接收灵敏度达到了 −157 dbm,极大地提高了微小信号的感知成功率,确保了网络连接的可靠性。LoRa 主要在全球免费频段运行(即非授权频段),包括 433/868/915 MHz 等。局域 LoRa 网络主要由终端、网关或集中器组成,应用数据可双向传输。

LoRa 技术的引入,改变了以往关于传输距离与功耗的折衷考虑方式,提供了一种简单的能实现远距离传输、长电池寿命、大容量、低成本的通信组网方案。LoRa 模块为用户提供小巧低成本的嵌入式数传平台,只需通过串口就可以实现无线应用。LoRa 无线组网架构示意图如图 2-29 所示。

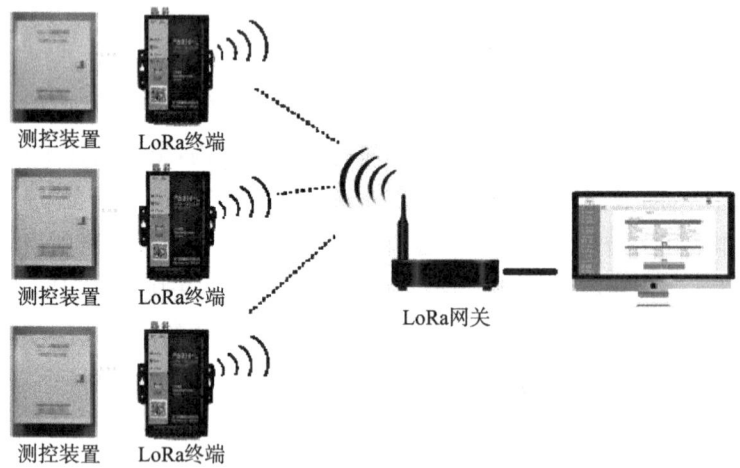

测控装置　LoRa终端

测控装置　LoRa终端　　　　　　LoRa网关

测控装置　LoRa终端

图 2-29　LoRa 无线组网示意图

LoRa 组网的特点及其在实际水闸监测应用中的注意事项如下:

(1) 通信距离远。LoRa 技术大大改善了信号接收的灵敏度,使其点到点通信距离可达 15 km(与环境有关)。在建筑密集的城市环境可以覆盖 2 km 左右,而在建筑密度较低的郊区,覆盖范围可达 10 km,一般可以直接实现测控装置到中心机房集中器之间的点到点通信,稳定性和可靠性大大提升。

(2)功耗较低。LoRa 数传模块接收电流仅 10 mA 左右,睡眠电流约 500 nA,这大大延长了电池的使用寿命。LoRa 网络可以应用于水闸监测行业的关键优势就在于 LoRa 终端进入睡眠状态后可以被远程空中唤醒,这样平时测控终端处的 LoRa 终端功耗可以得到控制,既满足了低功耗的应用要求,又满足了实时双向数据传输的要求。

(3)具备远程唤醒功能。由于 LoRa 终端间歇性的睡眠可以降低大量的功耗,实际使用中需要在 LoRa 发送端设置足够的前导码,前导码的大小要根据 LoRa 接收端的睡眠时间确定。

(4)组网相对简单。由于 LoRa 模块采用智能化设计,基本具备了自学习、自适应、自组网及自控制特性,具备自己的优化算法,只要简单加以配置即可自行组网。

2.7.5　蜂窝公网

目前国内较为偏远的地区也基本实现了蜂窝网络信号的覆盖,加上国家对于水利工程维护保障的重视,一般水利设施基本都覆盖了无线公网信号。目前中国移动、中国联通以及中国电信三家的制式蜂窝数据网络业务已基本覆盖全国,一旦水闸所在地覆盖了其中一种网络信号,也就具备了进行最基本的大范围无线组网的条件。

当前国内绝大部分水利监测项目的数据传输网络均采用蜂窝公网作为远程数据传输的平台,该技术已经十分成熟,无论测点分布集中或是分散,只要覆盖网络信号,应用公网进行远程监控和测量数据的远程传输就是可行的,也是稳定可靠的。采用蜂窝网络(GPRS/4G)组网架构示意图如图 2-30 所示。

蜂窝组网的特点及其在实际水闸监测应用中的注意事项如下:

(1)测控装置处需要具备蜂窝网络数据信号覆盖,山区或偏远地区需要视具体情况而定。

(2)组建监测网络需要先去当地移动通信单位办理手机 SIM 卡,并为每张卡使用的流量支付流量费,一般情况下,SIM 卡作为水闸工程静态监测数据采集使用,每张卡每月 5~10 元包月即可满足需要。

(3)蜂窝网络在大坝廊道、输水隧洞等没有信号中继或被钢筋网屏蔽的

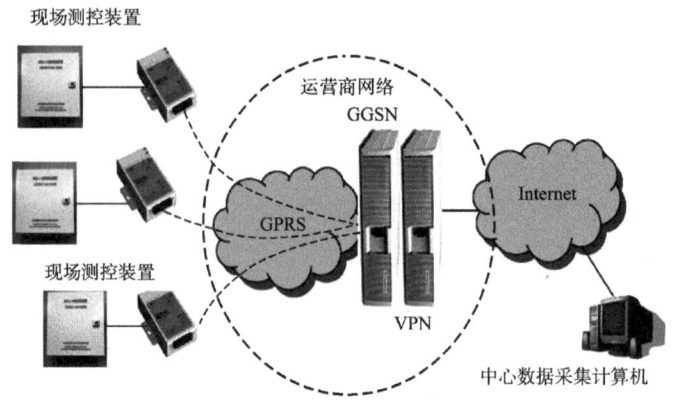

现场测控装置

运营商网络
GGSN

Internet

GPRS

VPN

现场测控装置

中心数据采集计算机

图 2-30 蜂窝组网示意图

水利设施的内部无法使用,如需使用须电信营运商在相关建筑物内布置信号中继设备。

（4）数据实时性好,延时小,一般可远程修改 IP 地址,建立双向连接时需要耗费较大的电量。

（5）在工程安全监测以及水雨情监测行业已应用较长时间,长期稳定性好。由于 GPRS/4G 通信模块长时间在线耗电量较大,因此一般采用睡眠定时唤醒或设置相应的窗口时间,确保模块在需要的时间段保持实时在线,便于随时传输水闸监测传感器的测量数据,在线时间结束后,通信模块断电或进入睡眠模式以降低功耗。

2.7.6 窄带物联网 NB-IoT

窄带物联网(Narrow Band Internet of Things,NB-IoT)聚焦于低功耗广域网(LPWAN)的物联网应用,它基于现有蜂窝网络,使用 License 授权频段,其占用的带宽资源较少,大约只有 180 kHz,可直接部署于 GSM、UMTS 或 LTE 等网络,实现平滑升级。应用该技术组网的总体架构类似于基于蜂窝基站的 GPRS 网络。NB-IoT 组网示意图如图 2-31 所示。

NB-IoT 在实际水利工程监测应用中具有以下主要特点:

（1）强链接。在同一基站的情况下,NB-IoT 可以提供现有无线技术50～100 倍的接入数。一个扇区能够支持 10 万个连接,支持低延时敏感度、超低的设备成本、低设备功耗和优化的网络架构。

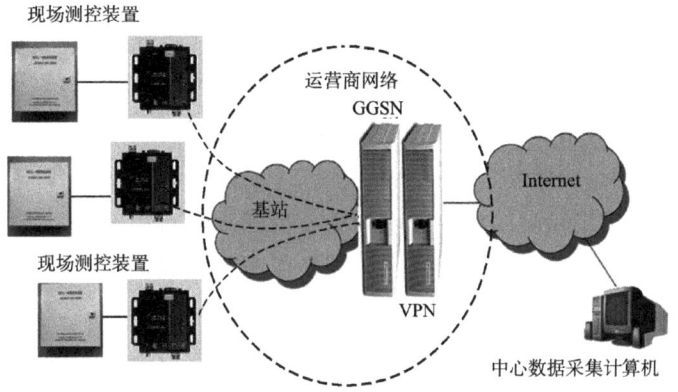

图 2-31 NB-IoT 组网示意图

（2）高覆盖。NB-IoT 室内覆盖能力强，比 LTE 提升 20dB 增益，相当于提升了 100 倍区域覆盖能力。不仅可以满足农村这样的广覆盖需求，对于有深度覆盖要求的应用同样适用。但是 NB-IoT 应用需要依靠通信运营商的现有基站的优化，仍然需要基站的支持，自主组网的灵活性受到限制。

（3）低功耗。低功耗特性是物联网应用的一项重要指标，特别对于一些不能经常更换电池的设备和应用场合，如安置于高山荒野偏远地区中的各类传感器或水闸周边的地下水监测设备等。NB-IoT 聚焦小数据量、小速率应用，因此 NB-IoT 设备功耗可以做到非常小，设备续航时间可以从过去的几个月大幅提升到几年。

（4）低成本。与 LoRa 相比，NB-IoT 无需重新建网，射频和天线基本上都是复用的，只需要清出一部分 2G 频段给 NB-IoT 使用，就可以直接进行 LTE 和 NB-IoT 的同时部署。目前安全监测系统多采用成熟的 GPRS/4G 公网，后期再进行相关技术升级时只需更换价格低廉的数传模块即可。

目前一些芯片制造商已在搭建 NB-IoT 环境，制造 NB-IoT 的芯片和模组，可进一步降低成本；运营商在规划基站优化、基带分配、射频、规避可能的干扰方面进行设计和实施，在一些城市及人口稠密区已经实现了基站的升级，支持 NB-IoT。目前有国内厂商已经提供相关集成 NB-IoT 模块，在水闸、大坝等水利工程安全监测行业的应用是其未来重要的发展方向。

2.7.7　混合组网

在大坝、水闸等水工建筑物的安全监测系统现场组网应用中，如果能满足采用单一组网条件应尽量采用单一方式组网,这样可以提高系统组件的通用性和互换性;如果成本过高或者受到传感器测点布置点、周边基站信号制约而无法使用单一方式完成全部测点测站无线组网的情况下,需要考虑混合组网策略,充分运用各种分散集中控制方式。

一般情况下,局域和广域两种无线组网方式可以互相结合、补充。在没有公网或公网费用较高的地方采用局域小范围无线自组网,再通过相关网关等将自组网内的数据通过公网或广域网发送至中心数据采集计算机,即采用近距离物联组网+远程传输(小网+大网)的方式。

目前国内主流无线设备供应商都提供相关网关设备,如一些厂家提供的ZigBee 网关具有 ZigBee 转公网 4G 的传输功能,可采用该设备作为 ZigBee 局域网与公网之间的传输媒介。另外如 4G LoRa 网关,可以集中 LoRa 局域网内的测控装置采集的数据通过公网 4G 信号远程传输。混合组网示意图如图2-32 所示。

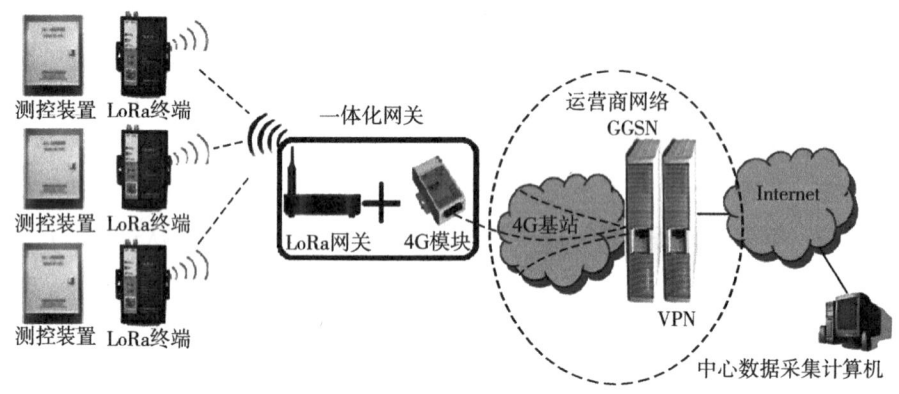

图 2-32　混合组网示意图

2.8　水闸安全监测平台构建

2.8.1　典型架构

作为水利工程的水工建筑物安全监测领域,水闸安全监测系统也可以采用云-边-端的系统架构进行符合"智慧水利"要求的系统搭建。当前电信运营商整合网络和边缘基础设施优势,已经将网络及相关计算服务下沉到现场,在当地的电信运营商处即可办理相关物联网卡、手机 SIM 卡等终端数据卡，同时也可通过光纤专网接入、域名解析等方式获取专属的数据链路以接收来自各数据采集终端的数据，水闸安全监测平台的搭建可以较为轻松地完成。

当采集的相关数据需要专业的后台软件进行高层次运算及信息提取时，则需要采用"网络＋平台"的融合部署模式，引入云计算的概念，进一步构成云-边-端的架构。前端数据采集平台的相关中心计算机如果仅为普通的 PC 或笔记本电脑已无法满足相关的初级计算机与云平台的对接需求，此时需考虑采用边缘计算服务器作为与底层数据采集终端的连接及与互联网云计算服务商的对接。

水闸安全监测典型的简易云-边-端部署架构如图 2-33 所示，架构主要分为以下 3 个层次：

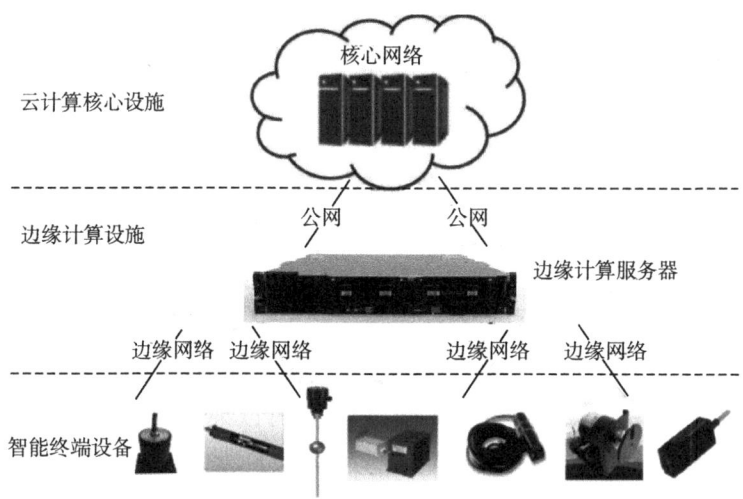

图 2-33　水闸安全监测简易云-边-端部署架构

（1）智能终端设备层

智能终端设备层由各种物联网设备，如传感器、RFID 标签、摄像头、各类智能感知终端等组成，主要完成收集原始数据并上报的功能。在这一层中，只考虑各种物联网设备的感知能力，而不考虑其计算能力。

（2）边缘计算设施层

边缘计算设施层是由网络边缘节点构成的，这些节点可能是无线数据传输设备、网线、交换机、路由器、网关等，广泛分布在终端设备与边缘计算设备（服务器）之间。

（3）云计算核心设施层

在云-边-端计算的联合式服务中，云计算是最强大的数据处理中心，边缘计算层的上报数据将在云计算中心进行存储，边缘计算层无法处理的分析任务和综合全局信息的处理任务也需要在云计算中心完成。除此之外，云计算中心还可以根据网络资源分布动态调整边缘计算层的部署策略和算法。

2.8.2 边-端数据传输

2.8.2.1 视频流数据传输

水闸安全监测视频监控一般利用摄像头拍摄视频（可见光高清、红外等）并实时传送到中心控制机房数据采集计算机或边缘计算服务器。通过对视频图像进行基于人工智能的物体识别、模式识别分析，判断相关异常并实现智能提示，最大限度降低水闸管理人员的日常劳动强度，有效实现闸区范围内的规范化、常态化监控。但在实际应用中，大部分前端设备都只具备单纯的感知和摄像功能，不具备前置的计算功能，所以需要在数据采集计算机或边缘计算服务器中进行处理。视频传输的主要方式有以下两种：

（1）基于同轴电缆、网线或光纤的有线传输方式

在传输距离不远的情况下，视频有线传输一般采用基带传输和调制传输，接口一般为 BNC、RCA，75Ω 同轴电缆传输带宽可达 1 GHz，目前常用的传输带宽为 750 MHz。50Ω 同轴电缆主要用于基带信号传输，传输带宽为 1～20 MHz；当相关视频设备具备网口时，也可以采用网线直接进行数据传输，接口一般为 RJ45。在传输距离较远的情况下，模拟或数字视频信号可通过光纤传输，其最大的优点是带宽大、电磁绝缘性好、传输距离远。

（2）基于运营商公网 4G/5G 及 Wi-Fi 自组网的无线传输方式

将视频摄像头采集到的数据和图像信息通过 4G/5G 基站传输到数据采集或边缘计算平台进本地分析预处理，降低对核心网及骨干网带宽资源的占用，同时也将时延缩短到端到端。5G 网络的上行速率可达 200 Mbps，可以支持 4K、8K 甚至全景的视频传输；同时 5G 网络毫秒级的低时延高可靠特性也可以有效保障紧急实时采集时的传输效率。从费用的角度考虑，长期、不间断的非重要视频监控一般不采用 4G/5G 无线方式传输原始的视频流数据。

在传输距离不远的情况下，可以采用 Wi-Fi 自组网的方式连接相关的网

络摄像头，2.4 GHz 的 Wi-Fi 标准带宽为 20 MHz，扩展带宽为 40 MHz，通常使用中的传输速度可以达到 50 Mbps，基本能够满足相关视频流及重要高清图片的采集传输需求。

2.8.2.2　监测数据传输

边-端两端的数据传输一般指与传感器连接的底层数据采集设备与数据采集中心计算机或边缘计算服务器之间的数据传输及交互。根据采集的数据类型，一般可将传感器分为静态监测类传感器和动态监测类传感器，分别说明如下：

（1）静态监测类传感器

静态监测类传感器一般用于测量岩土结构应力应变、沉降、位移等，这类数据的特点为变化较为缓慢，一般采集周期间隔较长，多为一天 1～2 次。此类传感器数量较多，也较为分散，但数据量较少，属于偶发间断性上报数据，一般根据具体情况采用 2.7 节的相关组网方式进行数据的传输，在不适合无线组网传输的场合考虑采用有线电缆及光纤的方式进行组网。

（2）动态监测类传感器

动态监测类传感器一般用于测量岩土结构的震动、金属结构的振动、相关结构（滑坡体）的倾角变化趋势等，这类数据的特点为变化较快，可能存在突变，一般采集周期间隔短，多为一秒采样几十次或更多。此类传感器产生的数据量较大，属于持续高频次上报数据，应考虑尽量减少延时及保证数据的完整率，一般优先考虑采用有线电缆及光纤的方式进行组网，对于不具备布线条件的应用环境可根据具体情况参照 2.7 节的相关无线组网方式进行数据的传输。

2.8.3　云-边数据传输

当需要对数据采集中心的计算机或边缘计算服务器的相关初步计算结果进行进一步分析及信息提取时，可考虑在云计算核心设施层内布置或租用相关云计算设备，对已获取的图像、数据等初级成果进行加工。AI 训练服务则被部署在云数据中心，依靠云计算强大的计算能力来对数据进行训练，得到更准确的训练模型。此时，云计算中心及边缘计算服务器组成云-边架构，通过本身均具备的高速网络硬件设备及相关网络访问完成高速的数据交互，此过程均于互联网内进行。

参考文献

［1］赵文凯,赵世军,单雨龙,等.激光测风雷达风场探测性能评估[J].中国测试,2022(1):147-153.

［2］廖文凯,张增弟,李运堂.高分辨率面雨量雷达测雨系统在广西左江上游的应用探讨[J].广西水利水电,2020(1):39-43.

［3］金晓华.水工金属结构安全检测综述［J］.大坝与安全,2016(3):39-43.

［4］王志民,再丽娜,张兵,等.水工金属结构钢闸门启闭力测试方法［J］.起重运输机械,2019(8):78-82.

·第三章· 数据预处理及分析方法

当前,水闸工程安全监测数据逐渐从传统的人工采集方式转变为自动化采集方式,水闸工程监测数据的自动化在线分析的需求也越来越迫切。经过积累,部分水闸的监测数据已达到了相当的规模,这些数据具有量大、类型多和关系复杂等特点,且常包含测量误差和各种异常数值等。这些异常值有些是错误的,有些则是真实反映水闸建筑物的实际效应,需要对其进行必要的预处理后再进行分析。

对于异常数据的检测主要可采用偏差检测,即识别在分类中的反常实例、不满足规则的特例,或者观测结果与模型预测值不一致并随时间的变化的值等等。偏差检测的基本目标是寻找观测结果与参照值之间有意义的差别,主要的偏差技术有聚类、序列异常、最近邻居法、多维数据分析等。除了识别异常数据外,异常数据挖掘还致力于寻找异常数据间的隐含模型,用于智能化的分析预测。对于异常数据分析方法的研究是水闸安全监测数据预处理的重要内容之一,通过研究异常数据,找到适合水闸安全监测数据深入分析和有效监管的方法和策略。

数据预处理和分析没有统一的标准,只能说是根据不同类型的分析数据和业务需求,在对数据特性做了充分的理解之后,再选择相关的数据预处理及分析技术,一般涉及到多种处理技术。

3.1 结构化数据误差识别要求与方法

在水闸安全监测过程中会累积海量的数据信息,当前,传统的纸质资料存储方式在逐渐被淘汰,更多地采用电子信息的存储方式将数据存放在计算机中。这些信息数据常被分为两类:结构化数据和非结构化数据。

结构化数据即行数据,是由二维表结构来逻辑表达和实现的数据,严格地遵循数据格式与长度规范,主要通过关系型数据库进行存储和管理,如水闸工程中各测点的测值即属于结构化数据。

结构化数据误差识别及分析方法常采用统计推断类方法,如逻辑判别法、统计判别法和其他人工智能方法。

3.1.1 逻辑判别法

测值的可靠性检验一般可采用逻辑分析方法:①各测量数据的物理意义是否合理,是否超过仪器限值和实际物理限值。如果测值超出仪器的测量范围,则测值不合理。另外,有些仪器虽然没有明确的量程范围限制,但被测物理量的测值应有一定的逻辑合理范围。当观测值超出其合理逻辑范围时,亦可认为测值含有粗差。一般说来,当测值中含有较为明显的大的误差时,用逻辑判别法可以做出识别。②观测仪器性能是否稳定、正常,是否符合一致性、相关性、连续性等原则。如在荷载环境等外界条件基本不变的情况下的测值突变、跳跃等,在实际应用中,可采用测值过程线法进行识别,即通过绘制观测量与时间的关系曲线来直接判断测值是否存在异常点。对绘制出来的过程线,观察其是否存在明显的尖点或突跳点。如果存在,则查看对应的测值是否超出物理意义允许的范围,例如扬压力异常高,甚至超过水闸上游侧水位;如不能确定异常,则标记为可疑值,待进一步判断。

此类方法一般为粗差的识别,常可以通过设置阈值或人工判断法完成对所测数据的物理意义合理性判断。粗差判别后再引入 3σ 法或包络线法进一步对数据进行判别。

3.1.2 统计判别法

异常值统计判别法[1-3]是建立在随机样本测值遵从正态分布和小概率原理基础上的。根据测量值的正态分布特征,出现大的偏差测值的概率是很小的。同时根据小概率原理,如果出现了大的偏差测定值则表明测试过程有异常情况,所得到的大偏差测值就被判定为异常值。已有的研究表明,水工结构物安全监测数据一般遵从正态分布,因此可运用统计检验方法对其进行异常值检验。常用的统计判别法如下所示:

3.1.2.1 拉依达准则(3σ准则)

在各次测量值中,若某个测值 x_i 对应的剩余残差 $|x_i - \overline{x}| > 3\sigma$,则将该测量值判为粗差,予以剔除。该法认为 99% 以上的数据集中在均值上下 3 个

标准差的范围内。具体来说,数值分布在$(\mu-3\sigma,\mu+3\sigma)$中的概率为$99.73\%$,超过这个范围的极大或极小值,那就是异常值了。拉依达准则以测量次数充分大为前提,实际测量中常以贝赛公式算得的S代替σ,以代替真实值。

值得注意的是,在运用拉依达准则时,是假定测值不含系统误差且随机误差服从正态分布的。由于拉依达准则是建立在样本数据足够多的前提下,当数据量$n\leqslant10$时,用该准则剔除粗差是不可靠的。

3.1.2.2 格拉布斯(Grubbs)准则

格拉布斯准则适用于小样本情况。$X_1\leqslant X_2\leqslant X_3\leqslant\cdots\leqslant X_n$为按大小顺序排列的一个样本值,它遵从正态分布$N(\mu,\sigma^2)$。计算格拉布斯统计量,包括下侧格拉布斯数$g(1)$以及上侧格拉布斯数$g(n)$:

$$g(1)=\frac{\overline{X}-X_1}{S},g(n)=\frac{X_n-\overline{X}}{S} \tag{3-1}$$

式中:$\overline{X}$、S分别为n次重复测量的监测数据算数平均值和标准差。显著性水平α一般取0.05或0.01,可计算出格拉布斯准则数$T(n,\alpha)$,若$g(1)\geqslant T(n,\alpha)$,则$X_i$为异常值予以剔除;若$g(n)\geqslant T(n,\alpha)$,则$X_n$作为异常值予以剔除。

但是,数学上证明格拉布斯法在一组测定值中只有少量(低于10%)异常值的情况下是最优的,在一组测定值中有多个异常值时,很容易犯"判多为少"或"判有为无"的错误。为此,有学者提出了改进的格拉布斯法[4],即利用线性回归算法预测为基础,初次判断有无异常,再使用格拉布斯法判别异常值,从而达到改进的效果。

3.1.2.3 狄克松准则(Dixon)

该准则判断粗大误差是从最大抽样值和最小抽样值入手进行的。一般认为,狄克松准则适用于样本容量为$3\leqslant n\leqslant25$的粗差剔除。若有一组来自正态分布$N(\mu,\sigma^2)$的样本值,按$X_1\leqslant X_2\leqslant X_3\leqslant\cdots\leqslant X_n$大小顺序排列,构造检验高端异常值$X(n)$和低端异常值$X(1)$的统计量,分以下几种情况:

①样本$3\leqslant n\leqslant7$:

$$r_{10}=\frac{X(n)-X(n-1)}{X(n)-X(1)},r'_{10}=\frac{X(1)-X(2)}{X(1)-X(n)} \tag{3-2}$$

②样本$8\leqslant n\leqslant10$:

$$r_{11}=\frac{X(n)-X(n-1)}{X(n)-X(1)},r'_{11}=\frac{X(1)-X(2)}{X(1)-X(n-1)} \tag{3-3}$$

③样本 $11 \leqslant n \leqslant 13$：

$$r_{21} = \frac{X(n) - X(n-2)}{X(n) - X(2)}, r'_{21} = \frac{X(1) - X(3)}{X(1) - X(n-1)} \tag{3-4}$$

④样本 $14 \leqslant n \leqslant 25$：

$$r_{22} = \frac{X(n) - X(n-2)}{X(n) - X(3)}, r'_{22} = \frac{X(1) - X(3)}{X(1) - X(n-2)} \tag{3-5}$$

式中：$r_{10}, r'_{10}, \cdots, r_{22}, r'_{22}$ 简记为 r_{jk} 和 r'_{jk}。r_{jk} 为检验高端异常值 $X(n)$ 的统计量，r'_{jk} 为检验低端异常值 $X(1)$ 的统计量。选定显著性水平，查表得出各统计量的临界值 $r_0(n, \alpha)$。

若用公式计算所得检验高端异常值的统计量大于临界值时，则认为 $X(n)$ 中含粗大误差，应剔除；同样，若计算所得的检验低端异常值的统计量大于临界值时，则认为 $X(1)$ 中含粗大误差，应剔除。然后以不包括被剔除样本值在内的新样本数据和样本容量重复以上方法，直到剔除所有的粗差为止。需注意的是，在剔除粗差的下一个重复过程中，切记要选取新的样本容量对应的狄克松临界值 $r_0(n, \alpha)$ 以及狄克松统计量公式。

3.1.2.4 t 检验法

t 检验法又称为罗曼诺夫斯基准则，方法是首先剔除一个可疑的测值，然后按 t 分布检验被剔除的值是否含有粗大粗差。将可疑测定值 x_d 以外的其余测值当做一个总体，并假定该总体遵从正态分布，由这些测值计算平均值和标准差。如果 x_d 与其余测值同属于一个总体，则它与其余测值间不应有显著性差异。由 x_d 计算的统计量值：

$$k = \frac{x_d - \bar{x}}{s} \tag{3-6}$$

式中：$\bar{x}$、s 分别为不包括 x_d 在内的均值与标准差。其中：

$$\bar{x} = \frac{1}{n-1} \sum_{\substack{i=1 \\ j \neq d}}^{n} x_i, s = \sqrt{\frac{1}{n-2} \sum_{\substack{i=1 \\ j \neq d}}^{n-1} (x_i - \bar{x})^2} \tag{3-7}$$

根据测量次数 n 和选取的显著度 α，可由 t 检验系数表查得临界值 $k(n, \alpha)$。若：

$$|v_d| = |x_d - \bar{x}| > ks \tag{3-8}$$

则认为测量值 x_d 含有粗大误差,应予以剔除。需注意的是,由于 x_d 不参与检验统计量中 $\bar{x}$ 与 s 的计算,因此计算出的 s 变小,而计算出的 x_d 与 $\bar{x}$ 值之差变大,从而使计算出的统计量 k 变大,有可能将一些正常的测定值判为异常值,因此在使用中应选取较小的显著性水平。

3.1.2.5　各类统计方法粗差处理效果比较

根据弹性力学理论,当建筑物在相同温度场、相同水位荷载作用下,如果其结构条件、材料性质及地基性质不变,则其变形量应当相同。统计判别法就是根据这一原理,将相同工况下的测值作为样本数据,采用统计方法计算观测数据系列的统计特征值,依据一定的准则找出其中的异常值。

不同的检验方法的检验功能不同,适用场合亦不同。当离群值落在合理误差上限附近时,用不同的检验法进行检验,有时会得到不同的检验结果,这是不足为奇的。出现这种情况时,从不同检验功效角度看,若只有一个异常值,以格鲁布斯法的检验结论为准;当有一个以上异常值时,以狄克松检验结论为准。

拉依达准则、格拉布斯准则、t 检验法、狄克松准则等统计判别法适用条件分别为:拉依达准则是以观测次数足够多为前提的,因此这种判别准则可靠性不高,但其使用简便,故在分析要求不高时应用;对观测次数较少而要求较高的数据列,应采用后三种准则,其中格拉布斯准则的可靠性较高,其观测次数也需在 20~100 之间时才能有较好的判别效果;当观测次数较少时采用罗曼诺夫斯基准则。若需要从数据列中迅速判别含有粗大误差的观测值,则可采用狄克松准则。

统计判别法对粗差的检验是基于单纯的数学理论,未涉及到效应量的成因,而且所检验出的离群测值很有可能是因为被测对象的结构状态或环境因素发生较大的变化而引起。这种离群值实际上可能是正确的,反映了结构实际性态,因此不能被当作是粗差。

3.1.3　监控模型判别法

水闸经多年监测后,可得到一系列监测量测值,从统计意义上来讲即某一指标在不同时间点上的不同数值,按照时间的先后顺序排序而成的数列,据此可建立相应的监控数学模型[6,7]。将监测物理量分解为水压、温度、时效等效应分量后,用实测或者预估方法确定原因量分效应的极大、极小值,形成监测物理量的包络线,用于判识异常值。常用的数学模型有统计模型、确定性模型和混合模型,其中以统计模型使用最为普遍。建立统计模型常用的统计回归法原理是经典的最小二乘法,当监测数据误差服从正态分布,最小二乘估计值具有方差最小且无偏的统计特征。

一般,我们设该模型的剩余标准差为 S,当观测值 y_i 与回归值 Y_i 之差大于 KS 时,则认为测值异常。

该法为目前较为常用的一种数据后处理方法,其主要特点是基于实测资料并将效应量作为随机变量或随机过程。应用统计方法建立各类统计模型及数值监控模型从本质上讲都是经验模型。其常用方法有:多元回归分析、逐步回归分析、加权回归、正交多项式回归以及差值回归等[7]。

3.1.3.1　多元回归分析方法

多元线性回归分析法是研究一个应变量和多个自变量之间关系的最基本方法。该方法通过分析所观测量和外因之间的相关性,建立数学模型。它的基本思想是:虽然自变量和因变量之间没有严格的、确定性的函数关系,但可以设法找出最能代表它们之间关系的数学表达形式。

以多元回归线性分析方法为例,其数学模型为:

$$y = \beta_0 + \beta_1 x_{t1} + \cdots + \beta_p x_{p1} + \varepsilon_t \quad (t=1,2,\cdots,n) \tag{3-9}$$

一般假定随机误差 $\varepsilon_t \sim N(0,\sigma^2)$。式中下标 t 表示观测值变量,共有 n 组数据,p 表示因子个数。具体分析步骤如下:

(1) 建立多元线性回归方程;

(2) 参数估计:多元回归方程中各个参数也是需要估计的,可使用最小二乘法进行计算;

(3) 拟合程度判断:主要有总平方和、回归平方和、残差平方和三种;

(4) 显著性检验。

3.1.3.2　逐步回归分析方法

逐步回归分析是在众多环境自变量中间挑选出对结构效应因变量有显著影响的来组合建立回归方程的一种方法,由此方法所建立的模型称为监测效应量逐步回归分析模型,简称监测量逐步回归模型。

逐步回归模型由各主要环境因素的影响分量构成,它应包括所有的重要因素并排出无关因素。安全监测数学模型的一般表达式为:

$$y'(t) = f_H(t) + f_T(t) + f_\theta(t) \tag{3-10}$$

式中:$y'(t)$ 为效应量 y 在时刻 t 的实测值 $y(t)$ 的模型拟合值,$f_H(t)$ 为水压分量，$f_T(t)$ 为温度分量，$f_\theta(t)$ 为时效分量。

模型中各分量为：

（1）水压分量 $f_H(t)$ 包括：上游水压分量 $f_{H1}(t)$ 和下游水压分量 $f_{H2}(t)$

$$f_{H1}(t) = b_{01} + \sum_{i=1}^{n_1} b_{1i} H_1^i(t) \tag{3-11}$$

$$f_{H2}(t) = b_{02} + \sum_{i=1}^{n_2} b_{2i} H_2^i(t) \tag{3-12}$$

式中：b_{01}、b_{02} 为常数；b_{1i}、b_{2i} 为回归系数，由回归分析确定；$H_1(t)$、$H_2(t)$ 为 t 时刻的上下游水位或深度；n_1、n_2 为上下游水压因子个数，一般取 3～4。

（2）温度分量 $f_T(t)$

温度因子一般可采用水工建筑物实测温度、水平断面平均温度及温度梯度或外界气温等形式。如果无法采用实测温度或水平断面平均温度及温度梯度的温度因子形式，可以采用外界气温的温度因子形式。温度分量 $f_T(t)$ 构成形式如下：

$$f_T(t) = c_0 + \sum_{i=1}^{m} c_i T_{i(s-e)}(t) \tag{3-13}$$

式中：c_0 为常数；c_i 为回归系数，由回归分析确定；$T_{i(s-e)}(t)$ 为第 i 个温度因子，系观测日 t 前第 s 天～第 e 天气温的平均值；m 为温度因子个数，视情况而定。

（3）时效分量 $f_\theta(t)$

时效分量是一种随时间推移而朝某一方向发展的不可逆分量，其成因比较复杂，其变化一般与时间呈曲线关系。在建立统计模型时，可根据具体情况预置一个或多个时效因子参与回归分析。一般可采用如下 8 种形式来表示，即：

$$
\left\{
\begin{array}{l}
I_1 = t \\
I_2 = \log(t+1) \\
I_3 = t/(t+1) \\
I_4 = 1 - e^{-t} \\
I_5 = t^2 \\
I_6 = t^{0.5} \\
I_7 = t^{-0.5} \\
I_8 = 1/(1+e^{-t})
\end{array}
\right. \tag{3-14}
$$

时效分量的构成形式为：

$$f_\theta(t) = d_0 + \sum_{i=1}^{p} d_i I_i(t) \tag{3-15}$$

式中：t＝(观测日序号－基准日序号)/365；d_0为常数；d_i为回归系数，由回归分析确定；p为所选择的时效因子个数，可取 p＝1～8。

3.1.3.3　包络线法

根据以上统计监控模型算法得到效应量 f 为各分效应 $f(H)$、$f(T)$、$f(\theta)$ 之和，用实测或预估方法确定分效应的极大、极小值，即可以得到监测物理量的 f 包络线，对在包络线以外区域的测值识别为异常值：

$$\begin{cases} \max(f) = \max[f(H)] + \max[f(T)] + \max[f(\theta)] \\ \min(f) = \min[f(H)] + \min[f(T)] + \min[f(\theta)] \end{cases} \tag{3-16}$$

以上监控模型判别法本质上属于统计模型法，统计模型对水闸的工作性态未从力学概念上加以本质解释，而是以监测数据为基础，基于各变量相互独立的假设条件，未考虑因子之间的相关性及非线性，同时监测数据中的异常值严重影响监控模型方程系数，导致所建立的监控模型在精度、鲁棒性、外延性及泛化性等方面均存在明显不足。

为解决上述问题，确定性模型可根据工程实际工作性态建立有限元结构计算模型，通过仿真数值分析求得水压、变温等荷载作用下水闸结构的效应场，即利用反演分析来校准模型的计算参数及边界条件，反演分析利用本构关系计算典型工况荷载下的水闸效应值，利用算法优化实际工况下的监测值与计算值的拟合效果得到各监测分量的调整系数。这些可消除由于工程计算参数或边界条件等取得不确切造成的误差。混合模型将荷载集中水压分量用有限元计算值，温度和时效因子仍采用统计模型计算，然后与实测值进行优化拟合，应用逐步回归分析方法建立统计方程求解。其核心是用有限元法求得荷载作用下的效应量，并研究实测值与计算效应量之间的拟合关系问题。

此外，以上提及的均为单测点模型，在实际安全监测中，为监测水闸某一工程部位的安全情况，一般要布置许多测点，以多个测点、多种类型的监测仪器分别进行监测，由于测点布置在同一工程部位，位置靠得较近，各测点的测值间存在某种联系，即：当水闸的结构发生变化时，往往相关测点的测值都会发生相应变化；如果某一测点的测值发生异常，而其相关测点的测值正常，则认为水闸的结构正常,可能是监测系统发生了异常。因此,可以利用这种相关性,来相互核验水闸各段监测数据的可靠性,达到异常数据检测及填充缺失数据的效果。因此,针对单测点模型的局限性,通过引入表征空间位置的变量而发展出来的多测点时空分布模型,可用于描述空间效应场的分布规律,更好地模拟水闸的实际性态。

总体而言,水闸的安全分析已经由单点、单项目的独立分析发展为多测点、多项目的综合分析评价。

3.1.4　基于图像的粗差识别法

以上方法虽然粗差识别效果较好,但均有其局限性,往往只能解决某一类变化规律的数据序列的粗差识别问题,当监测数据含有较多离群数据点或数据变化情况复杂时,极易造成粗差漏判情况的发生。基于图像处理技术的粗差识别法[8]可以用于识别变化规律不确定的复杂数据序列的粗差,避免产生异常值漏判问题。该法通过模拟人工识别粗差的过程,基于高斯模糊和图像二值化处理技术,无需建立函数模型,比传统的粗差识别方法识别效率更高、速度更快。

3.1.4.1　图像高斯模糊与二值化原理

高斯模糊是一种图像模糊滤波器,利用高斯模糊对散点图进行处理,可以凸显连续点,提取主趋势线,减淡粗差点,该法在图像处理软件中被广泛应用,常被用来减少图像的噪声和细节。它对图像的处理过程可看作是高斯分布的卷积核与原始清晰图像进行卷积运算,通过对图像中某点周围的像素值进行正态分布曲线的记录,最后通过数学加权平均产生成果图像,原始清晰图像像素的值有最大的高斯分布值,故有最大的权重,相邻像素随着距离原始像素越来越远,其权重也越来越小。

在散点图经过高斯模糊之后,散点外的像素被减淡,连续点由于聚集在一起使整体像素被增强。因此,连续点整体灰度值大于设定阈值,便被全部设定为 255。粗差点由于孤立在外,以单点的形式存在,经高斯模糊后整体被减淡,灰度值小于设定阈值,便被全部设定为 0。经过二值化处理,散点图可以呈现十分明显的分割效果,由连续点形成的主趋势线便被突显出来,粗差点被有效识别与消除。

3.1.4.2　粗差识别程序步骤及设计

基于图像处理技术的粗差识别方法步骤如下所示:

(1) 依据监测数据绘制散点图,提取监测数据的最大、最小值,根据最值大小设置数据散点图的纵坐标范围;

(2) 对绘制的散点图进行高斯模糊和图像二值化处理,得到主要趋势线;

(3) 认定趋势线上的数据点为连续点并保留其数据值;

(4) 认定处理后被消除的数据点为粗差点并进行剔除。

该法本质上是将异常数据看作噪声数据,结合数学形态学去噪理论提出的异常数据识别算法[8],该异常数据识别算法对原始数据本身的分布特性没有任何要求,只需将原始数据转换为二值图像,通过膨胀腐蚀等数学形态学基本运算即可对异常数据进行自适应识别。数学形态学运算在图像处理中属于非线性滤波方法,用于简化图像数据并保持它们的基本形状,可被广泛应用到图像处理的各个领域,如图像去噪、图像分割、细化、边缘检测、形态分析等各个方面。相较于传统粗差识别方法,该方法识别效率更高、识别速度更快、识别更精准,有助于后期得到精度更好的统计模型,用于监测效应量的预测预警。随着智慧水利建设对行业提出的新要求,激光雷达测量[9]等新监测技术得到越来越多的应用,基于图像处理技术的粗差识别方法在此类水闸数据的异常检测方面将有较好的发展前景。

3.1.5 人工智能方法

常用的数学统计法如格拉布斯判别法忽略了监测数据随时间变化的特性,只能判断监测数据中的最小、最大值是否异常;回归模型法考虑了监测数据与温度、水位及水闸结构运行年限的关系,但是计算分析过程比较复杂。当效应量和自变量关系复杂时,传统识别方法效果较差,而人工智能方法因其可视化、网络化、易于实现等特征发展迅速。伴随着机器学习技术的发展,考虑到安全监控模型的预测精度、鲁棒性、外延性及泛化性等性能要求,发展了灰色系统模型、人工神经网络(ANN)模型、决策树(DT)模型、随机森林(RF)模型、极限学习机(ELM)模型、支持向量机(SVM)模型等[10]。

区别于统计分析方法,人工智能方法是机器在获取到数据后,通过学习,从数据中学到模型的一个过程。在机器学习中,我们把实际预测输出与样本的真实输出之间的差异称为"误差",在训练集上的误差称为"训练误差"或"经验误差",在新样本上的误差称为"泛化误差"。我们都希望能够得到泛化误差小的学习算法。我们所做的努力就是要减少泛化误差,提高模型的"泛化性能"。

"偏差-方差分解"是解释机器学习算法泛化性能的一种重要工具。它对学习算法的期望泛化错误率进行拆解。

为了减少泛化误差,我们需要使方差和偏差较小。但是,方差和偏差是有冲突的,称为"偏差-方差窘境",如图 3-1 所示。

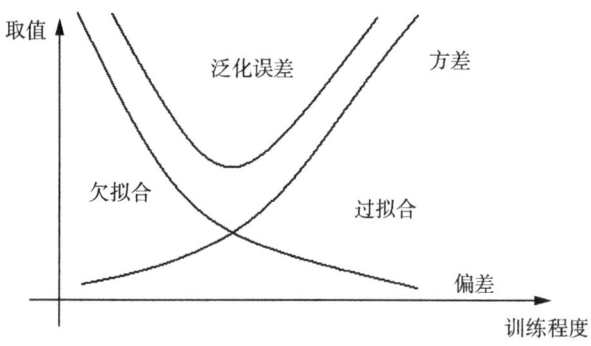

图 3-1　泛化误差与偏差、方差的关系示意图

根据以上分析,泛化误差可分解为偏差、方差和噪声。由于噪声是不可避免的,所以当运行一个学习算法时,如果这个算法的表现不理想,那么多半是出现两种情况:一是偏差比较大,二是方差比较大。换句话说,出现的情况要么是欠拟合,要么是过拟合问题。

下面介绍几种适用于水闸异常数据检测的人工智能方法。

3.1.5.1　灰色系统模型

灰色系统建模[11](Grey Model,简称 GM)直接将时间序列转化为微分方程,建立抽象系统发展变化的动态模型。由于它是连续的微分模型,可以用来对系统的发展变化做长期预测。

一般建模所得到的是原始数据模型,而灰色模型实际是生成数据模型。灰色理论是针对符合光滑离散函数条件的一类数列建模,一般无规律的原始数据作累加生成(AGO)后,可得到光滑离散函数,即有规律的生成数列(递增或递减)。目前使用最广泛的模型是一个变量、一阶微分的 GM(1,1)模型。经证明,当原始时间序列隐含着指数变化规律时,灰色 GM(1,1)的预测将是非常成功的。

灰色模型预测的思路是:把随时间变化的随机正的数据列,通过适当方式累加,使之变成非负递增的数据列,用适当的方式逼近,以此曲线作为预测模型对系统进行预测。

GM(1,1)模型的特点如下:

(1) 灰色模型建立的是微分方程型的模型;

(2) 灰色理论把随机变量当作是在一定范围内的灰色量,把随机过程当作是在一定幅区和时区变化的灰色过程,采用数据累加生成(AGO)的手段,把杂乱无章的数据整理成较有规律的生成数列再建模;

(3) 通过 GM 模型得到的数据必须经过累减生成(IAGO)作还原后才能使用;

(4) GM(1,1)模型可以解决高阶建模;

(5) 可以建立残差 GM(1,1)模型,提高预测精度;

(6) 可以建立残差检验、后验差检验、关联度检验三种检验方法。

灰色预测模型 GM(1,1)模型常用于时间序列预测。

3.1.5.2 神经网络

神经网络学习是人工智能领域的基本算法之一,它的主要应用领域涉及到模式识别、智能机器人、非线性系统识别、知识处理等。神经网络发展至今,已形成了诸多网络模型,其中具代表性的有:BP(Back Propagation)网络、径向基函数 RBF、感知器、Hopfield 神经网络、自适应网络、小波神经网络等。目前,人工神经网络(Artificial Neural Networks,ANN)的实际应用中,绝大部分的神经网络模型采用 BP 网络或其变化形式,它也是前馈神经网络的核心部分。

在 BP 神经网络模型和线性神经网络模型这两种人工神经网络模型的基础上,文献[12]提出了两种用于传感器网络的在线实时异常数据检测方法,所提出的方法可预测下一时刻的传感器测量值,并给出预测间隔,同时根据实际测量值是否落在预测区间来判断数据是否异常。Khandelwal 等[13]通过 BP 神经网络对密度和中子测井数据进行了预测,预测结果明显优于多元回归拟合。Baneshi 等[14]选择人工神经网络进行岩石地球物理参数的估计,通过连续的三个 BP 神经网络以较少的输入参数较好地预测出了岩石孔隙度,降低了数据挖掘的时间和成本。文献[15]提出的异常数据监测建立在神经网络的基础上,对其开发的方法可以处理不同类型的测量误差以提高整体结果的质量。文献[16]提出并比较了两种基于人工神经网络的算法,用于实际生活的声学检测场景。在国内,陈科贵等[17]研究发现 BP 神经网络模型相较于传统测井解释方法在杂卤石分类识别中有明显的优势;朱红等[18]提出基于 ATD(自适应去噪)- BP 神经网络的页岩气产量预测方法,克服了储层参数与气井产量之间的非线性相关关系问题,较好地预测了气井的产量;项云飞等[19]将神经网络与线性回归方法相结合,对储层孔隙度、含水饱和度等进行划分,结果表明神经网络算法在非线性问题处理方面有较好的优势。

综上所述,神经网络技术在数据预测方面的应用已较为成熟,可适应水闸工程监测数据之间的复杂关系,最终在监测数据异常分析处理中得以运用。人工神经网络技术在水闸工程安全监测信息处理中的应用是以 BP 神经网络理论为基础的,构建适合的非线性数学模型,不断优化约束条件,进而对监测数据进行异常识别和提取。

1. 人工神经元模型

如图 3-2 所示是简化的人工神经元模型,X_i 是一系列的输入变量,对应在其箭头方向上的是一个权重系数。权重系数是为了消除样本数据的偏差,通常是在 0~1 之间的取值。将输入变量 X_i 和权重系数 W_i 的乘积求和并输入到神经元上。此时神经元得到了输入变量和其权重的乘积累加和。通过映射函数 $F(x)$ 来进行映射得到结果。以上就是一个简单的神经元模型和信息传递过程。

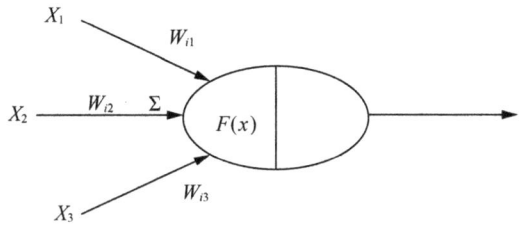

图 3-2　人工神经元模型

2. 神经网络模型建立

BP 神经网络包括信号的正向传播和误差的反向传播两个过程。正向传播时外部信息从输入层传入,经各隐含层逐层处理后,传向输出层,由输出层接收隐含层的传递信息并加以处理得出实际输出结果。若输出层所得的实际输出与期望的输出不符,则模型转入误差的反向传播阶段。在误差反向传播时依据神经网络的梯度下降算法,沿梯度下降最快的方向将误差分摊给所有神经元,根据所分摊的误差不断调整网络的权值和阈值,优化网络的约束条件,使网络的误差平方和达到最小,以满足网络预设的目标条件,其主要过程如图 3-3 所示:

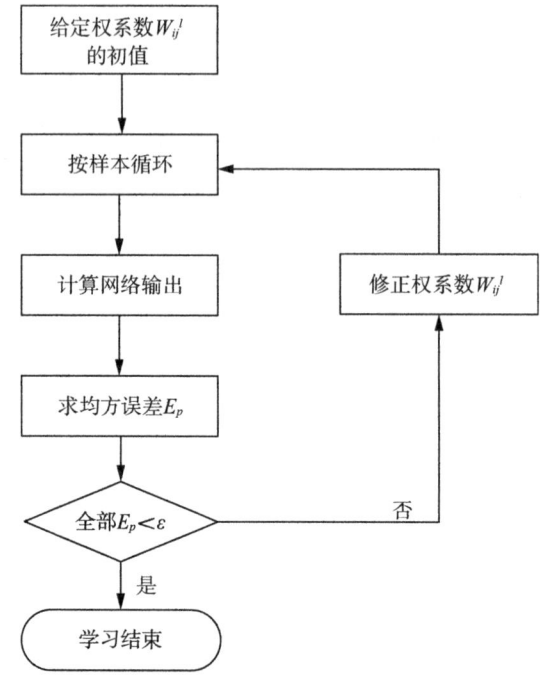

图 3-3　BP 网络计算流程

①变量和参数的定义：对 BP 神经网络模型的输入参数进行归一化处理；

②网络初始化：给各连接权值分别赋一个区间（-1,1）内的随机数，设定误差函数 e，给定计算精度值 ε 和最大学习次数 M。随机选取第 k 个输入样本及对应期望输出；

③根据训练样本计算各层输入输出；

④根据预设目标求解神经元偏导数；

⑤权值修正：利用输出层和隐含层各神经元的偏导数和隐含层各神经元的输出来修正各层的连接权值；

⑥计算全局误差；

⑦误差检验：判断网络全局误差是否满足模型的预设要求，当误差达到预设要求或学习次数达到预设的最大次数，则结束，否则，进入下一轮学习。

基于 BP 神经网络模型的异常识别方法为水闸工程异常监测数据的识别提供了一种基于机器学习的识别方法。BP 神经网络具有较强的非线性映射能力、高度的自学习和自适应能力、较强的泛化能力和一定的容错能力。凭借这些优点，BP 神经网络在不同领域中解决了不少应用问题，但同时它也存在一些不足和缺点,如:收敛速度慢,需要较长的训练时间;容易陷入局部极值,权值收敛到局部极小点,导致网络训练失败,且很有可能会出现模型过拟合的情况[20]。为加快训练速度和避免陷入局部极小值,后又发展了附加动量法,该法使反向传播减少了网络在误差表面陷入低谷的可能性并有助于减少训练时间。

3.1.5.3　小波分析

小波分析是一种信号的时间-尺度(时间-频率)分析方法,具有多分辨分析的特点,而且在时-频两域都具有表征信号局部特征的能力。针对对时间序列分析不足,小波分析可以使时间序列中隐藏的多周期变化被显现出来,体现出不同时间尺度中的变化情况,且在低频部分具有较高的频率分辨率与较低的时间分辨率,而在高频部分具有较高的时间分辨率与较低的频率分辨率,并可实现对系统未来的趋势进行估计判断。目前小波分析理论在信号处理和工程测量等领域得到了较好的发展与应用[21-23]。水闸系统监测数据分析处理是典型的时间序列问题,采用小波分析可有效减少时间序列中存在的噪声,对信号进行滤波处理,实现对测值中异常突变点的监测等。

1. 小波函数

小波分析的基本原理是通过选择一系列微小的波形函数作为基础函数来模拟实际过程中需要处理的信号。小波函数如果选择恰当,就会大大缩减后期小波分析的时间,小波函数 $\psi(t) \in L^2(R)$ 且满足:

$$\int_{-\infty}^{+\infty} \psi(t)\mathrm{d}t = 0 \tag{3-17}$$

式中:$\psi(t)$ 为基小波函数。

可通过调节波形振幅和时间周期构成一系列函数:

$$\psi_{a,b}(t) = \mid a \mid^{-1/2} \psi\left(\frac{t-b}{a}\right) \quad a,b \in R, a \neq 0 \tag{3-18}$$

式中:$\psi_{a,b}(t)$ 为子小波函数;a 为尺度因子,能够调节小波函数周期;b 是平移因子,可对函数周期作出反馈。

2. 小波变换

小波变换有很多种形式,所有形式都来源于基本公式,有连续小波变换和离散小波变换两种。

若 $\psi_{a,b}(t)$ 是由式(3-18)给出的子小波,对于已经确定非无限信号函数

$f(t) \in L^2(R)$，其连续小波变换公式为：

$$W_f(a,b) = (a)^{-\frac{1}{2}} \int_R f(t) \, \overline{\psi}\left(\frac{t-b}{a}\right) \mathrm{d}t \qquad (3\text{-}19)$$

式中：$W_f(a,b)$ 为小波变换系数；$f(t)$ 是一个模拟信号的函数；a 是函数伸张或收缩尺度；$\overline{\psi}\left(\dfrac{t-b}{a}\right)$ 为 $\psi\left(\dfrac{t-b}{a}\right)$ 的复共轭函数。

设函数，($k=1,2,\cdots,\mathrm{N}$；Δt 为取样间隔)，上式的小波变换公式为：

$$W_f(a,b) = (a)^{-\frac{1}{2}} \Delta t \sum_{k=1}^{N} f(k\Delta t) \, \overline{\psi}\left(\frac{t-b}{a}\right) \mathrm{d}t \qquad (3\text{-}20)$$

由变换公式(3-19)或(3-20)可发现，小波分析通过对尺度参数增大或缩小自由调整，分析得到信号波形信息的频率特征，最终描述信号的概貌和细节情况，实现对信号在时间尺度和空间局部特征的分析，因此被誉为数学显微镜。

3. 小波分析

小波分析的基本过程为：

①选择基础小波函数，并将此波形与要处理的信号从原点位置对齐；

②对此刻信号与小波函数的相似程度进行评价，借助计算结果的小波变换系数 C，C 数值越大，就意味着此刻信号与所选择的小波函数波形越相近；

③将上述小波函数沿时间轴向右移动一个单位时间，然后重复①②过程，每移动一次计算就会得到一个新的系数，直到计算完整个信号波段；

④将所选择的小波函数在时间横轴上伸张和收缩一个单位，然后重复步骤①②③；

⑤在各个尺度层次上进行操作①②③④。

利用小波分析的去除噪音的方法有多种，具体选择的时候要根据不同工程特点选择去噪方法，具体评价小波去噪的指标有：①信噪比(SNR)，信噪比是测量信号中噪声量度的传统方法，常被用作评价去噪效果的指标，信噪比越高则滤波效果越好；②均方根误差(RMSE)，均方根误差是描述去噪后信号与原始信号之间逼近程度的指标，均方根误差越小，滤波效果越好；③信噪比增益(S/N)，降噪后信噪比的增益越大，降噪的效果越好。

4. 小波神经网络

小波神经网络是小波分析理论与神经网络理论相结合的产物,即把小波基函数作为隐含层节点的传递函数,信号前向传播的同时误差反向传播的神经网络。

1) 小波神经网络算法

小波神经网络算法训练步骤如下(图3-4):

(1)网络初始化。随机初始化小波函数伸缩因子 a_k,平移因子 b_k 以及网络连接权值 ω_k,设置网络学习速率 η;

(2)样本分类。把样本分为训练样本和测试样本,训练样本用来训练网络,测试样本用来测试网络预测精度;

(3)预测输出。把训练样本输入网络,计算网络预测输出并计算网络输出和期望输出的误差 ε;

(4)权值修正。根据误差 ε 修正网络权值和小波函数参数,使网络预测逼近期望值;

(5)判断算法是否结束,如果没有结束返回(3)。

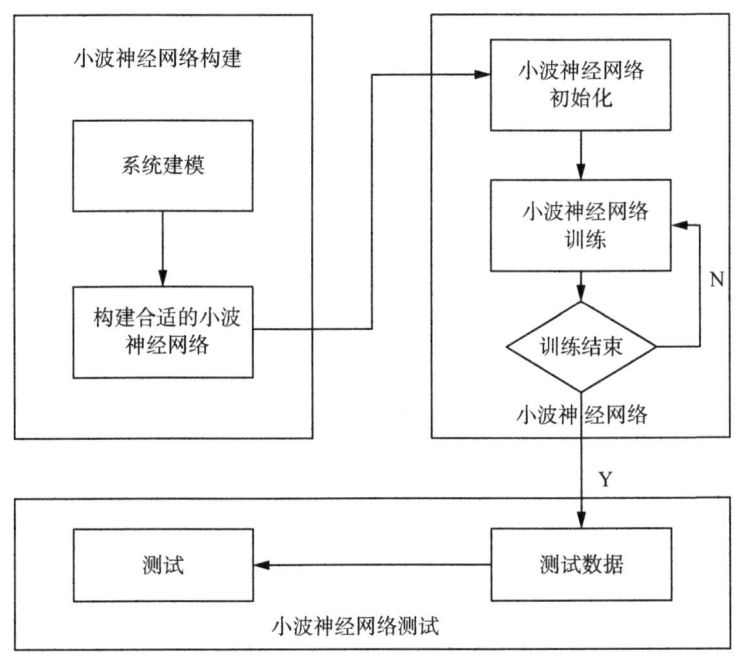

图 3-4 小波神经网络算法流程

2）小波神经网络的特点

小波神经网络具有如下优点：

（1）小波变换能有效提取信号的局部信息；

（2）神经网络具有自学习、自适应和容错性等特点，并且是一类通用函数逼近器；

（3）小波神经网络的基元和整个结构是依据小波分析理论确定的，可以避免 BP 神经网络等结构设计上的盲目性；

（4）小波神经网络有更强的学习能力，精度更高；

（5）对同样的学习任务，小波神经网络结构更简单，收敛速度更快。

小波神经网络具有如下不足：

（1）在多维输入情况下，随着网络的输入维数增加，网络所训练的样本呈指数增长，网络结构也将随之变得庞大，使得网络收敛速度大大下降；

（2）隐含层结点数难以确定；

（3）小波网络中存在初始化参数问题，若尺度参数与位移参数初始化不合适，将导致整个网络学习过程的不收敛；

（4）未能根据实际情况来自适应选取合适的小波基函数。

3.1.5.4 奇异谱分析

奇异谱分析（Singular Spectrum Analysis，SSA）是一种融合了传统时间序列分析、多元统计、动力系统以及信号处理等多领域方法的技术。由于无需先验信息和正弦波假定，且具有时间序列趋势分析、周期提取、噪声去除以及预报功能，目前已被广泛应用于气候学、气象学、地球物理以及海洋科学等学科，在机械工程、经济学、勘测等领域也有所应用[24,25]。基于奇异谱分析的预测过程对人工操作的依赖极低，因而很容易通过计算机语言实现自动化。此外，基于奇异谱分析的预测值是对历史数据序列规律的反映，并不需要提供环境量即可得出，因而在环境量没有及时上报时也可进行预测分析。

1. 奇异谱分析识别原理

基于奇异谱分析的异常值识别的基本流程为：采用奇异谱分析法对历史数据序列进行分析重构后得出预测值，然后通过检验实测值与预测值之间的残差是否在合理范围内来判断测值是否正常。

对于长度为 n 的一维时间序列 f_0，f_1，f_2，$\cdots$，f_{n-1}，为了了解隐含的时间演变结构，把该序列在时间上滞后排列，得到轨迹矩阵 X：

$$X = (x_{ij})_{i,j=1}^{l,k} = \begin{bmatrix} f_0 & f_1 \cdots & f_{k-1} \\ f_1 & f_2 \cdots & f_k \\ \cdots & \cdots & \cdots \\ f_{l-1} & f_l \cdots & f_{n-1} \end{bmatrix} \qquad (3\text{-}21)$$

式中:l 为窗口长度,且 $1 < l < n$;X 中所有下标之和为常数的元素取值相等,称为 Hankel 矩阵,即:如果 $a + b = c + d$,则 $x_{ab} = x_{cd}$。

然后,对轨迹矩阵进行奇异值分解。令 $S = XX^T$,其特征值为 $\lambda_1, \lambda_2, \cdots, \lambda_l (\lambda_1 \geqslant \lambda_2 \geqslant \cdots \geqslant \lambda_l \geqslant 0)$,对应的标准正交化的特征向量为 $U_1, U_2, \cdots, U_l$。令:

$$V_i = \frac{X^T U_i}{\sqrt{\lambda_l}} 1 \leqslant i \leqslant d \qquad (3\text{-}22)$$

其中,d 为非零特征值总数。于是,轨迹矩阵的奇异值分解为:

$$X = X_1 + X_2 + X_3 + \cdots + X_d \qquad (3\text{-}23)$$

$$X_i = \sqrt{\lambda_i} U_i V_i^T \qquad (3\text{-}24)$$

可以证明 $V_1, V_2, V_3, \cdots, V_l$ 是矩阵 $S^T = X^T X$ 的对应于特征值 $\lambda_1, \lambda_2, \cdots, \lambda_l$ 的标准正交化特征向量;矩阵 X_i 的秩为 1,称为基本矩阵,或称第 i 个重构成分;称 (λ_i, U_i, V_i) 为第 i 个特征组。

可将 d 个基本矩阵分为 m 组,各组分别包括 $I_1, I_2, \cdots, I_m$ 个基本矩阵。于是,可将轨迹矩阵可以写作:

$$X = X_{I_1} + X_{I_2} + \cdots + X_{I_m} \qquad (3\text{-}25)$$

分组的规则与序列分析的具体目的有关,例如,对序列进行去噪处理时需将特征值较大的基本矩阵分为一组,进行周期成分提取时可将呈现周期特征的基本矩阵分为一组。

最后,对分解或分组后的矩阵进行重构,得到新的数据系列。具体的,对于 $L \times K$ 的矩阵 Y,令其元素为 y_{ij},$L^* = \min(L, K)$,$K^* = \max(L, K)$,$N = L + K - 1$;若 $L < K$,则 $y_{ij}^* = y_{ij}$,否则 $y_{ij}^* = y_{yi}$。按照以下公式求序列 $g_0, g_1, \cdots, g_{N-1}$:

$$
g_k = \begin{cases}
\dfrac{1}{k+1}\displaystyle\sum_{m=1}^{k+1} y^*_{m,k-m+2} & for\, 0 \leqslant k \leqslant L^*+1 \\[3mm]
\dfrac{1}{L^*}\displaystyle\sum_{m=1}^{L^*} y^*_{m,k-m+2} & for\, L^*+1 \leqslant k \leqslant K \\[3mm]
\dfrac{1}{N-k}\displaystyle\sum_{m=k-K^*+2}^{N+1-K^*} y^*_{m,k-m+2} & for\, K^* \leqslant k \leqslant N
\end{cases}
\tag{3-26}
$$

式中：g_k 为 Y 中元素的对角平均化，例如，当 $k=1$ 时，$g_1 = (y_{12}+y_{21})/2$。

可以看到，如果 Y 是某个序列 h_0，h_1，$\cdots$，h_{N-1} 的轨迹矩阵时，得到的序列 $g_k = h_k$。

如果分组后的每个 X_{I_k} 都是某个序列的轨迹矩阵，对 X_{I_k} 进行对角平均化得到序列 $\widetilde{F}^{(k)} = (\widetilde{f}_0^{(k)}, \widetilde{f}_1^{(k)}, \cdots, \widetilde{f}_{n-1}^{(k)})$，此时原序列 f_0，f_1，$\cdots$，f_{n-1} 可分解为 m 个序列之和，称轨迹矩阵 X"可分"：

$$
f_i = \sum_{k=1}^{m} \widetilde{f}_i^{(k)}
\tag{3-27}
$$

如果上式近似成立，则称 X"近似可分"。

3.1.5.4.2 基于奇异谱分析的异常值识别

对于轨迹矩阵 X，第 k 个重构成分的贡献率 CR_k 为：

$$
CR_k = \frac{\lambda_k}{\sum_{i=1}^{l}\lambda_i} \times 100\%
\tag{3-28}
$$

表征序列主要特征成分的贡献率显著大于噪声及粗差的贡献率，因而，可选用贡献率显著较大的主要成分重构数据序列，然后求出重构序列与实测值的残差，再通过对残差的分析即可识别异常值。一般可选用累积贡献率约为 85% 的前 k 个成分重构数据序列。

残差的判别方法可采用拉依达准则，但为了避免偏离较严重的粗差对均值和标准差的估计造成影响，此处建议采用稳健估计粗差探测的 IQR 准则。具体的，将残差序列按从小到大排列，求出四分位数 Q_1，Q_2 及 Q_3，对于每个残差 Δ_i，其 IQR 准则下的稳健比分数统计量 Z[26] 为：

$$
Z = \frac{\Delta_i - Q_2}{IQR'}
\tag{3-29}
$$

其中，$IQR' = 0.741\,3 \times (Q_3 - Q_1)$。可以认为当 $|Z| \geqslant 3$ 时为异常值，对应的置信水平为 99%。

实践证明[27]，虽然奇异谱分析最早是针对宽平稳过程开发，但这一方法也适用于趋势性或周期性数据序列分析，即该法可用于水闸安全监测异常数据识别。与基于回归模型、确定性以及混合模型的异常值识别技术相比，基于奇异谱分析的技术不需要预先人工建立数学模型，在测点数量较多且需要及时反馈的水闸安全智能诊断领域中有较大优势。此外，由于奇异谱分析不涉及对环境量的考察，因此，可用于环境量缺失情况下的水闸安全监测数据检验分析。

此外，奇异谱法对异常测值的敏感性较高。对历史数据序列的要求方面，奇异谱法对数据序列长度要求略高于统计回归模型法，而预测点前正常数据缺失太多时（例如多于 1 年）得出的预测结果也可能不可靠。

3.1.5.5　其他方法

数据包络分析（Data Envelopment Analysis，DEA）[28]可以有效处理由变量之间函数关系引发的偏差问题。在利用 DEA 进行数据预处理的过程中，无需预知输入输出变量之间的函数关系、无需事先设定权重，通过求得的效率值筛选得到最有效的数据，剔除异常值和冗余值，能导致更少的记录和更少的计算量，减轻研究的负担；同时，还消除了异常值使得后续的训练数据具有更高的普遍性，即在不改变数据质量的前提下缩减数据的数量，是一种可以应用于机器学习的数据预处理的有效方式。

常用的 DEA 模型包括 CCR、BCC 等模型，经过不断改进和发展，又衍生了如 C2WY、C2ZL、C2GS、SE、SBM、ISBM、网络 DEA 等型模[29-31]。

径向基函数（Radial Basis Function，RBF）学习规则简单，记忆功能强大，是一种具有良好的非线性逼近的函数模型，能够应对具有复杂变量关系的大数据，其输出与初始权值无关，可以克服传统预测模型存在的问题，且预测精度较好。支持向量机（Support Vector Machines，SVM））根据结构风险最小化（Structural Risk Minimization，SRM）准则取得最小的实际风险，能有效克服样本分布、冗余特征以及过度拟合等因素的不利影响，具有全局最优性和很好的泛化能力，可以有效避免神经网络易陷入局部极小值和过拟合从而导致精度较低的不足，并在小样本、非线性预测方面具有较大优势，较好地解决了高维数和局部极小点等实际问题，具有很强的泛化能力[32]。

用于异常数据检测的方法较多，按不同的模型特点分类，大致可分为以下几种:统计检验方法、基于深度的方法、基于偏差的方法、基于距离的方法、基于密度的方法和深度学习方法。方法很多,但无论优化到什么程度,它们都是由一些原始的模型和思想衍生出来的。由于水闸工程作为大型复杂结构具有较强的非线性,因而神经网络和遗传算法在水闸结构的健康检测方面具有不可估量的应用前景。小波分析由于有刻画细节的能力,在数据的处理方面也具有一定的优势。

当然,通过不同的检测方法我们都可以找到异常值,但所得结果并不是绝对正确的,那时我们还可以结合几种方法取长补短加以应用,如根据不同阶段水闸工程监测数据的特点并加以理解判断,选择合适的异常值检测算法。

3.2 非结构化数据误差识别要求与方法

非结构化数据包括文本、办公文档、各类报表、图片、图像、音频/视频等等,格式多样的特点使得非结构化数据不方便使用二维表结构来实现数据的表达。其格式多样,标准也多样,而且在技术上非结构化信息比结构化信息更难标准化和理解。所以非结构化数据的存储、检索、发布以及利用需要更加智能化的 IT 技术,比如海量存储、智能检索、知识挖掘、内容保护、信息的增值开发利用等。

随着智慧水利建设的大力推进,我国正经历从传统水利迈向智慧水利的新阶段。日常采集信息多种多样,包含天空地多尺度多形式多元数据,有建设、运行、维护和服务等不同业务应用信息,这些信息又包括了图像、数字、音频和视频等不同形式,此类图片、视频和音频等信息即属于非结构化信息。在实际应用中,此类信息主要依靠专业人工实时监控完成异常检测,但即使是专业操作人员也难以构成真正有效的安全检测系统,因此研究针对非结构化数据的误差识别技术具有重要的现实意义。该技术涉及图像处理、图像分析、机器视觉、模式识别、人工智能等众多研究领域,是一个跨学科的综合问题,也是一个极具挑战性的前沿课题。

3.2.1 非结构化数据的特点

(1) 存储方式不统一;

(2) 非结构化数据格式多样化,如 Word、Excel、PDF、JPEG 图等;

(3) 业务流程多样,有上传下载、打印扫描、系统内部流传等;

（4）非结构化数据难以标准化；

（5）非结构化数据遍布于异构系统中，信息量非常大，信息需要集成。

由于非结构化数据的特征愈来愈复杂，出现了"维数灾难"。传统的统计模式识别方式无法满足实际需求，20 世纪 50 年代 Noam Chemsky 提出形式语言理论，傅京荪提出句法结构模式识别[33]，后又发展了系列模式识别方法。

3.2.2　模式与模式识别

一般认为，模式是通过对具体的事物进行观测所得到的具有时间与空间分布的信息，模式所属的类别或同一类中的模式的总体称为模式类，其中个别具体的模式往往称为样本。模式识别就是研究通过计算机自动（或人为进行少量干预）将待识别的模式分配到各个模式类中的技术，模式识别的基本框架如图 3-5 所示。

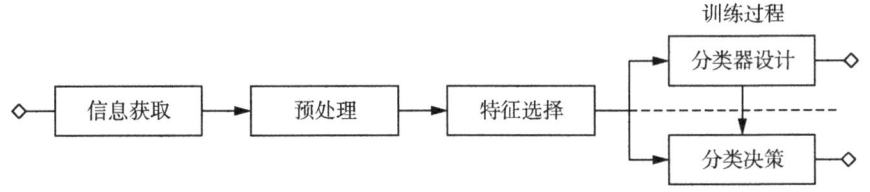

图 3-5　模式识别的基本框架

（1）信息获取。用计算机可以运算的符号来表示所研究的对象，可以是二维图像，如文字、指纹、地图、照片等，可以是一维波形，如心电图、机械振动波形等，还可以是物理参数和逻辑值，如体温、化验数据、参数正常与否的表述。

（2）预处理。去除信号的噪声，提取有用信息，使信息纯化，或是对输入测量仪器或者其他因素所造成的退化现象进行复原。预处理这个环节内容很广泛，以水闸举例，我们要识别水闸隐患类别，需要对获取的图像进行预处理，先把隐患从图像中找出来，然后对水闸工程隐患图像进行简单的去噪、划分、滤波，做到这一步之后，才能对隐患图像进行系统识别。

（3）特征的提取和选择。对预处理的信号进行变换，得到最能反映事物分类本质的特征。即选择什么样的方法来描述事物，从而有效地、牢靠地把事物正确地区分开。

（4）分类器设计和决策。分类器设计是指依据特定空间分布，设计及决定分类器的具体参数。分类决策是指依据分类器设计阶段的预处理特征提取与选择及判决函数模型,对获取的未知样本数据进行分类识别,把识别对象归为某一类,输出类结果。

模式识别的研究主要集中在两方面:一是研究生物体(包括人)是如何感知对象的;二是在给定的任务下,如何用计算机实现模式识别的理论和方法。前者是生理学家的研究内容,属于认知科学的范畴;后者通过数学家、信息学专家和计算机科学工作者近几十年的努力,已经取得了系统的研究成果。

3.2.3 模式识别的特点

从模式识别的起源、目的、方法、应用、现状和发展,以及它同其他领域的关系来考察,可以把它的特点概括如下:

(1)模式识别是用机器模仿大脑的识别过程,设计很大的数据集合,并自动以高速度作出决策。

(2)模式识别不像纯数学,而是抽象加上实验的一个领域。它的这个性质常常导致不平凡的和比较有成效的应用,而应用又促进进一步的研究和发展。

(3)学习(自适应性)是模式识别的一个重要过程和标志。但编制学习程序比较困难,而有效地消除这种程序中的错误更难,因为这种程序是有智能的。

(4)同人的识别能力相比,现有模式识别的能力仍然是相当薄弱的(对图案和颜色的识别除外),机器通常不能对付大多数困难问题。采用交互识别法可在较大程度上克服这一困难,即当机器不能做出一个可靠的决策时,它可以求助于操作人。

模式识别跟机器学习有较多重叠,但两者也有较明显的区别:模式识别最重要的是线性分类器和非线性分类器,而机器学习则注重于特征提取、非监督学习。

在一个模式识别系统中,最基础的因素是用来描述研究对象的特征。如果特征与所研究的分类问题没有关系或者关系很弱,那么无论采用什么样的分类器,都很难取得理想的分类效果。一般模式识别中的大部分分类器,都是先假定用来描述对象性质的特征,再把这些处理好的特征输入系统。也可以这么说,一个模式识别系统的成败,首先取决于所利用的特征是否较好地反映了将要研究的分类问题。因此,模式识别研究的是怎样通过输入的特征对样本进行分类。

　　模式识别虽说可以实现一定程度上的智能,但是太依赖于特征的选取,而特征的获取依赖于具体的问题和专业的知识。更进一步地,我们想将特征提取的过程也交给机器,从而进一步减少人工的参与。因此,机器学习更加关注从输入的样本中提取出合适的特征,进而实现分类的目标。

3.2.4　模式识别的主要方法

　　模式识别方法大致可以分为统计决策法、结构模式识别方法、模糊模式识别方法与基于人工智能的方法[34]。其中基于人工智能的方法发展较快,本书在 3.1.5 章节中介绍了结构化数据异常检测的多种人工智能方法,本节主要介绍基于非结构化数据的人工神经网络模式识别方法。统计决策法和结构模式识别方法发展较早,理论相对也比较成熟,在早期的模式识别中应用较多。由于模糊方法更合乎逻辑、神经网络方法具有较强的解决复杂模式识别的能力,因此这两种方法正日益得到人们的重视,目前应用较多。

3.2.4.1　统计决策法

　　统计决策法[34,35]以概率论和数理统计为基础,它包括参数方法和非参数方法。参数方法主要以贝叶斯(Bayes)决策准则为指导,其中最小错误率和最小风险贝叶斯决策是最常用的两种决策方法。假定特征对于给定类的影响独立于其他特征,在决策分类的类别 N 已知与各类别的先验概率 $P(\omega_i)$ 及类条件概率密度 $p(x \mid \omega_i)$ 已知的情况下,对于一特征矢量 x 根据公式计算待检模式在各类中发生的后验概率 $p(\omega_i \mid x)$,后验概率最大的类别即为该模式所属类别。在这样的条件下,模式识别问题转化为一个后验概率的计算问题。在贝叶斯决策的基础上,根据各种错误决策造成损失的不同,人们提出基于贝叶斯风险的决策,即计算给定特征矢量 x 在各种决策中的条件风险大小,找出其中风险最小的决策。

　　参数估计方法的理论基础是样本数目趋近于无穷大时的渐进理论。在样本数目很大时,参数估计的结果才趋近于真实的模型。然而实际样本数目总是有限的,很难满足这一要求。另外参数估计的另一个前提条件是特征独立性,这一点有时和实际差别较大。在样本数量不是很大的情况下,往往根据样本直接设计分类器,这就是非参数方法。这类方法物理意义直观,但所得的结果和错误率往往没有直接联系,所设计的分类器不能保证最优。比较典型的方法有线性分类器、最近邻方法、K 均值聚类法等。

3.2.4.2　结构模式识别

结构模式识别[34,36]是利用模式的结构描述与句法描述之间的相似性对模式进行分类。对模式的识别常以句法分析的方式进行,即依据给定的一组句法规则来剖析模式的结构。当模式中每一个基元被辨认后,识别过程就可通过执行语法分析来实现。结构模式识别主要用于文字识别、遥感图形的识别与分析、纹理图像的分析中。该方法的特点是识别方便,能够反映模式的结构特征,能描述模式的性质,对图像畸变的抗干扰能力较强。如何选择基元是本方法的一个关键问题,尤其是当存在干扰及噪声时,抽取基元更困难,且易失误。

3.2.4.3　模糊模式识别

1965 年 Zadeh 提出了著名的模糊集理论,使人们认识事物的传统二值 0、1 逻辑转化为[0,1]区间上的逻辑,样本预处理特征选择与提取分类结果(识别结果)分类器设计这种刻画事物的方法改变了人们以往单纯地通过事物内涵来描述其特征的片面方式,并提供了能综合事物内涵与外延性态的合理数学模型——隶属度函数。对于 A、B 两类问题,传统二值逻辑认为样本 C 要么属于 A,要么属于 B,但是模糊逻辑认为 C 既属于 A,又属于 B,二者的区别在于 C 在这两类中的隶属度不同。所谓模糊模式识别就是解决模式识别问题时引入模糊逻辑的方法或思想。同一般的模式识别方法相比较,模糊模式识别具有客体信息表达更加合理、信息利用充分、各种算法简单灵巧、识别稳定性好、推理能力强的特点。

模糊模式识别[37]的关键在于隶属度函数的建立,目前主要的方法有模糊统计法、模糊分布法、二元对比排序法、相对比较法和专家评分法等。这些方法具有一定的客观规律性与科学性,同时也包含一定的主观因素,准确合理的隶属度函数很难得到,如何在模糊模式识别方法中建立比较合理的隶属度函数还需要进一步研究。

3.2.4.4　人工神经网络模式识别

早在 20 世纪 50 年代,研究人员就开始模拟动物神经系统的某些功能,他们采用软件或硬件的办法,建立了许多以大量处理单元为结点,处理单元间实现(加权值的)互联的拓扑网络,进行模拟,称之为人工神经网络。这种方法可以看作是对原始特征空间进行非线性变换,产生一个新的样本空间,使得变换后的特征线性可分。同传统统计方法相比,其分类器与概率分布是无关的。人工神经网络的主要特点在于其具有信息处理的并行性、自组织和自适应性,还具有很强的学习能力和联想功能以及容错性能等,在解决一些复杂的模式识别问题中显示出其独特的优势[38]。

人工神经网络是一种复杂的非线性映射方法,其物理意义比较难解释,在理论上还存在一系列亟待解决的问题。例如在设计上,网络层数的确定和节点个数的选取带有很大的经验性和盲目性,缺乏理论指导,网络结构的设计仍是一个尚未解决的问题。在算法复杂度方面,神经网络计算复杂度大,在特征维数比较高时,样本训练时间比较长等。这些都是制约人工神经网络进一步发展的关键问题。

3.2.5　异常检测典型算法

一般的,对非结构化数据的异常检测常应用于图像识别,通过对图像目标进行检测,识别出异常(故障)点,典型的算法包括以下四种:数字图像处理、RCNN 系列、YOLO 系列、SSD 系列。

3.2.5.1　数字图像处理算法

检测图像中的离群值不是一件容易的事,并且无法使用某些著名的离群值检测算法来有效地完成。图像中的异常一般分为点异常、上下文异常和集群异常[39]。图像数据中每一个像素点上的像素值就对应着一个观测结果。由于图像内像素值的多样性,仅仅分析某一个点的像素值很难判断其是否属于异常。所以在大部分图像异常检测任务中,需要联合分析图像背景以及周围像素信息来进行分类,检测的异常也大多属于上下文或者模式异常。

图像异常检测任务根据异常的形态可以分为定性异常的分类和定量异常的定位两个类别,如图 3-6 所示。

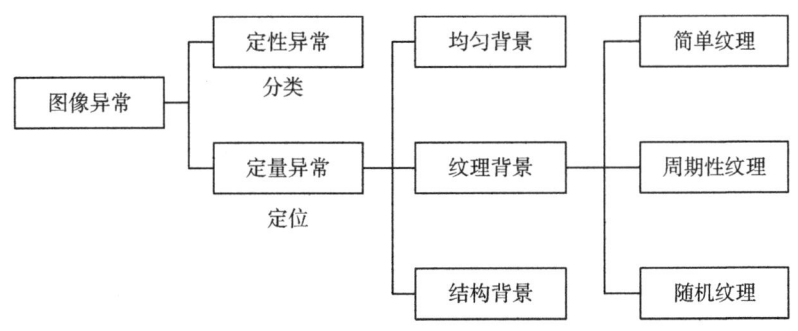

图 3-6　图像异常分类图

一般情况下图像异常检测的目标是通过无监督或者半监督学习的方式，检测与正常图像不同的异常图像或者局部异常区域。近年来传统机器学习方法已经在图像异常检测领域有了较多的应用，而随着深度学习技术的发展，越来越多的方法尝试结合神经网络来实现图像异常检测。根据在模型构建阶段有无神经网络的参与，现有的图像异常检测方法可以分为基于传统方法和基于深度学习的方法两大类别。如图 3-7 所示，基于传统方法的异常检测技术大致包含 6 个类别：基于模板匹配、基于统计模型、基于图像分解、基于频域分析、基于稀疏矩阵重构和基于分类面构建的异常检测方法。而基于深度学习的方法大致包含 4 个类别：基于距离度量、基于分类面构建、基于图像重构和结合传统方法的异常检测方法[40]。

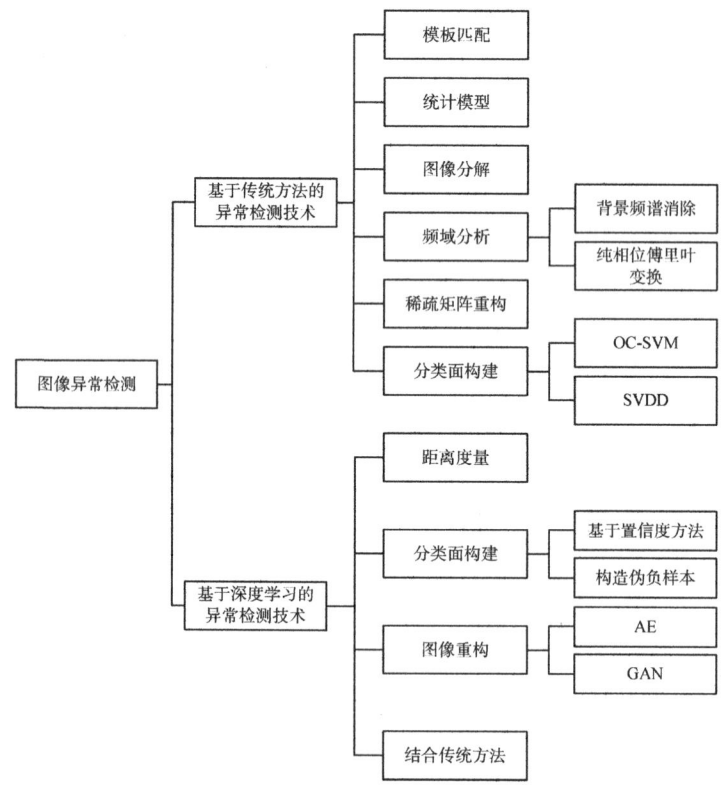

图 3-7　图像异常检测技术的分类图

图像异常检测的目标是在真实异常样本难以获取的情况下，构建分类模型对潜在的异常图像进行检测。现阶段对于图像异常检测方法已经有了较多的研究，但依然可以在算法的检测效率、小样本/半监督学习以及更自适应的样本合成方法等方面有进一步的发展。

3.2.5.2　RCNN算法

RCNN(又称 Region-CNN)是比较早的利用 CNN 进行目标检测的算法。

2014 年，Girshick 等将卷积神经网络(Convolutional Neural Networks，CNN)应用于目标检测任务，提出了典型的双阶段目标检测算法 R-CNN[41]，R-CNN 将 AlexNet 与选择性搜索算法相结合，包含区域建议、基于 CNN 的深度特征提取、分类回归三个模块：①使用选择性算法从每张图像中提取 2 000 个左右可能包含目标物体的区域候选框；②对候选区域进行归一化操作缩放成固定大小，进行特征提取；③使用 AlexNet 将候选区域特征逐个输进支持向量机(Support Vector Machine，SVM)进行分类，通过使用边界框回归(Bounding Box Regression，BBR)和非极大值抑制(Non-Maximum Suppression，NMS)对区域得分进行调整和过滤，在全连接网络进行位置回归。

RCNN 相比传统目标检测算法，其性能得到了改进，但仍存在以下问题：①训练是一个多阶段通道，缓慢且难以优化，因为每个阶段都必须分别进行培训；②对于 SVM 分类器和边界框回归器的训练，无论是在磁盘空间还是时间上都是昂贵的，因为 CNN 特征需要从每幅图像的每个目标建议中提取，这对大规模检测来说是巨大的挑战，尤其是在非常深的网络下，如 VGG16；③测试速度慢，因为 CNN 特征需要在每个测试图像的目标建议提取，没有共享计算。为解决以上问题，后又发展了 Fast RNCC[42]、Faster RNCC[43]和 Cascade RCNN[44]。

3.2.5.3　YOLO算法

YOLO 算法(全称 You Only Look Once：Unified，Real-Time Object Detection)，是由 Redmon 等于 2016 年提出的一种单阶段目标检测器[45]，该法只需要一次 CNN 运算，Unified 指的是这是一个统一的框架，提供 End-to-End 的预测，而 Real-Time 体现的是 YOLO 算法速度快。

YOLO 架构由 24 个卷积层和 2 个全连接层组成，使用最顶层的特征图来预测边界框，直接评估每个类别的概率，使用 P-Relu 激活函数。YOLO 将每个图像划分成 S×S 的网格单元，每个网格单元只负责预测网格中心的目标，该算法舍去了候选区域生成阶段，将特征提取、回归和分类放在一个卷积网络中，简化了网格网络。但 YOLO 对小尺度目标的检测效果不佳，目标重叠遮挡环境下容易漏检。后又发展了 YOLOv2～YOLOv5，大大加快了检测速度。

YOLO系列处理不常见的比例目标的泛化过程效果不好,需多次采样得到标准特征,且由于边界框预测时空间限制影响,对小目标的检测效果不好。

3.2.5.4 SSD算法

结合Faster RCNN和YOLO的优点,Liu等提出SSD(Single Shot Multi-Box Detector)算法[46]来平衡检测精度和检测速度,SSD算法使用VGG16骨干网络进行特征提取,用第6、第7卷积层代替FC6和FC7,并添加了4个卷积层。SSD网络的设计思想是分层提取特征,将单级网络划分为6级,每个阶段提取不同语义层次的特征图进行目标分类和边界框回归,多尺度特征图与Anchor机制相结合提升了算法对不同尺度目标的检测能力。另外,SSD还采用了目标预测机制,依据Anchor在不同尺度上得到的候选框来判别目标种类和位置。这种机制具有以下优点:①通过卷积层预测目标位置和类别,减少了计算量;②没有对目标检测过程设置空间限制,可以有效检测成群的小目标物体。SSD在运行速度上明显优于YOLO,但它对小目标的分类效果不好,由于不同尺度的特征图相互独立,造成不同尺寸的检测框对同一目标重复检测。

单阶段检测器(YOLO和SSD)由于其轻量级骨架网络比双阶段框架需要更少的时间,在检测中避免了预处理算法,只需要很少的候选区域。骨干网络的特征提取器在目标检测中耗时较长,使用性能更好的骨干网络可以加快检测速度。

3.2.6 模式识别的应用和发展

经过多年的研究和发展,模式识别技术已经在人工智能、计算机工程、机器学、生物学、天文学、经济学、医学、地质勘探、宇航科学和工程检测等许多重要领域得到广泛应用,如语音识别翻译、自动光谱学、人脸识别、脑电图分析、指纹识别、产品缺陷检测、精确制导等[47-49]。模式识别技术的快速发展和应用将有利于促进水闸工程现代化建设和管理。

模式识别作为一个交叉、综合的科学技术领域,与各学科不断相互作用和渗透,其科学界线很可能随着发展而逐渐模糊。因此,其科学技术内涵与外延应该与时俱进、更新和扩展,研究的方向与内容应该更具有综合性、交叉性,更强调目标的实现,解决急需的重大问题、重大关键技术攻关以及社会发展中的科学技术难题和基础理论问题。

3.3　异常数据判别的计算机实现

3.3.1　异常值处理方法

异常值检测出来后,如果不加以处理则丧失了异常值识别检测的真正意义。异常值处理并没有固定的方法,一般根据实际工程需要来确定。常见的处理方法有以下几种:

(1) 不处理异常值

异常点也是数据分布的一部分,也许它在客观现实中就是那样的,所以为了让模型学到这种知识,有时候不应该去改变它或者删除它。如水闸监测数据中某应变量在受到外部环境作用时突然发生较大的测值变化,对于此类异常,不能直接对数据本身加以处理,可采取异常标识、提醒、预警等方式。

(2) 删除异常值

对于一些时间序列数据,在删除某 n 条数据对整体没产生大影响的情况下,或者由于仪器测值乱跳造成测值错误时,就应该删除异常值。

(3) 修正异常值:常见统计量修正

如果数据的样本量很小,可用前后两个观测值的平均值来修正该异常值。这是一种比较折中的方法,大部分的参数方法是针对均值来建模的,用平均值来修正,优点是能克服丢失样本的缺陷,缺点是丢失了样本"特色"。

如样本数较多可使用众数、分位数、加权均值等进行修正。

(4) 修正异常值:分箱法

将连续变量等级化之后,不同分位数的数据就会变成不同的等级数据,连续变量离散化,消除了极值的影响。分箱法通过考察数据的"近邻"来光滑有序数据的值,有序值分布到一些桶或箱中,包括等深分箱和等宽分箱。等深分箱:每个分箱中的样本量一致;等宽分箱:每个分箱中的取值范围一致。

(5) 修正异常值:回归插补

发现两个相关变量之间的变化模式,通过使数据适合一个函数来平滑数据。若是变量之间存在依赖关系,也就是 $y=f(x)$,那么就可以设法求出依赖关系 f,再根据 x 来预测 y。

（6）修正异常值：多重插补

多重插补的处理有以下要点：①先删除 Y 变量的缺失值然后插补；②被解释变量有缺失值的观测不能填补，只能删除，不能自己乱补；③只对放入模型的解释变量进行插补。

（7）修正异常值：盖帽法

盖帽法是将某连续变量均值上下三倍标准差范围外的记录替换为均值上下三倍标准差值，即盖帽处理。比如，可以将小于 3% 分位数的值和大于97% 分位数的值用 3% 分位数和 97% 分位数分别替代。

3.3.2　异常值判别处理计算机实现

在总结现有数据预处理方法的基础上，结合水闸工程安全监测数据的特有属性，先通过逻辑判断（超量程）将异常值筛选一遍，有条件的情况下重新进行测值采集，如还有问题可查看仪器是否存在故障并进行维修更换，然后对新数据库内容采用统计监控模型法结合统计模型判别法进行二次分析，对异常数据进行删除、修正或补缺，接着按分类技术方法对缺失值进行补充及监测数据修正，最终汇入整编数据库进行下一步的数据分析。水闸工程安全监测数据预处理按图 3-8 所示流程进行，具体使用的方法可视实际情况遴选确定。

3.4　本章小结

在水闸工程安全监测信息管理系统中，测值异常检测分析是对其可靠性检验的主要工作。本章通过对结构数据和非结构数据预处理及分析方法的进一步学习和分析，得出对水闸工程安全监测数据预处理及分析方法的整体改进意见如下：

第一，强调数据预处理要与专业知识和实际应用相结合，而且这种结合要实施在数据预处理的每一个步骤中。应针对水闸工程安全监测数据的特点，经过详细分析后再进行预处理方法的选择，采用的方法，不论是统计方法还是其他人工智能或机器学习方法，都应结合实际数据的特点。

第二，预处理过程要尽量人机结合，尤其要注重和监测系统用户以及专家多做交流。预处理后，若模型计算结果显示和实际差异较大，在排除数据源的问题后则有必要考虑数据的二次预处理需要，以修正初次数据预处理中

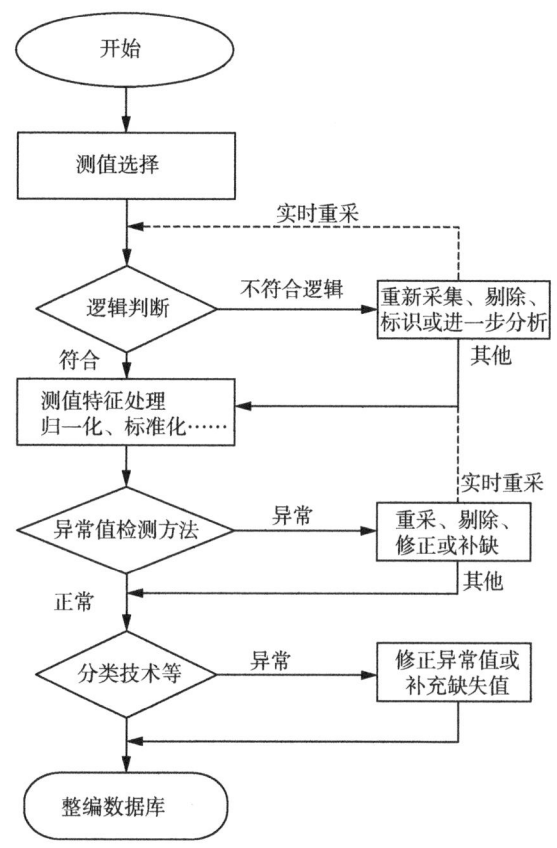

图 3-8　监测数据异常值处理流

引入的误差或方法的不当,若二次挖掘结果仍然异常则需要另行斟酌。

　　第三,数据处理的模式识别问题。水闸工程安全的监测过程中出现越来越多的图片、影像等非结构性数据,基于模式识别的异常检测技术由于其强大的学习能力将成为此类非结构性数据处理的一个高度热门研究领域。

参考文献

［1］魏肖怡.大坝自动化监测数据粗差处理方法探究［J］.科技风,2019
　　　(31):227.

［2］邓波,王毅,姜忠,等.大坝变形监控数据处理的粗差识别方法及应用效
　　　果分析［J］.水利水电技术,2016,47(7):104-107.

［3］陶家祥,熊红阳,胡波.论大坝安全监测数据异常值的判断方法［J］.三峡

大学学报(自然科学版),2016,38(6):15-17+41.

[4] 陈锐,周书民. 改进的格拉布斯准则在氡浓度计数中的应用[J]. 核电子学与探测技术,2009,29(1):113-115.

[5] 顾冲时,吴中如. 大坝与坝基安全监控理论和方法及其应用[M]. 南京:河海大学出版社,2006.

[6] 周元春,甘孝清,李端有. 大坝安全监测数据粗差识别技术研究[J]. 长江科学院院报,2011,28(2):16-20.

[7] 吴中如,陈波. 大坝变形监控模型发展回眸[J]. 现代测绘,2016,39(5):1-3+8.

[8] 郝颖,冬雷,王丽婕,等. 基于数学形态学去噪的光伏发电限电异常数据识别算法[J/OL]. 中国电机工程学报:1-12[2022-05-20]. https://doi.org/10.13334/j.0258-8013.pcsee.211898.

[9] 林祥国,黄择祥. 利用 KD-树剔除机载雷达点云粗差的方法研究[J]. 测绘科学,2015,40(11):79-84.

[10] 黄华东,郭张军. 大坝安全智能监控模型对比分析研究[J]. 中国水运(下半月),2019,19(6):71-73.

[11] 洪艳. 改进灰色聚类法对边坡稳定性的预测评价[J]. 人民珠江,2018,39(6):85-88.

[12] KAUR, P. Outlier Detection Using Kmeans and Fuzzy Min Max Neural Network in Network Data[C]//8 th International Conference on Computational Intelligence and Communication Networks in Tehri, December 23-25,2016. New York: IEEE, 2016:693-696.

[13] KHANDELWAL M, SINGH T N. Artificial Neural Networks as a Valuable Tool for Well Log Interpretation[J]. Petroleum Science and Technology, 2010, 28(14): 1381-1393.

[14] BANESHI M, BEHZADIJO M, SCHAFFIE M, et al. Predicting Log Data by Using Artificial Neural Networks to Approximate Petrophysical Parameters of Formation[J]. Petrolewm Science and Technology, 2013, 31(12):1238-1248.

[15] YUN Y, WEI H, YONG M. Projected unscented Kalman filter for dynamic state estimation and bad data detection in power system[C]//12th IET International Conference on Developments in Power System

Protection in Copenhagen，March 31-April 03，2014. London：IET，2014：1-6.

[16] VALENTI M, TONELLI D, VESPERINI F, et al. A neural network approach for sound event detection in real life audio[C]∥25 th European Signal Processing Conference in Kos，August 28-September 02，2017. New York：IEEE，2017：2823-2827.

[17] 陈科贵，刘利，陈愿愿，等. BP 神经网络在钻孔测井资料分类识别杂卤石中的研究[J]. 中国石油大学学报（自然科学版），2016，40（4）：66-72.

[18] 朱红，孔德群，钱旭. 基于 ATD-BP 神经网络的页岩气产量预测方法[J]. 科学技术与工程，2017，17（31）：128-132.

[19] 项云飞，康志宏，郝伟俊，等. 基于线性回归与神经网络的储层参数预测复合方法[J]. 科学技术与工程，2017，17（31）：46-52.

[20] 韩红超. 量子粒子群 BP 神经网络在 GNSS 高程转换中的应用分析[J]. 测绘通报，2019（1）：85-88.

[21] 黄振贵.基于小波变换和灰色模型的变形监测数据分析[J].测绘与空间地理信息，2021，44（7）：221-224.

[22] 阿则古丽·图如普. 小波分析在突变信号处理中的应用研究[D]. 乌鲁木齐：新疆师范大学，2021.

[23] 张丽丽，张伟.基于小波变换的滤波方法的研究与应用[J]. 数字技术与应用，2020，38（10）：25-26.

[24] 王解先，连丽珍，沈云中. 奇异谱分析在 GPS 站坐标监测序列分析中的应用[J]. 同济大学学报（自然科学版），2013，41（2）：282-288.

[25] NIKOLAIDIS R. Observation of Geodetic and Seismic Deformation with the Global Positioning System[D]. San Diego：University of California，2002.

[26] 黄立人. GPS 基准站坐标分量时间序列的噪声特性分析[J]. 大地测量与地球动力学，2006，26（2）：31-33+38.

[27] 杨鸽，范振东，傅春江，等. 基于奇异谱分析的大坝安全监测数据异常值识别技术研究[J]. 水力发电，2021，47（8）：125-129.

[28] LIU J S, LU L, LU W M, et al. Data envelopment analysis 1978—2010：A citation-based literature survey[J]. Omega，2013，41（1）：3-15.

[29] 李丽萍,吴祥裕. 宜居城市评价指标体系研究[J]. 中共济南市委党校学报,2007(1):16-21.

[30] 董晓峰,刘星光,刘理臣. 兰州市城市宜居性的参与式评价[J]. 干旱区地理,2010(1):125-129.

[31] 宁艳杰,刘远军,张志强. 宜居城市生态住区评价模型研究[J]. 北京林业大学学报(社会科学版),2008,7(4):80-85.

[32] 范振东. 基于熵理论的混凝土坝变形安全监控 SVM 模型[J]. 水电能源科学,2017,35(5):88-91.

[33] 边肇祺,张学工,等. 模式识别(第二版)[M]. 北京:清华大学出版社,2000.

[34] 郭宏博. 模式识别及其在计算机视觉中的实现研究[J]. 电子技术与软件工程,2021(19):134-135.

[35] 曹倩倩. 模式识别理论及其在图像处理中的应用[J]. 赤峰学院学报(自然科学版),2015,31(20):33-35.

[36] 杨必胜,栾学晨. 城市道路网几何结构模式的自动识别方法[J]. 中国图象图形学报,2009,14(7):1251-1255.

[37] 赵凯,彭建春,石峰. 基于模式识别技术的短期负荷预测[J]. 湖南电力,2000(06):1-3+12.

[38] 卢剑,张学东,张健钦,等. 利用卷积神经网络识别交通指数时间序列模式[J]. 武汉大学学报(信息科学版),2020,45(12):1981-1988.

[39] CHANDOLA V,BANERJEE A,KUMAR V. Anomaly detection:A survey[J]. ACM Computing Surveys,2009,41(3):1-58.

[40] 吕承侃,沈飞,张正涛,等. 图像异常检测研究现状综述[J]. 自动化学报,2022,48(6):1402-1428.

[41] GIRSHICK R,DONAHUE J,DARRELL T,et al. Rich Feature Hierarchies for Accurate Object Detection and Semantic Segmentation [C]//Proceedings of the IEEE Conference on Computer Vision and Pattern Recognition,2014:580-587.

[42] GIRSHICK R. Fast R-CNN[C]//Proceadings of the IEEE International Conference Computer Vision,2015:1440-1448.

[43] REN S,HE K,GIRSHICK R,et al. Faster R-CNN:Towards Real-Time Object Detection with Region Proposal Networks[J]. IEEE Transac-

tions on Pattern Analysis and Machine Intelligence,2017,39(6):1137-1149.

[44] OUYANG W,WANG K,ZHU X,et al. Chained Cascade Network for Object Detection[C]//IEEE International Conference on Computer Vision in Venice, October 22-29, 2017. New York:IEEE,2017:1938-1946.

[45] REDMON J,DIVVALA S,GIRSHICK R,et al. You Only Look Once: Unified, Real-Time Object Detection[C]//Proceedings of the IEEE Conference on Computer Vision and Pattern Recognition,2016:779-788.

[46] LIU W,ANGUELOV D,ERHAN D,et al. SSD:Single Shot Multibox Detector[C]//Proceedings of the European Conference on Computer Vision. Cham:Springer,2016:21-37.

[47] 周谧,徐丹洋,孙成静,等.干蟾皮及其炮制品的指纹图谱建立与化学模式识别[J].药物分析杂志,2022,42(5):875-883.

[48] 贾权,郭计云,盛彬.激光雷达硬件故障数据的模式识别研究[J].激光杂志,2022,43(4):195-199.

[49] 熊超.模式识别理论及其应用综述[J].中国科技信息,2006(6):171-172.

·第四章· 结构静动态失稳准则分析

水闸是一种低水头水工建筑物,具有挡水和泄水双重作用。在水利工程中,水闸应用广泛,其重要性不言而喻,其安全性更是关键。因此,水闸结构除了应具有足够的强度和刚度外,还应有足够的稳定性,以确保结构的安全。

水闸结构的强度泛指水闸结构在荷载作用下抵抗破坏的能力;水闸结构的刚度是指结构在荷载作用下抵抗变形的能力;水闸结构的稳定性则是指水闸在荷载作用下保持原有平衡状态的能力。通常,水闸结构的最大应力或最大位移的测点是反映其强度和刚度的关键部位,需特别引起注意。水闸与设有表孔闸门的溢流重力坝的主要区别是其水头较低,抬高水位较少,闸门启闭放水挡水操作多,动力特性更为显著,有必要对水闸结构的静动态失稳准则进行分析。

4.1 基本概念

4.1.1 屈服准则

在一定的受力条件下,当各应力分量之间符合一定关系时,质点才开始进入塑性状态,这种关系称为屈服准则,也称塑性条件,一般可表示为:

$$F(\sigma_{ij}) = C \tag{4-1}$$

上式又称为屈服函数,式中 C 是与材料性质有关而与应力状态无关的常数,可通过试验求得。对于简单应力条件,我们很容易判定材料何时屈服、何时破坏,以及是加载还是卸载,它们都与应力或应变相关。但在复杂应力条件下,还必须有一个判定材料屈服、破坏的条件和加卸载条件。

一般地,屈服条件是应力(应变)状态的函数;破坏条件是破坏应力(应变)与破坏参量的函数;加卸载条件是加卸载应力和硬化参量的函数。屈服

条件也称屈服函数或屈服准则；破坏条件也称破坏函数或破坏准则；加卸载
条件一般称加载函数或加载准则。屈服准则是材料由弹性状态进入塑性状
态时的破坏准则，是破坏准则中的一种，破坏准则是材料进入无限塑性状态
或丧失对外抵抗能力的准则，破坏通常包括脆性断裂、塑性屈服。

4.1.2　屈服曲线的性质

在应力空间内屈服函数表示为屈服面（在二维应力空间内即为屈服曲
线）。根据不同的应力路径实验，在应力空间将这些屈服点连接起来，就形成
一个区分弹性状态和塑性状态的屈服面。

屈服曲面上所有的点都表示介质初次屈服时的应力状态。屈服曲面把
应力空间分成两个部分：应力点在屈服面内属弹性状态；在屈服面上的点材
料开始屈服。

对于理想塑性材料，应力点不可能跑出屈服面之外；对于硬化材料，在屈
服面外则属塑性状态的继续，此时屈服函数将是变化的，这种屈服函数一般
叫做加载函数，亦称后继屈服面或加载曲面。加载曲面的极限就是破坏曲
面。空间屈服曲面直观，但研究起来不方便，因此，常研究曲面在偏平面上的
交线，或某一为常数的平面（称子午面）与曲面的交线。屈服面在 π 平面上的
迹线一般称为 π 平面上的屈服曲线，屈服面与子午平面的交线称为子午平面
上的屈服曲线，如图 4-1 所示。

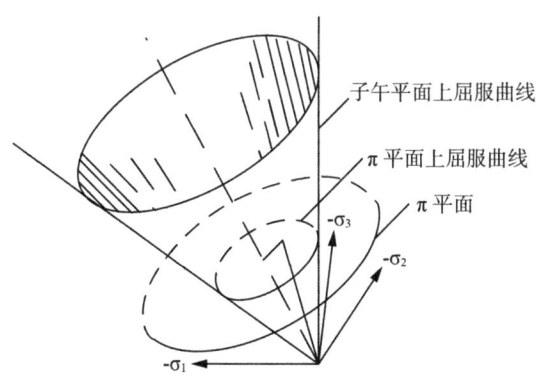

图 4-1　屈服曲线与屈服面

对理想塑性材料：屈服面内 $F(\sigma_{ij}) < 0$（弹性），屈服面上 $F(\sigma_{ij}) = 0$（屈
服），屈服面外 $F(\sigma_{ij}) > 0$ 不可能。

对于硬（软）化塑性材料：加载面 $\varnothing(\sigma_{ij}, H) < 0$（弹性），屈服面上 $\varnothing(\sigma_{ij}, H) = 0$（屈服）。

屈服面为一系列曲面，因而可在某一屈服面外（硬化），亦可在屈服面内（软化）。

π 平面上的屈服曲线具有如下特性：

（1）屈服曲线是一条封闭曲线，或是等倾线上的一个点。材料在屈服面内属弹性应力状态，所以屈服曲线在 π 平面内必定是封闭的，否则将出现某些条件下材料永不屈服的情况，这是不可能的；

（2）屈服曲线与坐标原点出发的任一向径必相交一次，且仅相交一次；

（3）屈服曲线一定是外凸的；

（4）对于拉压屈服相同的材料，屈服曲线为 12 个扇形的对称图形；对于拉压屈服不同的材料，屈服曲线为 6 个扇形的对称图形。

4.2　静力失稳准则

4.2.1　强度破坏准则

水闸为混凝土结构，多年来国内外许多专家学者提出了各种不同的混凝土强度破坏准则。本书总结了常见的混凝土强度破坏准则[1]，简要介绍如下。

4.2.1.1　最大拉应力准则（第一强度准则）

1876 年 Rankine 提出了最大拉应力强度准则，即 Rankine 模型，按照这个强度准则，无论材料处于什么应力状态，只要最大拉应力达到极限值，材料就会发生脆性断裂，即达到脆性破坏，应力点是否有其他法向或剪切应力对该准则没有影响。

破坏原因：σ_{tmax}（最大拉应力，与应力状态无关）

破坏条件：$\sigma_1 = \sigma_b$ （4-2）

强度条件：$\sigma_1 \leqslant \dfrac{\sigma_b}{n} = [\sigma]$ （4-3）

优点：形式简便，与某些脆性材料的拉伸试验结果相符合，适用于破坏形式为脆断的构件。

缺点：未考虑其他两个主应力 σ_2、σ_3 的影响，且对于单向受压或三向受压等没有拉应力的情况无法应用。

适用条件：虽然只突出 σ_1 而未考虑 σ_2、σ_3 的影响，它与铸铁、工具钢、工业陶瓷等多数脆性材料的实验结果较符合。特别适用于拉伸型应力状态（如 $\sigma_1 \geqslant \sigma_2 > \sigma_3 = 0$），混合型应力状态中拉应力占优者（$\sigma_1 > 0$，$\sigma_3 < 0$ 但 $|\sigma_1| > |\sigma_3|$）。

4.2.1.2　最大拉应变准则（第二强度准则）

该准则认为无论材料处于什么应力状态，发生脆性断裂的共同原因是单元体中的最大拉应变 ε_1 达到某个共同极限值 ε。在单向拉伸时，假定直到断裂仍可用胡克定律计算 $[\varepsilon]$，则 $[\varepsilon] = \dfrac{\sigma_b}{E}$。

按照该理论，在任意应力状态下，只要 ε_1 达到极限值 $\dfrac{\sigma_b}{E}$，材料就会发生断裂破坏。

破坏（断裂）原因：最大伸长线应变 ε_1（与应力状态无关）；

破坏条件：$\varepsilon_1 = [\varepsilon] = \dfrac{\sigma_b}{E}$ （4-4）

由广义胡克定律 $\varepsilon_1 = \dfrac{\sigma_b}{E}[\sigma_1 - \mu(\sigma_2 + \sigma_3)]$ 代入上式得到用应力表示的破坏条件和强度条件：

破坏条件：$\varepsilon_1 = \sigma_1 - \mu(\sigma_2 + \sigma_3) = \sigma_b$ （4-5）

强度条件：$\sigma_1 - \mu(\sigma_2 + \sigma_3) \leqslant [\sigma]$ （4-6）

式中：$[\sigma] = \dfrac{\sigma_b}{n}$。

优点：考虑了三个主应力 σ_1、σ_2、σ_3 的综合影响，与许多脆性材料的拉伸试验结果相符合。

缺点：不能广泛解释脆断破坏一般规律。

适用范围：虽然考虑了 σ_2、σ_3 的影响，它只与石料、混凝土等少数脆性材料的试验结果较符合，铸铁在混合型应力占优应力状态下（$\sigma_1 > 0$，$\sigma_3 < 0$ 但 $|\sigma_1| < |\sigma_3|$）的实验结果也较符合，但上述材料的脆断实验不支持本理论描写的 σ_2、σ_3 对材料强度的影响规律。

4.2.1.3　Tresca 屈服准则（第三强度准则）

1864 年法国工程师 Tresca 利用金属（铅）做了一系列挤压实验，提出当最大剪应力达到一定数值时（k），材料进入塑性状态，称为 Tresca 屈服准则。

Tresca 屈服准则也可称为最大剪应力准则,它认为当岩石中剪应力达到材料的特征值时,岩石就屈服破坏。

即当 $\sigma_1 > \sigma_2 > \sigma_3$ 时:

$$\tau_{\max} = \frac{1}{2}(\sigma_1 - \sigma_3) = K \text{(初始屈服条件)} \tag{4-7}$$

K 值可由实验确定:

如采用纯剪实验,$\sigma_1 = -\sigma_3 = \tau_s$,$\sigma_2 = 0$,代入 Tresca 屈服条件得 $\sigma_1 - \sigma_3 = 2\tau_s$,则 $K = \tau_s$,τ_s 为剪切屈服极限。

如采用单向拉伸实验,$\sigma_1 = \sigma_s$,$\sigma_2 = \sigma_3$,代入 Tresca 屈服条件得 $\sigma_1 - \sigma_3 = \sigma_s$,则 $K = \sigma_s/2$,σ_s 为拉伸屈服极限。

两个实验结果都可得到 K,如果要求两个 K 值相同,则必须有 $\tau_s = \sigma_s/2$,但对大多数金属 $\tau_s > \sigma_s/2$。

当三个主应力大小和次序未知时,Tresca 条件如下:

$$\begin{cases} \sigma_1 - \sigma_2 = \pm 2K & \text{六个平面方程在主应力空间} \\ \sigma_2 - \sigma_3 = \pm 2K & \quad\quad\quad\text{围成正六面体} \\ \sigma_3 - \sigma_1 = \pm 2K \\ K = \tau_s \text{ 或 } K = \sigma_s/2 \end{cases} \tag{4-8}$$

在平面问题中:$\sigma_3 = 0$,则 Tresca 条件为:

$$\sigma_1 - \sigma_2 = \pm 2K, \sigma_2 = \pm 2K, \sigma_1 = \pm 2K \tag{4-9}$$

优点:当知道主应力的大小顺序时,该准则应用简单方便。

缺点:未考虑正应力和静水压力对屈服的影响,屈服面有转折点和棱角,不连续。

适用范围:虽然只考虑了最大主剪应力 τ_{13},而未考虑其他两个主剪应力 τ_{12},τ_{32} 的影响,但与低碳钢、铜、软铝等塑性较好材料的屈服试验结果符合较好;并可用于像硬铝那样塑性变形较小,无颈缩材料的剪切破坏。

4.2.1.4 von Mises 屈服准则(第四强度准则)

1913 年,von Mises 提出了一个屈服准则,与三个剪应力均有关系,而 Tresca 屈服准则只考虑最大剪应力。表达式如下:

$$2J_2 = \frac{1}{3}[(\sigma_1 - \sigma_2)^2 + (\sigma_2 - \sigma_3)^2 + (\sigma_3 - \sigma_1)^2] = K_1^2 \tag{4-10}$$

式中,K_1 值可由实验确定。

如采用纯剪实验,$\sigma_1 = -\sigma_3 = \tau_s$,$\sigma_2 = 0$,Mises 屈服条件为:

$$(\sigma_1 - \sigma_2)^2 + (\sigma_2 - \sigma_3)^2 + (\sigma_3 - \sigma_1)^2 = 6\tau_s^2 \tag{4-11}$$

如采用单向拉伸实验,$\sigma_1 = \sigma_s$,$\sigma_2 = \sigma_3 = 0$,Mises 屈服条件为:

$$(\sigma_1 - \sigma_2)^2 + (\sigma_2 - \sigma_3)^2 + (\sigma_3 - \sigma_1)^2 = 2\sigma_s^2 \tag{4-12}$$

由两个实验结果都可得到 K_1,如果要求两个 K_1 值相同,则必须有 $\tau_s = \sigma_s / \sqrt{3}$,大多数金属材料的剪切屈服极限和拉伸屈服极限的关系基本接近 $\tau_s = \sigma_s / \sqrt{3}$。

如果以 σ_s(单向拉伸)为屈服条件的控制参数,则 Mises 条件的曲面圆柱为 Tresca 正六面体的外接圆柱体;如果以 τ_s(纯剪切)为屈服条件的控制参数,则 Mises 条件的曲面圆柱为 Tresca 正六面体的内接圆柱体。一些韧性较好材料(如钢、铜、铝)的薄壁圆管的实验结果比较符合 Mises 屈服条件。

在一定的变形条件下,当材料的单位体积形状改变的弹性位能(又称弹性形变能)达到某一常数时,材料就屈服。

von Mises 屈服准则的内容是:当点应力状态的等效应力达到某一与应力状态无关的定值时,材料就屈服;或者说材料处于塑性状态时,等效应力始终是不变的定值。

该理论简称为能量理论。它认为形状改变比能是引起屈服的主要原因,即只要形状改变比能达到某一极限值,材料就发生屈服。

表达式: $\quad u_f = (u_f)_u \tag{4-13}$

复杂应力状态 $\sigma_1 \geqslant \sigma_2 \geqslant \sigma_3$,

$$u_f = \frac{1+\mu}{6E}\left[(\sigma_1 - \sigma_2)^2 + (\sigma_2 - \sigma_3)^2 + (\sigma_3 - \sigma_1)^2\right] \tag{4-14}$$

简单拉伸屈服试验中的相应临界值:

$$\sigma_1 = \sigma_s ,\ \sigma_2 = \sigma_3 = 0 \tag{4-15}$$

$$u_f = \frac{1+\mu}{6E} \cdot 2\sigma_s^2 \tag{4-16}$$

形状改变比能准则:

$$\sqrt{\frac{1}{2}\left[(\sigma_1-\sigma_2)^2+(\sigma_2-\sigma_3)^2+(\sigma_3-\sigma_1)^2\right]}=\sigma_s \qquad (4-17)$$

相应的强度条件:

$$\sqrt{\frac{1}{2}\left[(\sigma_1-\sigma_2)^2+(\sigma_2-\sigma_3)^2+(\sigma_3-\sigma_1)^2\right]}\leqslant[\sigma] \qquad (4-18)$$

适用范围:该准则既突出了最大主剪应力对塑性屈服的作用,又适当考虑了其他两个主剪应力的影响,它与塑性较好材料的试验结果比第三强度理论符合得更好。此准则也称为第四强度理论,由于机械、动力行业遇到的荷载往往较不稳定,因而较多地采用偏向安全的第三强度理论;土建行业的荷载往往较为稳定,因而较多地采用第四强度理论。

优点:考虑了中主应力σ_2对屈服和破坏的影响;简单实用,材料参数少,易于实验测定;屈服曲面光滑,没有棱角,利于塑性应变增量方向的确定和数值计算。

缺点:未考虑静水压力对屈服的影响;未考虑单纯静水压力p对岩土类材料屈服的影响及屈服与破坏的非线性特性;未考虑岩土类材料在偏平面上拉压强度不同的S-D效应。

4.2.1.5 Mohr-Coulomb 屈服准则

不同于以上四个经典强度理论,莫尔理论致力于尽可能多地占有不同应力状态下材料失效的试验资料,用宏观唯象的处理方法力图建立对该材料普遍适用(不同应力状态)的失效条件。它是以各种状态下材料的破坏试验结果为依据的,而非简单地假设材料的破坏是由某一个因素达到了极限值而引起的,Mohr-Coulomb 屈服准则是 Coulomb 摩擦定律在一般应力状态下的推广。完整的 Mohr-Coulomb 屈服准则可以用三个以主应力表示的屈服函数来定义:

$$f_1=\frac{1}{2}\left|\sigma'_2-\sigma'_3\right|+\frac{1}{2}(\sigma'_2+\sigma'_3)\sin\varphi-c*\cos\varphi\leqslant 0 \qquad (4-19)$$

$$f_2=\frac{1}{2}\left|\sigma'_3-\sigma'_1\right|+\frac{1}{2}(\sigma'_3+\sigma'_1)\sin\varphi-c*\cos\varphi\leqslant 0 \qquad (4-20)$$

$$f_3=\frac{1}{2}\left|\sigma'_1-\sigma'_2\right|+\frac{1}{2}(\sigma'_1+\sigma'_2)\sin\varphi-c*\cos\varphi\leqslant 0 \qquad (4-21)$$

在屈服函数中出现的两个塑性模型参数是摩擦角φ和内聚力c。这些屈服函数在主应力空间内就组成了一个六棱锥,如图 4-2 所示。

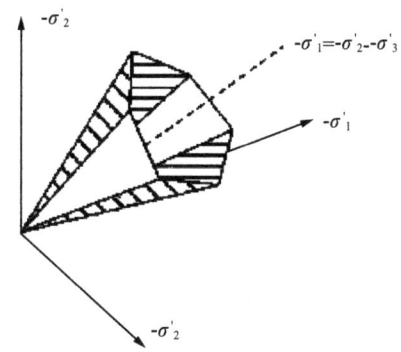

图 4-2 主应力空间的 Mohr-Coulomb 的屈服面

Mohr-Coulomb 强度破坏准则在三维主应力空间中是一个不规则的六棱锥体,在子午面上的投影是一个不规则的六边形,它能给出岩土类材料相对准确的破坏强度预测。Mohr-Coulomb 破坏准则没有考虑中间主应力对材料强度的贡献,相对而言是一个保守的强度破坏准则。

适用条件:塑性材料和脆性材料。

优点:反映岩土类材料的抗压强度不同的 S—D 效应对正应力的敏感性;反映了静水压力三向等压的影响;简单实用,参数简单易测。

缺点:未反映中主应力 σ_2 对屈服和破坏的影响;未考虑单纯静水压力引起的岩土屈服的特性;屈服面有转折点、棱角,不连续,不便于塑性应变增量的计算。

4.2.1.6 Drucker-Prager 准则

为了克服 Mises 准则未考虑静水压力对屈服与破坏产生影响的弱点,Drucker 与 Prager 于 1952 年提出了适用于岩土材料的考虑了静水压力影响的 Drucker-Prager 屈服与破坏准则,也称"广义 Mises 准则"。该准则考虑了中主应力 σ_2 对屈服和破坏的影响,且屈服面在偏平面上为圆形,这有利于塑性应变增量方向的确定和软件编程计算,因而得到了广泛的应用。其函数表达式为:

$$f(I_1,\sqrt{J_2}) = \sqrt{J_2} - \alpha I_1 - K = 0 \qquad (4\text{-}22)$$

$$f(P,q) = q - 3\sqrt{3}\alpha p - \sqrt{3}k = 0 \qquad (4\text{-}23)$$

$$f(\sigma_\sigma,\tau_\sigma) = \tau_\sigma - \sqrt{6}\alpha\sigma_\sigma - \sqrt{2}k = 0 \qquad (4\text{-}24)$$

式中，α 和 k 为 D-P 准则材料常数，它们与 M-C 准则的材料常数 c 和 φ 的关系为：

$$\alpha = \frac{\sin\varphi}{\sqrt{3}\sqrt{3+\sin^2\varphi}} = \frac{\tan\varphi}{\sqrt{9+\tan^2\varphi}} \tag{4-25}$$

$$k = \frac{\sqrt{3}c \cdot \cos\varphi}{\sqrt{3+\sin^2\varphi}} = \frac{3c}{\sqrt{9+12\tan^2\varphi}} \tag{4-26}$$

优点：考虑了中主应力 σ_2 对屈服和破坏的影响；简单实用，材料参数少，可以由 M-C 准则材料常数换算；屈服曲面光滑，没有棱角，利于塑性应变增量方向的确定和数值计算；考虑了静水压力对屈服的影响；更符合实际。

缺点：未考虑单纯静水压力 p 对岩土类材料屈服的影响及屈服与破坏的非线性特性；未考虑岩土类材料在偏平面上拉压强度不同的 S-D 效应。

4.2.1.7　强度理论的选用原则

四个强度破坏准则的比较如表 4-1 所示。

表 4-1　四个强度理论的比较

名称	最大拉应力理论	最大伸长线应变理论	最大剪应力理论	形状改变比能理论
	第一强度理论	第二强度理论	第三强度理论	第四强度理论
理论根据	当作用在构件上的外力过大时，其危险点处的材料就会沿最大拉应力所在截面发生脆断破坏	当作用在构件上的外力过大时，其危险点处的材料就会沿最大伸长线应变的方向发生脆断破坏	当作用在构件上的外力过大时，其危险点处的材料就会沿最大剪应力所在截面滑移而发生屈服破坏	当作用在构件上的形状改变比能达到某一极限值，材料就发生屈服
对材料破坏原因的假设	最大拉应力 σ_1 是引起材料脆断破坏的因素；也就是说不论在什么样的应力状态下，只要构件内一点处的三个主应力中最大的拉应力 σ_1 到达材料的极限值 σ_{jx}，材料就会发生脆断破坏	最大伸长线应变 ε_1 是引起材料脆断破坏的因素；也就是说不论在什么样的应力状态下，只要构件内一点处的最大伸长线应变 ε_1 到达了材料的极限值 ε_{jx}，材料就会发生脆断破坏	最大剪应力 τ_{max} 是引起材料屈服破坏的因素；也就是说不管在什么样的应力状态下，只要构件内一点处的最大剪应力 τ_{max} 达到材料的极限值 τ_{jx}，该点处的材料就会发生屈服破坏	形状改变比能 u_d 是引起材料屈服破坏的因素；也就是说不论在什么样的复杂应力状态下，只要构件内一点处的形状改变比能达到材料的极限值 u_{djx}，该点处的材料就会发生屈服破坏

续表

名称		最大拉应力理论	最大伸长线应变理论	最大剪应力理论	形状改变比能理论
		第一强度理论	第二强度理论	第三强度理论	第四强度理论
材料极限值	获得方法	通过任意一种使试件发生破坏的试验来确定	通过任意一种使试件发生脆断破坏的试验来确定	通过任意一种使试件发生屈服破坏的试验来确定	
	表示	极限应力 σ_{jx} 由简单的拉伸试验知，$\sigma_{jx}=\sigma_b$	极限应变 ε_{jx} 由单向拉伸试件在拉断时其横截面上的正应力 σ_{jx} 决定，$\varepsilon_{jx}=\sigma_{jx}/E$	极限剪应力 τ_{jx} 由单向拉伸试验知，$\tau_{jx}=\sigma_s/2$，σ_s 为材料的屈服极限	极限形状改变比能 u_{djx} 在简单拉伸条件下因 $\sigma_1=\sigma_s$，$\sigma_2=\sigma_3=0$，$u_{djx}=\dfrac{1+\mu}{6E}[2\,\sigma_s^2]$
材料破坏条件		脆断破坏 $\sigma_1=\sigma_b$	脆断破坏 $\varepsilon_1=\varepsilon_{jx}=\sigma_{jx}/E$	屈服破坏 $\tau_{\max}=\tau_{jx}=\sigma_s/2$	屈服破坏 $u_d=u_{djx}$
强度条件		$\sigma_1=[\sigma]$，$[\sigma]$ 由 σ_b 除以安全系数得到，公式中的 σ_1 必须为拉应力	$[\sigma_1-\mu(\sigma_2+\sigma_3)]\leqslant[\sigma]$，$[\sigma]$ 由 σ_{jx} 除以安全系数得到	$(\sigma)_1-\sigma_3)\leqslant[\sigma]$，$[\sigma]$ 由 σ_s 除以安全系数得到	
说明		该理论在 17 世纪就已提出，是最早的强度理论；此理论基本上能正确反映出某些脆性材料的强度特性。用铸铁圆筒做试验，使其承受内压并另加轴向拉力，其试验结果与最大拉应力理论符合得较好。所以这一理论可用于承受拉应力的某些脆性金属，例如铸铁	用铸铁制成的薄壁圆管试件在静荷载的内压、轴向拉（压）以及扭转的外力矩联合作用下进行的试验表明，第二强度理论并不比第一强度理论更符合试验结果。工程实际中更多地采用第一强度理论	这一理论的缺点是没有考虑中间主应力 σ_2 对材料屈服的影响	从公式可以看出，公式右边的三个主应力之差分别为三个最大剪应力的两倍，因此，第四强度理论从物理本质上讲，也可归类于剪切型的强度理论

根据不同类型材料来选用强度理论。

（1）塑性材料

第三强度理论：可进行偏保守（安全）设计。

第四强度理论：可用于更精确设计，要求对材料强度指标和荷载计算较有把握。

（2）脆性材料

第一强度理论：用于拉伸型和拉应力占优的混合型应力状态。

第二强度理论:仅用于石料、混凝土等少数材料。

对于常温、静载但具有某些特殊应力状态的情况,不能只看材料,还必须考虑应力状态对材料弹性失效状态的影响,根据所处失效状态选取强度理论。

塑性材料(如低碳钢)在三向拉伸应力状态下呈脆断破坏,应选用第一强度理论,但此时的失效应力应通过能造成材料脆断的试验获得;

脆性材料(如大理石)在三向压缩应力状态下呈塑性屈服失效状态,应选用第三、第四强度理论,但此时的失效应力应通过能造成材料屈服的试验获得;

脆性材料在压缩型或混合型压应力占优的应力状态下,像铸铁一类脆性材料均具有的性能,可选择 Mohr-Coulomb 强度理论;

对于塑性材料(除三轴拉伸外),应采用第三、第四强度理论;

在三轴压缩应力状态下,对塑性和脆性材料一般采用第四强度理论。

最后,要注意强度设计的全过程:要确定构件危险状态、危险截面、危险点,危险点的应力状态。

4.2.2 断裂准则

传统的强度准则是在基于材料力学假定材料为均匀连续的前提下提出的,断裂力学则认为材料均匀性假设仍成立,但且仅在缺陷处不连续。断裂力学[1]在力学分析中引入了裂纹的概念,认为断裂的发生源于裂纹的扩展,裂纹尖端应力应变场强度的大小决定了裂纹能否扩展。它从弹性力学或弹塑性力学方程出发,把裂纹作为一种边界条件,考察裂纹顶端的应力场、应变场和位移场,设法建立这些场与控制断裂的物理参量的关系和裂纹尖端附近的局部断裂条件。

水闸结构由于长期承受水压力和受到工作环境等特殊因素的影响,经常会发生开裂。混凝土开裂是水闸工程最为常见的缺陷之一,严重的会恶化结构应力状态,破坏其整体性和抗渗性,危害其安全运行,需要引起高度重视。

现有对水工建筑物裂缝的研究大多基于线弹性和弹塑性损伤理论,根据规范裂缝宽度验算公式,根据钢筋应力验算裂缝宽度。通常损伤力学是对分布于材料内部的损伤演化到形成确定尺寸的宏观裂纹之前这一阶段的研究,将材料的微缺陷理解为一连续变量场即损伤场,研究损伤发展对材料宏观性能劣化的影响;对于裂缝的具体位置及裂缝的宽度等,无法给出确定答案,只能依照某些假设或后处理。如王海军等人[2]假定当拉伸损伤超过 0.087 时,混凝土应力应变曲线进入软化阶段,损伤超过 0.85 时,即某个主方向的弹性模量降为原来的 2.25% 时,混凝土宏观开裂或者压碎。

目前,研究混凝土开裂准则可以从应力、应变、位移和能量四方面出发。如从能量分析出发,认为物体在裂纹扩展中所能够释放出来的弹性能,必须与产生新的断裂面所消耗的能量相等。从应力强度出发,认为裂纹扩展的临界状态,是由裂纹前缘的应力场的强度达到临界值来表征的。

4.2.2.1　应力强度因子准则(K 准则)

应力强度因子准则认为,当材料的应力场强度因子增加到某一临界值,使裂纹顶端区域内足够大的体积内都达到使材料分离的应力而导致裂纹的迅速扩展,这时的应力场强度因子的临界值称为断裂韧性,通常用 K_{IC} 表示。

经推导,各种类型裂尖应力和位移场可表示为:

$$\sigma_{ij}^{(I)} = \frac{K_I}{\sqrt{2\pi r}} f_{ij}^{(I)}(\theta) \qquad i,j = 1,2,3 \qquad (4\text{-}27)$$

$$u_i^{(I)} = K_I \sqrt{\frac{r}{\pi}}\, g_i^{(I)}(\theta) \qquad\qquad i = 1,2,3 \qquad (4\text{-}28)$$

若上标写成 II、III,代表 II 型或 III 型裂纹。应力场有如下三个特点:

(1)在裂缝尖端,应力趋于无穷大,即在裂尖出现奇异点;

(2)裂纹尖端附近区域的应力分布是 r 和 θ 的一定函数关系,与无限远处的应力和裂纹长度无关;

(3)应力强度因子 K_I 在裂缝尖端是有限量,应力与 K_I 成正比。

由上述裂尖应力场的特点,可认为:

(1)用应力为参量建立如传统的强度条件失去意义;

(2)应力强度因子是有限量,它是代表应力场强度的物理量,用其作为参量建立破坏条件是合适的。

应力强度因子一般形式:

$$K_I = Y\sigma\sqrt{\pi a} \qquad (4\text{-}29)$$

式中:σ——名义应力,即裂纹位置上按无裂纹计算的应力;

a——裂纹尺寸,即裂纹长或深;

Y——形状系数,与裂纹大小、位置有关。

应力强度因子单位:$N \cdot m^{-3/2}$。K_I 是由荷载及裂纹体的形状和尺寸决定的量,是表示裂纹尖端应力场强度的一个参量,由弹性理论的方法进行计算,所以一般只适用于线弹性材料的断裂;而断裂韧度 K_{IC} 是材料具有的一种机械性能,表示材料抵抗脆性断裂的能力,由试验测定,断裂准则如下式所示:

$$K_I \geqslant K_{IC} \tag{4-30}$$

利用应力强度因子判据对裂缝体进行断裂分析的主要步骤如下:

(1) 准确掌握构件的伤情:裂纹的形状、尺寸、位置(无损探伤 NDT);

(2) 对缺陷进行简化:裂纹的模型;

(3) 测定材料的平面应变断裂韧度。

确定应力强度因子的方法有以下三种:

(1) 解析法:该法只能计算简单问题;

(2) 数值解法:大多数问题需要采用数值解法,该方法是通过数值分析求出裂纹尖端附近应力场的近似表达式,由定义建立应力强度因子的表达式,当前工程中广泛采用的数值解法是有限单元法;

(3) 实验方法:对于复杂问题,用数值解法仍有困难,往往应用实验方法,包括柔度法、网络法、光弹性法、激光全息法、激光散斑法、云纹法、蚀刻条纹法等。

4.2.2.2 COD 开裂准则

在塑性变形比较大的情况下,裂纹尖端形貌会发生明显的张开,因此 Wells 在大量实验和工程经验的基础上提出以裂纹尖端张开位移(Crack Opening Displacement,简称 COD)作为弹塑性情况下的断裂参数,并以此建立了相应的裂纹扩展准则,称为 COD 准则,该准则在结构的安全评定等领域得到了较广泛的应用。

COD 断裂准则认为当裂纹尖端张开位移 δ 达到临界值 δ_c 时,裂纹启裂。裂纹开裂与失稳扩展是两个不同的概念。裂纹扩展的稳定性由下式判断:

$$\frac{\partial \delta}{\partial a} \begin{cases} > \dfrac{\partial \delta_R}{\partial a} & \text{失稳扩展} \\ = \dfrac{\partial \delta_R}{\partial a} & \text{随遇扩展} \\ < \dfrac{\partial \delta_R}{\partial a} & \text{稳定扩展} \end{cases} \tag{4-31}$$

对于随遇扩展的情况:

$$\frac{\partial^2 \delta}{\partial a^2} < \frac{\partial^2 \delta_R}{\partial a^2} \qquad 裂纹稳定 \qquad (4-32)$$

$$\frac{\partial^2 \delta}{\partial a^2} \geqslant \frac{\partial^2 \delta_R}{\partial a^2} \qquad 裂纹失稳 \qquad (4-33)$$

在大范围屈服的情况下,Wells 建议的公式

$$\delta \approx \frac{(\sigma^\infty)^2 \pi a}{E \sigma_0} \qquad (4-34)$$

不成立,可以作为一种简单近似。

Burdekin 通过实验和理论分析,建议采用如下的拟合公式:

$$\delta = \begin{cases} 2\pi \varepsilon_s a \left(\dfrac{\varepsilon^\infty}{\varepsilon_s}\right)^2, \dfrac{\varepsilon^\infty}{\varepsilon_s} \leqslant 0.5 \\ 2\pi \varepsilon_s a \left(\dfrac{\varepsilon^\infty}{\varepsilon_s} - 0.25\right), \dfrac{\varepsilon^\infty}{\varepsilon_s} > 0.5 \end{cases} \qquad (4-35)$$

式中:ε^∞ 为远场应变,ε_s 为屈服应变。

COD 准则的优点:测定方法简单;能有效地解决中、低强度钢焊接结构及压力容器断裂分析问题。

COD 准则的缺点:与实际的裂纹尖端变形情况存在着明显的偏差,该法偏于保守;定义尚不统一,这给数据的测量与使用带来不便。

该理论一直作为弹塑性断裂力学领域判断裂纹开裂的重要准则被广大研究学者采用。特别是在应用于焊接结构和压力容器的安全分析时是很有效的,因此 COD 准则在化工、核工业等领域应用比较广泛。由于 COD 准则的定义在当今并不明确统一,且裂纹尖端的实际张开位移并不存在[3],因此还发展了一些如 CMOD(裂纹口张开位移)[4-5]、CTOD(裂缝尖端张开口位移)[6]等理论。

4.2.2.3　能量准则(G 准则)

Griffith 是 20 世纪 20 年代英国著名的科学家,他在断裂物理方面有相当大的贡献,其中最大的贡献是提出了能量释放(Energy Release)理论,即 G 准则,以及根据这个观点建立了断裂判据。以下介绍根据 Griffith 观点而发展起来的弹性能释放理论,此理论在现代断裂力学中仍占有相当重要的地位。

能量平衡的思想可以表示为:裂纹扩展力＝裂纹的扩展阻力,其中裂纹的扩展力可以用势能的释放提供(如弹性能),裂纹的扩展阻力即形成新表面

的表面能(或者塑性耗散能)。Griffith 理论揭示出脆断过程受控于应变能释放率,这一物理参量被称之为能量释放率:

$$G = -\frac{\partial U_e}{\partial A}\big|_\Delta \qquad (4\text{-}36)$$

当 $G = G_c$ 时裂纹起裂,G 的量纲:N/m,是一种广义能量力,与荷载、裂纹几何形态、材料性能和应力状态有关。当裂纹处于临界状态时,需要利用稳定性条件来判定该裂纹是失稳扩展还是扩展中止,即:

$$\begin{cases} \dfrac{\partial G}{\partial a} > \dfrac{\partial G_c}{\partial a} & \text{失稳扩展} \\[2mm] \dfrac{\partial G}{\partial a} = \dfrac{\partial G_c}{\partial a} & \text{随遇平衡} \\[2mm] \dfrac{\partial G}{\partial a} < \dfrac{\partial G_c}{\partial a} & \text{稳定裂纹} \end{cases} \qquad (4\text{-}37)$$

在 Griffith 弹性能释放理论的基础上,Irwin 和 Orowan 从热力学的观点出发重新考虑了断裂问题,提出了能量平衡理论。

假设 W 为外界对系统所做的功,U 为系统储存的应变能,T 为动能,D 为不可恢复的消耗能,则 Irwin-Orowan 能量平衡理论可表达为:

$$\frac{dW}{dt} = \frac{dU}{dt} + \frac{dT}{dt} + \frac{dD}{dt} \qquad (4\text{-}38)$$

假定裂纹处于准静态,例如裂纹是静止的或是以稳定速度扩展,则动能不变化,即 $dT/dt = 0$。若所有不可恢复的消耗能都是用来制造裂纹新面积,则:

$$\frac{dD}{dt} = \frac{dD}{dA_t}, \frac{dA_t}{dt} = \gamma_P \frac{dA_t}{dt} \qquad (4\text{-}39)$$

式中:A_t 为裂纹总面积,γ_P 为表面能。

由上得出 Irwin-Orowan 断裂判据为:

$$\frac{d(W-U)}{dA} - \gamma_P = 0 \qquad (4\text{-}40)$$

综上所述 Irwin-Orowan 断裂判据和 Griffith 断裂判据在本质上是等价的,因为 dW 代表外界对系统做功的变化量,dU 代表系统弹性能的变化量,所以为在裂纹尖端释放而使裂纹扩展的能量,因此 $\dfrac{d(W-U)}{dA}$ 就是 Griffith 能量释放率。

Griffith 断裂判据、能量释放率判据、应力强度因子判据,这些都是建立在线弹性力学的本构关系和脆性断裂基础上的理论,不允许裂端有较大的塑性变形。由于弹性应力场在裂纹前端的奇异性使弹性体裂纹前端不可避免地会出现塑性区,当塑性区较小时,线弹性断裂力学公式一般能适用(或经过修正能适用)。但实际工程中往往应用的材料是塑形或者韧性材料,属于"大范围屈服"甚至是"全面屈服",线弹性断裂力学不再适用。

4.2.2.4　J 积分断裂准则

裂缝前缘区域的弹塑性应力场的封闭解是很难得到的,为了避开求解裂缝前缘塑性应力、应变场时数学上的困难,1968 年 Rice[7] 提出了一个绕裂缝前沿与路径无关的守恒积分,该积分能够描述裂缝前缘局部集中的应力场和应变场平均强度,是一个能够综合度量应力应变场强度的物理量。Rice、Rosegren 和 Hutchinson[8] 分别独自地用 J 积分对平面裂缝前缘塑性应力场作了近似分析,得到了裂缝前缘应力、应变场具有 HRR 奇异性,这是 Irwin-Orowan 应力场理论的自然延伸。

J 积分的定义如下:

$$J = \int_C \left(W_1 \mathrm{d}y - T_i \frac{\partial u_i}{\partial x} \mathrm{d}s \right) \tag{4-41}$$

式中:C——由裂缝下表面某点到裂缝上表面某点的简单的积分路线;

W_1 ——弹塑性应变能密度;

T_i ——线路上作用于 ds 积分单元上 i 方向的面力分量;

u_i ——线路上作用于 ds 积分单元上 i 方向的位移分量。

可以证明上式的 J 积分与积分路线的选取无关,因此,可选取应力应变场较易求解的路线来得到 J 积分值。当 J 积分达到临界值J_c时,裂缝起始扩展的条件为 $J = J_c$。

裂缝扩展分为稳定扩展和不稳定扩展两种形式。对于裂缝的稳定缓慢扩展,上式代表裂缝的开裂条件;对于不稳定的快速扩展,上式代表裂缝的失稳条件[9]。J 积分可较好地作为弹塑性条件下的断裂参数,对于裂缝前缘的塑性区由于裂缝的扩展而出现应力松弛、卸载的情况,J 积分就不再有效。

4.2.2.5　复合型裂纹断裂准则

实际结构中由于荷载、结构、裂缝方位及材料各向异性等因素往往使裂缝不是单一的受力类型,因此复合型裂纹的分析有着重要的工程意义。复合型裂纹的断裂准则基本上都是围绕以下两个问题展开的:①裂纹沿什么方向扩展;②裂纹在什么条件下扩展。即确定裂纹初始扩展的方位角和裂纹扩展的临界荷载。比较常用的方法一是应力参数型,如最大周向应力准则;二是能量型,如应变能密度因子准则,能量释放率准则。

(1) 最大周向应力准则

国外学者 Erdogan 和 Sih 首先提出了最大周向应力理论(又称为最大拉应力理论)。该理论假定:①裂纹沿最大周向应力的方向开裂;②裂纹扩展是由于最大周向应力达到了某一临界值而导致。对于 I-II 复合型裂纹问题,裂纹尖端附近的极坐标应力分量表达式为:

$$\sigma_r = \frac{1}{2\sqrt{2\pi r}}\left[K_I(3-\cos\theta)\cos\frac{\theta}{2}+K_{II}(3\cos\theta-1)\sin\frac{\theta}{2}\right] \quad (4\text{-}42)$$

$$\sigma_\theta = \frac{1}{2\sqrt{2\pi r}}\cos\frac{\theta}{2}\left[K_I\cos^2\frac{\theta}{2}-K_{II}\sin\theta\right] \quad (4\text{-}43)$$

$$\tau_{r\theta} = \frac{1}{2\sqrt{2\pi r}}\cos\frac{\theta}{2}\left[K_I\sin\theta+K_{II}(3\cos\theta-1)\right] \quad (4\text{-}44)$$

上述裂纹尖端的极坐标应力分量公式,在极半径 r 远远小于裂纹半长度 a 时适用。根据最大拉应力理论的假定,建立起相应的断裂判据:

$$(\sigma_\theta)_{\max} = (\sigma_\theta)_c \quad (4\text{-}45)$$

$(\sigma_\theta)_c$ 为最大周向应力的临界值,可以由 I 型裂纹的断裂韧度 K_{IC} 来确定,由于 I 型裂纹总是沿着原裂纹面的方向扩展,因此,开裂角 $\theta_0 = 0$,然后:

$$(\sigma_\theta)_c = \frac{K_{IC}}{\sqrt{2\pi r}} \quad (4\text{-}46)$$

$$\cos\frac{\theta_0}{2} = \left[K_I\cos^2\frac{\theta_0}{2}-\frac{3}{2}K_{II}\sin\theta_0\right] = K_{IC} \quad (4\text{-}47)$$

这就是最大周向应力理论建立起来的 I-II 复合型裂纹的断裂判据。

(2) 形状改变比能准则

以裂纹尖端附近塑性屈服区内的总形状改变比能为依据,建立了复合型裂纹扩展的形状改变比能准则。该准则考察的是裂纹尖端塑性区域内总形状改变比能的变化对裂纹扩展的作用,这样比用裂纹尖端附近某一点处的一个力学参量的变化来描述裂纹扩展更符合实际情况。建立的复合型裂纹扩展的形状改变比能准则(以下简称为 U_d 准则)成功地预测了复合型裂纹的扩展角和临界荷载。

在偏斜应力状态下的形状改变比能密度为:

$$W_d = \frac{1+\nu}{6E}[(\sigma_x - \sigma_y)^2 - (\sigma_y - \sigma_z)^2 - (\sigma_z - \sigma_x)^2 + 6(\tau_{xy}^2 + \tau_{xz}^2 + \tau_{yz}^2)]$$

$$(4-48)$$

复合荷载作用下,裂纹尖端附近的应力场方程代入上式,得到形状改变比能密度的表达式为:

$$W_d = \frac{1}{16\pi_\mu r}(c_{11} K_I^2 + 2 c_{12} K_I K_{II} + c_{22} K_{II}^2 + c_{33} K_{III}^2) \quad (4-49)$$

系数为:

$$c_{11} = (\zeta + 1) + \zeta\cos\theta - \cos^2\theta \quad (4-50)$$

$$c_{12} = \sin2\theta - \zeta\sin\theta \quad (4-51)$$

$$c_{22} = (\zeta + 4) - \zeta\cos\theta - 3\sin^2\theta \quad (4-52)$$

$$c_{33} = 4 \quad (4-53)$$

U_d 准则假设:裂纹初始扩展的方向 θ 是裂纹尖端至弹塑性边界最小距离的方向;当弹塑性边界内的总形状改变比能 U_d 达到 I 型断裂形状改变比能的临界值 U_d 时,则裂纹开始失稳扩展。

裂纹尖端附近的弹塑性边界线可由塑性理论中的 von Mises 屈服准则确定。可得开裂角方程:

$$K_I^2(\sin2\theta - \zeta\sin\theta) + 2 K_I K_{II}(2\cos2\theta - \zeta\cos\theta) + K_{II}^2(\zeta\sin\theta - 3\sin2\theta) = 0$$

$$(4-54)$$

复合裂纹断裂包络面方程:

$$b_{11} K_I^4 + b_{12} K_I^2 K_{II}^2 + b_{13} K_I^2 K_{III}^2 + b_{23} K_{II}^2 K_{III}^2 + b_{22} K_{II}^4 + b_{33} K_{III}^4 = K_{IC}^4$$

$$(4-55)$$

其中：

$$
\begin{cases}
b_{11} = 1 \\[2mm]
b_{12} = \dfrac{24\,\zeta^2 + 48\zeta + 30}{12\,\zeta^2 + 8\zeta + 3} \\[3mm]
b_{13} = \dfrac{64\zeta + 32}{12\,\zeta^2 + 8\zeta + 3} \\[3mm]
b_{23} = \dfrac{64\zeta + 160}{12\,\zeta^2 + 8\zeta + 3} \\[3mm]
b_{22} = \dfrac{12\,\zeta^2 + 40\zeta + 59}{12\,\zeta^2 + 8\zeta + 3} \\[3mm]
b_{33} = \dfrac{128}{12\,\zeta^2 + 8\zeta + 3}
\end{cases}
\tag{4-56}
$$

上式为复合型裂纹扩展的形状改变比能准则的基本方程。

断裂力学无法分析宏观裂纹出现以前材料中的微缺陷或微裂纹的形成，及其发展对材料力学性能的影响，而且许多微缺陷的存在并不都能简化为宏观裂纹，这是断裂力学的局限性。经典的固体力学理论虽然完备地描述了无损材料的力学性能（弹性、黏弹性、塑性、黏塑性等），然而，材料或介质的工作过程就是不断损伤的过程，用无损材料的本构关系描绘受损材料的力学性能显然是不合理的。

4.3 动力失稳准则

4.3.1 动力稳定性问题

对于结构的动力稳定性问题，由于时间参数的引入，使其变成了一个动态的问题。此时，作用在结构上的动力荷载由两部分组成，第一部分是静态荷载，其不随时间变化；第二部分是动态荷载，其值随时间的变化而改变。因此，动力稳定性问题要比静力问题复杂得多，特别是在地震、风等极其复杂的荷载作用下的动力稳定性问题就变得更加棘手。

根据结构所受动力荷载形式的不同，动力稳定性问题大致可以分为以下三类。

（1）周期性荷载作用下结构的动力稳定性问题

结构在周期性荷载（如简谐荷载等）作用下，当外荷载的频率与结构的自振频率相接近时,结构的振幅响应剧烈,即结构在该周期荷载作用下产生了共振现象。对于结构参数共振这类问题,可采用马奇耶-希拉方程进行分析[10]。在周期相同的解之间存在着动力不稳定区域,这样便把动力稳定性问题归结为确定微分方程具有周期解的条件,从而解决了动力稳定的判别问题。但此方法也有其局限性,对于大变形的几何非线性结构,结构的刚度矩阵需要经过多次迭代过程,微分方程也就变得非常复杂,这些理论也将难以成立。

（2）冲击荷载作用下结构的动力稳定性问题

对结构承受冲击荷载作用下的动力稳定性的理论和试验研究主要集中在理想脉冲作用下以及阶跃荷载作用下的动力稳定性。Lindberg[11]放大函数法研究了阶跃荷载作用下结构的动力稳定性问题。Gary[12]对钢杆与铅杆进行了撞击试验,并利用有限差分法求解了扰动微分方程。Sevin[13]采用有限差分法讨论了轴向惯性对冲击动力稳定性的影响。同时,国内学者李庆明[14]在讨论初始缺陷下弹性杆动力屈曲问题时,提出了屈曲相关初始缺陷的概念,并将初始缺陷分为与屈曲相关的初缺陷和与屈曲无关的初缺陷。

（3）随动荷载作用下结构的动力稳定性问题

随动荷载是指随着时间的变化荷载值大小和方向不断变化但幅值保持不变的作用力,如动水、地震等荷载。对于此类荷载作用下的动力稳定性分析常采用结构动力学时程响应分析作为手段,并将这类荷载以确定性荷载的形式进行分析。通过跟踪结构的动力平衡路径全过程,从而得到结构各参数在荷载作用过程中的变化特性,并根据其变化规律有效地对结构动力稳定性进行判定[15]。

水闸作为一种低水头大流量水工建筑物,受动水作用及地震影响明显,采用静力分析方法不符合其实际工作性态,因此有必要对水闸进行动力稳定性研究,如何对水闸结构进行动力稳定的分析也成为了热门课题。

4.3.2　结构动力稳定性判定准则

水闸结构动力稳定性研究的首要问题是建立动力稳定性判定准则,并运用准则对结构动力稳定性进行判定。国内外研究者对结构的动力稳定性问题进行了大量的研究后,提出了一些较为实用的判定准则[16],如图 4-3 所示。

（1）Movchan-Lyapunov 第二方法

Lyapunov 方法是建立在离散力学系统稳定性定义的基础上的。20 世纪60 年代,该方法成功地被推广到了连续系统,后又被成功运用到受随动荷载

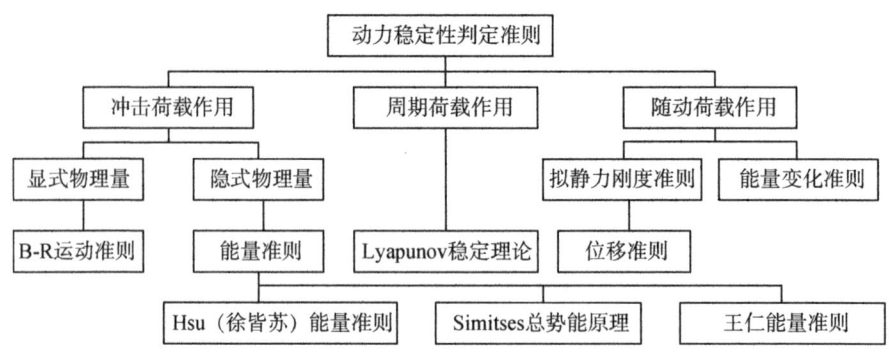

图 4-3　动力稳定性判定准则

作用的直杆和板壳等结构单元的弹性稳定性的动态分析中,并作了系统的阐述。该方法和 Lyapunov 方法一样是研究稳定性问题的严格方法,但其缺点是给不出统一的法则来构造 Movchan-Lyapunov 泛函,因而使其应用受到了局限。

(2) B-R 运动准则

该运动准则又称为运动方程法。该法通过运动方程直接求解位移和荷载的关系,这一思想起源于静力稳定性中的极值点失稳。由于该准则便于在计算机上实施,故被许多研究者采用。但是使用该准则时其计算量相当大,特别是当滞后屈曲发生时,需要计算各模态间的能量转化,这意味着必须考查较多循环的结构动力响应,才能得到正确的结果。同时,B-R 准则的应用需要合理地选取动力响应特征参数,特别是如何定义结构响应的巨大变化,很难有一个统一的标准。

(3) Hsu 能量准则

这一准则又称总能量-相平面法。它主要是通过研究动力系统在相平面内的运动轨迹来给出临界荷载的估计,对于某个具体结构,应用该准则可获得动力稳定条件的上、下限。然而必须注意到这种上、下限是一种保守的估计,有时可能过分保守,当必须使用数值方法时,则可能丢掉一些平衡点。

(4) Simitses 总势能原理

Simitses 准则又称总势能法。它利用能量平衡方程给出不同荷载水平下系统的总势能相对于广义坐标的曲线,由此可给出结构动力稳定和不稳定的临界条件。该准则只适用于后屈曲路径是不稳定的系统,如拱、圆柱壳等,对于杆、板一类的结构是不适用的。另一方面,对于杆等结构,如果认为当某个特征位移达到一规定值时,结构发生动态屈曲,推广了的 Simitses 准则也可以适用,Simitses 还将这个总势能原理推广到了静力预加载的结构。

(5) 时间冻结法

该法基本思想是首先通过动力分析给出应力场分布,然后假定是静态的(冻结时间),以所得的应力场作为前屈曲状态,再进行屈曲分叉分析。时间冻结法认为由屈曲前状态发展到屈曲状态的过程中,其应力是几乎不变的。该法曾被用于解决扁球壳的非轴对称动力稳定问题,另有学者对环向加肋圆柱壳进行分析时指出该方法是保守的。

(6) 王仁能量准则

王仁能量准则即有限时间内的塑性动力稳定准则,该准则给出了动力稳定性的充分条件。总体而言,王仁能量准则克服了放大函数法中人为因素的不足,可用于处理非保守系统的动力稳定性问题,特别是可用来讨论短时超强荷载作用下结构的塑性动力稳定问题。且其形式简单,便于应用,具有较为鲜明的物理意义。

(7) 放大函数法

从本质上看放大函数法讨论的是结构初缺陷在冲击荷载作用下被激发的行为,然而这种方法有一定的局限性。一方面它将分叉问题简单地等同于一个刚度问题或动力响应问题去处理,掩盖了分叉问题的物理本质;另一个方面,放大倍数具有很大的随意性。

(8) 准分叉理论

Lee 等在 20 世纪 70 年代末 80 年代初基于 Lyapunov 运动稳定性的一般概念,提出了一个有限时间内运动系统的稳定性判别准则,之后建立了连续体的动力准分叉理论。该理论应用于杆的动力稳定问题时,给出的屈曲模态和实验结果尚有一定差距,在弹塑性板壳问题中的应用等有待进一步的研究。

(9) 朱兆祥应力波准则

该准则是在研究理想弹性直杆中由于应力纵波的传播导致的动力稳定问题时被提出的,又被称为不确定性准则。该准则认为在所有可能的运动中,真实地发生屈曲的运动使归一化的模态变形能为极小。需要指出的是,应力波引起的结构的动力稳定问题目前理论上的分析只是初步的,考虑塑性和弯曲波的相互影响,如何建立一个合理的动力稳定性判别准则,在实验和理论两方面尚有艰巨的工作。

以上准则基本都基于强度、变形、能量方面来说,2000 年美国太平洋地震工程研究中心提出了基于性能的抗震设计和评估的概率法基本框架,该研究框架的基础为概率地震风险分析[17,18],主要用来计算结构在具体场地条件下超过给定性能极限状态的年平均超越概率。绝大多数研究采用精确的失效准则,即不同性能极限状态下阈值为固定值"一刀切"的方法。但在实际工程中,极限状态的边界是模糊不确定的,因此有学者将模糊失效准则引入概率地震风险分析理论,较好地解决了上述问题[19]。

4.3.3 结构动力分析的基本理论

水闸的动力失稳分析,首先需要对水闸结构进行动力分析,如采用有限元法计算结构的应力变形情况,然后再从水闸的受力、变形、能量等几个方面进行稳定性分析。本节对结构动力分析的相关基础知识进行简要介绍。

4.3.3.1 动力平衡方程

用有限元法分析结构振动问题以及动态响应问题,也和结构静力学问题一样,需要把结构划分成若干个离散的有限单元体。在考虑单元特性时,还要考虑在单元节点上由加速度引起的惯性力、阻尼力和弹性力等因素。采用有限元法分析结构的地震响应时,根据最小势能原理可以导出整个结构的动力平衡方程为:

$$[K]\{\delta\} + [C]\{\dot{\delta}\} + [M]\{\ddot{\delta}\} = -[M]\{\ddot{\delta}_g\} \qquad (4-57)$$

式中:$[M]$ 是结构的集中质量矩阵;$[K]$ 为结构的整体刚度矩阵;$[C]$ 为结构的阻尼矩阵;$\{\delta\}$、$\{\dot{\delta}\}$、$\{\ddot{\delta}\}$ 分别为结构的相对位移矩阵、相对速度矩阵和相对加速度矩阵;$\{\ddot{\delta}_g\}$ 为地震时的地面相对运动加速度矩阵。其中,$[M]$ 可由下列单元刚度矩阵 $[k]^e$、阻尼矩阵 $[c]^e$、质量矩阵 $[m_d]^e$ 集合而成。

$$[k]^e = \iiint\limits_{v^e} [B]^T [D] [B] \mathrm{d}v \qquad (4-58)$$

$$[m_d]^e = \iiint\limits_{v^e} \rho [N]^T [N] \mathrm{d}v \qquad (4-59)$$

$$[c]^e = \iiint\limits_{v^e} \gamma [N]^T [N] \mathrm{d}v \qquad (4-60)$$

式中:$[B]$ 为应变矩阵;$[D]$ 为弹性矩阵;$[N]$ 为形函数矩阵;ρ 为材料的密度;γ 为材料的阻尼系数。

4.3.3.2　结构自振特性的计算

模态分析是一种用来确定结构的振动特性的最基本的方法,主要是求解结构自身的动力特性,即结构的自振频率(固有频率)和振型。在动力方程(4-57)中,令 $\{\ddot{\delta}_g\}$ 为 0(即无阻尼),便得到自由振动方程。在实际工程问题中,阻尼对结构的自振特性影响极小,可以忽略阻尼的影响。因此由(4-57)式可得到结构无阻尼自由振动方程:

$$[K]\{\delta\} + [M]\{\ddot{\delta}\} = 0 \tag{4-61}$$

结构在自由振动时,假设结构各点均作简谐振动,各节点的位移可表示为:

$$\{\delta\} = \{\delta_0\}\cos\omega t \tag{4-62}$$

式中:$\{\delta_0\}$ 为节点振幅矩阵,即振型,ω 为圆频率。将公式(4-62)代入方程(4-61)中,由此可得广义特征方程为:

$$([K] - \omega^2[M])\{\delta_0\} = 0 \tag{4-63}$$

结构在自由振动时,各个节点的振幅不全为零,故特征方程(4-63)若有非零解,其必须满足条件:

$$|[K] - \omega^2[M]| = 0 \tag{4-64}$$

此公式称为特征方程。其中,ω^2 为结构自由振动的特征值。假定结构的刚度矩阵 $[K]$ 和质量矩阵 $[M]$ 都是 n 阶方阵,且 n 等于自由度的数目,所以公式(4-64)可以看成是关于 ω^2 的 n 次代数方程,则式(4-64)可以解出 n 个 ω^2 的特征值,按升序排列为:

$$0 \leqslant \omega_1{}^2 \leqslant \omega_2{}^2 \leqslant \cdots \leqslant \omega_n{}^2 \tag{4-65}$$

其中,第 i 个特征值 $\omega_i{}^2$ 算术平方根 ω_i 称为结构的第 i 阶频率。

对于每个自振频率,将 ω^2 代入公式(4-63)可求出 n 个 δ_0 值,即确定一组各个节点的振幅值 $\{\delta_0\}_t = [\delta_{0t1}, \delta_{0t2}, \cdots, \delta_{0tn}]^T$,称之为特征向量,在工程上通常称为结构的振型。

对于水工结构经离散化后自由度数目变大,而求结构地震动力反应时,只需求三到十个最低频率及相应的振型。因此,选择合适的分析方法将有助于提高动力的精度以及保证结构分析的准确性。

4.3.4 结构动力的研究方法

结构动力学问题主要包括动力特性分析和动力时程分析两种类型。对水闸的动力分析常采用以下几种方法。

1) 拟静力方法

在地震动力分析中,拟静力方法是一种比较常用的方法。中华人民共和国成立初期,水工混凝土结构抗震设计主要采用该法。在我国现行的抗震设计标准[20]中,拟静力方法常用于土石坝、重力坝、拱坝、水闸等建筑抗震计算;同时在国外,例如日本的大坝设计中同样采用了拟静力方法进行计算,俄罗斯《混凝土大坝的抗震安全评价》中,一些水工建筑物也使用拟静力方法进行计算[21]。

拟静力方法以静力法为基础,其基本思路是将地震所产生的作用效果等效简化为惯性力,然后将惯性力施加于研究对象上;同样,也有将地震作用效果简化为不同方向的加速度,然后将这些加速度再施加到研究对象上。拟静力方法的优势是思路清晰,概念明确,计算过程不复杂,耗时较少,计算中所需的各个参数确定较为简单,同时已有较多的设计案例参考,拥有丰富的工程经验。该法在一定程度上可以反映地震荷载的作用效果,但由于动力学问题转化为了静力学问题,会忽略研究对象本身材料的动力效应和结构的动力特性。该法适用于设计加速度较小,研究对象整体动力相互作用并不是特别突出的建筑结构抗震设计。使用拟静力方法进行水闸的相关设计与计算时,位于水闸建筑不同高程处的质点,它们的地震惯性力代表值在水平方向上,根据标准可使用的计算公式如下:

$$F_i = a_h \xi G_E \alpha_i / g \tag{4-66}$$

式中:F_i 为在质点 i 上的水平方向地震惯性力的代表值;a_h 为水平方向地震加速度的代表值;ξ 为地震作用效应的折减系数,一般取值 0.25;G_E 为集中在质点 i 的重力代表值;α_i 为质点 i 的地震惯性力的动态分布系数,其取值标准需按照相关规定取值,根据我国相应的标准取值;g 为重力加速度。

2) 振型分解反应谱法

振型分解反应谱法是先求解结构对应其各阶振型的地震作用效应后再组合成结构总地震作用效应的方法。该法是将多自由度体系的动力反应问题转化为一系列单自由度体系的反应问题的简化方法,可根据计算精度的要求选取适当的振型阶数。采用振型分解反应谱法进行结构物的抗震特性分析时,由于振型分解和振型之间存在正交的相互关系,可以将具有 n 个自由度的线弹性结构物等效地离散为 n 个独立的单自由度的单元体进行分析,再选取一定的方法将每个单自由度的振型特性拟合成为结构整体的地震效应。

一般情况下采用振型分解反应谱法进行抗震设计分析时需要基于以下三种假设:①结构物是线弹性结构;②忽略基础和与之相接触的土壤之间的相互影响,认为结构支撑处的所有点在受到地震作用时发生协同反应;③不考虑除地震作用外的其他动力影响,认为结构在受到地震作用时最大反应即为最不利反应。

(1)单自由度体系

单自由度体系中只有一个运动加速度,对其进行抗震分析时要根据牛顿第二定律建立标准运动方程,整理后如下式:

$$\left.\begin{array}{l} M\ddot{y} + c\dot{y} + Ky = -M\ddot{y}_g(t) \\ \ddot{y}(t) + 2\zeta\omega\,\dot{y}(t) + \omega^2 y(t) = -\ddot{y}_g(t) \end{array}\right\} \quad (4\text{-}67)$$

式中:y 为相对位移;ζ 为体系阻尼比,$\zeta = c/(2M\omega)$;ω 为自振原频率,$\omega = \sqrt{K/M}$。

求解式(4-67)可得到此微分方程的通解与特解。通解的一般形式为:

$$y(t) = e^{-\zeta\omega t}(c_1\cos\omega_d t + c_2\sin\omega_d t) = Ae^{-\zeta\omega t}\cos(\omega_d + \phi) \quad (4\text{-}68)$$

$$\omega_d = \omega\sqrt{1 - \zeta^2} \quad (4\text{-}69)$$

式中:c_1、c_2、A 和 ϕ 为积分常数;ω_d 为有阻尼体系的自振频率。

设 $t=0$ 时,位移与速度分别为 y_0 与 $\dot{y}_0$,则式(4-69)变为:

$$y(t) = e^{-\zeta\omega t}\left(y_0\cos\omega_d t + \frac{\dot{y}_0 + \zeta\omega\,y_0}{\omega_d}\sin\omega_d t\right) \quad (4\text{-}70)$$

实际工程中,阻尼比 ζ 的值通常很小,所以近似取 $\omega_d = \omega$。根据 Duhamel 积分特解可表示为:

$$y(t) = \int_0^t \frac{-\ddot{y}_g(\tau)}{\omega} e^{-\zeta\omega(t-\tau)}\sin(t - \tau)\mathrm{d}t \quad (4\text{-}71)$$

由此进行积分计算可求得结构上质点的绝对加速度:

$$\ddot{y} + \ddot{y}_g = \omega \int_0^t \ddot{y}_g(\tau)\, e^{-\zeta\omega(t-\tau)} \sin[\omega(t-\tau)]\mathrm{d}t \qquad (4-72)$$

对比相对位移 $y(t)$ 与绝对加速度 $\ddot{y} + \ddot{y}_g$ 的表达式,可得出二者之间存在如下关系:

$$\ddot{y} + \ddot{y}_g = -\omega^2 y \qquad (4-73)$$

在结构抗震设计时,最重要的关注对象是结构各振型反应的最大值,如下:

$$\left. \begin{aligned} S_d &= \max|y(t)| \\ S_a &= \max|\ddot{y}(t) + \ddot{y}_g(t)| \end{aligned} \right\} \qquad (4-74)$$

$$S_a = \omega^2 S_d \qquad (4-75)$$

当给定了阻尼比大小时,单自由度结构对任意地震的最大相对位移反应和最大绝对加速度反应仅由 ω 决定,即:

$$\left. \begin{aligned} S_d &= S_d(\omega) = S_d(T) \\ S_a &= S_a(\omega) = S_a(T) \end{aligned} \right\} \qquad (4-76)$$

(2) 多自由度体系

有阻尼多自由度体系的运动方程为:

$$[M]\{y(\ddot{\imath})\} + [C]\{\dot{y}(t)\} + [K]\{y(t)\} = -[M]\{\ddot{y}_g(t)\} \qquad (4-77)$$

无阻尼多自由度弹性体系的自由振动方程为:

$$[M]\{y(\ddot{\imath})\} + [K]\{y(t)\} = \{0\} \qquad (4-78)$$

式中:$[M]$ 和 $[K]$ 分别为体系的总体刚度矩阵和质量矩阵;$\{y(t)\}$ 为体系的位移反应。

设方程(4-78)的解为:

$$\{y(t)\} = \{Y\}\sin(\omega t + \phi) \qquad (4-79)$$

则:

$$\{\overline{y}(t)\} = -\omega^2\{Y\}\sin(\omega t + \phi) = -\omega^2\{y(t)\} \qquad (4-80)$$

将上述两式代入(4-78),得到结构的特征方程:

$$([K] - \omega^2 [M])\{Y\} = \{0\} \tag{4-81}$$

由上式求出结构的前 N 阶频率及相应振型,并将位移按振型展开,如下式:

$$\{y(t)\} = \sum_{j=1}^{N} q_j(t)\{\phi\}_j \tag{4-82}$$

将上式代入结构运动方程(4-77)中,利用振型正交条件,在运动方程两边同时乘以 $\{\varphi\}_j^T$ 得到:

$$M_j \ddot{q}_j(t) + C_j \dot{q}_j(t) + K_j q_j(t) = -\gamma_j M_j \ddot{y}_g(t) \tag{4-83}$$

令 $q_j(t) = \gamma_j \delta_j(t)$,则有 $\delta_j(t) + 2\zeta_j \omega_j \dot{\delta}_j(t) + \omega_j^2 \delta_j(t) = -\ddot{y}_g(t)$, $j=1$,$2,\cdots,N$。由此将多自由度体系的计算转换成单自由度体系的计算,同样用 Duhamel 积分求得到:

$$\delta_j(t) = -\frac{1}{\omega_j} \int_0^t \ddot{y}_g(\tau) e^{-\zeta \omega_j(t-\tau)} \sin[\omega_j(t-\tau)] dt \tag{4-84}$$

结构在地震作用下第 j 阶振型的最大值为:

$$\{F\}_j = \gamma_j [M] |\delta_j(t) + \ddot{y}_g(t)|_{\max} \{\Delta\}_j \tag{4-85}$$

将每一阶振型的 $\{F\}_j$ 分别施加到结构上,可得到结构对应于每一阶振型的最大反应,再采用平方和方根法对各阶效应进行组合;使用完全二次型方根法组合分析在地震作用下结构的响应情况,表达式为:

$$S_E = \sqrt{\sum_i^m \sum_j^m \rho_{ij} S_i S_j} \tag{4-86}$$

$$\rho_{ij} = \frac{8\sqrt{\zeta_i \zeta_j}(\zeta_i + \gamma_\omega \zeta_j) \gamma_\omega^{3/2}}{(1-\gamma_\omega^2)^2 + 4\zeta_i \zeta_j(1+\gamma_\omega^2) + 4(\zeta_i^2 + \zeta_j^2)\gamma_\omega^2} \tag{4-87}$$

式中: S_E 为地震作用效应;m 为计算采用的振型数目;ρ_{ij} 为第 i 阶、第 j 阶的振型相关系数;ζ_i、ζ_j 为第 i 阶、第 j 阶振型阻尼比;γ_ω 为圆频率比。

根据振动分析,多质点体系的振动可以分解成各个振型的组合,而每一振型又是一个广义的单自由度体系,利用反应谱便可以得出每一振型水平地震作用。经过内力分解计算出每一振型相应的结构内力,再按照一定的方法进行各振型的内力组合。

振型分解反应谱法由于计算量小、概念简单,因而容易被工程人员掌握,是水闸抗震计算中广为采用的动力计算方法。该方法考虑了多个振型的影响,计算精度较高,但该方法是利用反应谱得出每一振型的地震反应,以静力方式进行结构分析,属于拟静力法的范畴。但地震作用是一个时间过程,反应谱法不能反映结构在地震过程中的经历,同时反应谱法是基于叠加原理得到的,要求结构体系是线弹性的。当外荷载较大时,结构反应可能进入弹塑性,或结构位移较大时,结构可能进入几何非线性,这时叠加原理将不再适用。

3) 时程分析法

对于长周期结构(如水闸结构工程),地震动态作用下的地面运动速度和位移可能对结构的破坏具有更大影响,这就要用时程分析方法来求解。时程分析法与振型分解反应谱法的最大差别是能计算结构和结构构件在每个时刻的地震反应(内力和变形),所以时程分析法也被称为是真正的动力分析方法。

时程分析法的适用性强,选取合适的地震波来模拟地震实际影响时,该方法可以较为贴切地反映出结构在受到地震影响时可能产生的最大响应情况,可以为结构安全性和稳定性分析提供理论支持。其计算步骤如下:

① 根据选取原则选取地震波的时程曲线,其中主要参数包括:地震烈度、地震强度参数、场地的土壤类别等;

② 根据结构特点以及精度等要求选择计算模型,计算模型有层模型、杆模型、有限元模型;

③ 将振动时程分为一系列相等或不相等的微小时间间隔 Δt,在 Δt 的时间间隔内运用逐步积分法求解振动方程。

多自由度体系运动微分方程为:

$$[M]\{\ddot{y}\} + [C]\{\dot{y}\} + [K]\{y\} = -[M]\{I\}\ddot{y}_g \qquad (4-88)$$

用数值积分解微分方程时,把时间 t 分为 n 等分,每段时间为 Δt。将每个时间步长内的 $[M]$、$[C]$、$[K]$ 视为固定常数,由 t_n 时刻的解推导出 $t_n + 1$ 时间段内的解并重复计算直到结束。这种运动方程逐步积分的方法常用的有中心差分法、线性加速度法、Newmark - β 法[22,23]和 Wilson - θ 法。

(1) 线性加速度法

该法假定在时间间隔 Δt 内,加速度呈线性变化,如图 4-4 所示。

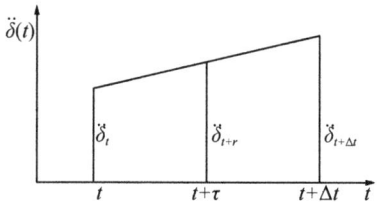

图 4-4　线性加速度示意

$$\ddot{\delta}_{t+\tau} = \ddot{\delta}_t + \frac{\tau}{\Delta t}(\ddot{\delta}_{t+\Delta t} - \ddot{\delta}_t)(0 \leqslant \tau \leqslant \Delta t) \tag{4-89}$$

上式两边对 τ 积分：

$$\int_0^\tau \ddot{\delta}_{t+\tau} d\tau = \int_0^\tau \ddot{\delta}_t d\tau + \frac{\tau}{\Delta t}(\ddot{\delta}_{t+\tau} - \ddot{\delta}_t) d\tau \tag{4-90}$$

得：

$$\dot{\delta}_{t+\tau} = \dot{\delta}_t + \ddot{\delta}_t \tau + \frac{\tau^2}{2\Delta t}(\ddot{\delta}_{t+\Delta t} - \ddot{\delta}_t) \tag{4-91}$$

当 $\tau = \Delta t$ 时，有：

$$\dot{\delta}_{t+\Delta t} = \dot{\delta}_t + \frac{\Delta t}{2}\ddot{\delta}_t + \frac{\Delta t}{2}\ddot{\delta}_{t+\Delta t} \tag{4-92}$$

$$\delta_{t+\Delta t} = \delta_t + \Delta t \dot{\delta}_t + \frac{\Delta t^2}{2}\ddot{\delta}_t + \frac{\Delta t^2}{6}\ddot{\delta}_{t+\Delta t} \tag{4-93}$$

由式(4-92)和式(4-93)可求得 $\ddot{\delta}_{t+\Delta t}$、$\dot{\delta}_{t+\Delta t}$、$\delta_{t+\Delta t}$ 与 t 时刻状态向量的关系：

$$\ddot{\delta}_{t+\Delta t} = \frac{6}{\Delta t^2}(\delta_{t+\Delta t} - \delta_t) - \frac{6}{\Delta t}\dot{\delta}_t - 2\ddot{\delta}_t \tag{4-94}$$

$$\dot{\delta}_{t+\Delta t} = \frac{3}{\Delta t}(\delta_{t+\Delta t} - \delta_t) - 2\dot{\delta}_t - \frac{\Delta t}{2}\ddot{\delta}_t \tag{4-95}$$

$\delta_{t+\Delta t}$ 由 $t+\Delta t$ 时刻的运动方程求得，该方程为：

$$M\ddot{\delta}_{t+\Delta t} + C\dot{\delta}_{t+\Delta t} + K\delta_{t+\Delta t} = F_{t+\Delta t} \tag{4-96}$$

将式(4-94)、式(4-95)代入式(4-96)得：

$$K_{t+\Delta t}\delta_{t+\Delta t} = \overline{F}_{t+\Delta t} \tag{4-97}$$

式中：

$$\overline{K}_{t+\Delta t} = K + \frac{6}{\Delta t^2}M + \frac{3}{\Delta t}C \Bigg\}$$

$$\overline{F}_{t+\Delta t} = F_{t+\Delta t} + M\left(\frac{6}{\Delta t^2}\delta_t + \frac{6}{\Delta}\dot{\delta}_t + 2\ddot{\delta}_t\right) + C\left(\frac{3}{\Delta t}\delta_t + 2\dot{\delta}_t + \frac{\Delta t}{2}\ddot{\delta}_t\right) \Bigg\}$$

$$(4\text{-}98)$$

这样，由已知的 t 时刻状态向量 δ_t、$\dot{\delta}_t$、$\ddot{\delta}_t$ 和 $t+\Delta t$ 时刻的荷载 $F_{t+\Delta t}$，便可由式(4-92)、式(4-93)、式(4-98)求得 $t+\Delta t$ 时刻的状态向量 δ_t、$\dot{\delta}_t$、$\ddot{\delta}_t$。重复上述过程，即可求得动力响应全过程。若每个步长 Δt 相等，则 $\overline{K}_{t+\Delta t}$ 为常量，只要分解一次，以后每次计算只是简单的回代。

该法假定步长 Δt 内加速度线性变化，故 $\ddot{\delta}_{t+\Delta t}$ 为常量，更高阶微分为零，因此其截断误差为四阶。为了保证计算结果的稳定性，需要减小步长，耗费机时，否则计算结果将失去意义。因而该法需要改进，下面的 Wilson-θ 法较好地解决了这一问题。

（2）Wilson-θ 法

Wilson-θ 法假定在某一时间间隔 Δt 以外，加速度仍可线性外推（图4-5），然后采用某一大于 Δt 的时间间隔 $\theta \Delta t$（$\theta > 1$）计算出响应值后，再线性内插得到 Δt 时间内的实际响应值。当 $\theta = 1$ 时，该法即退化为线性加速度法。

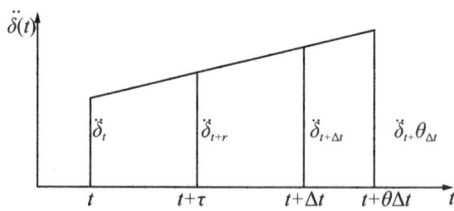

图 4-5　Wilson-θ 法示意

由图 4-5 可见，τ 时刻的加速度为：

$$\ddot{\delta}_{t+\tau} = \ddot{\delta}_t + \frac{\tau}{\theta \Delta t}(\ddot{\delta}_{t+\theta \Delta t} - \ddot{\delta}_t)(0 \leqslant \tau \leqslant \theta \Delta t) \qquad (4\text{-}99)$$

上式两边对 τ 积分两次并移项得：

$$\left.\begin{array}{l} \dot{\delta}_{t+\tau} = \dot{\delta}_t + \ddot{\delta}_t \tau + \dfrac{\tau^2}{2\theta\Delta t}(\ddot{\delta}_{t+\theta t} - \ddot{\delta}_t) \\[3mm] \delta_{t+\tau} = \delta_t + \dot{\delta}_t \tau + \dfrac{\tau^2}{2}\ddot{\delta}_t + \dfrac{\tau^3}{6\Delta t}(\ddot{\delta}_{t+\theta t} - \ddot{\delta}_t) \end{array}\right\} \qquad (4\text{-}100)$$

在上式中令 $\tau = \theta\Delta t$，得：

$$\left.\begin{array}{l} \dot{\delta}_{t+\theta t} = \dot{\delta}_t + \dfrac{\theta\Delta t}{2}(\ddot{\delta}_{t+\theta t} - \ddot{\delta}_t) \\[3mm] \delta_{t+\theta t} = \delta_t + \theta\Delta t\,\dot{\delta}_t + \dfrac{\theta^2\,\Delta t^2}{3}\ddot{\delta}_t + \dfrac{\theta^2\,\Delta t^2}{6}\ddot{\delta}_{t+\theta t} \end{array}\right\} \qquad (4\text{-}101)$$

由上式可求得 $\delta_{t+\theta t}$、$\dot{\delta}_{t+\theta t}$、$\ddot{\delta}_{t+\theta t}$ 和 t 时刻状态向量的关系：

$$\left.\begin{array}{l} \ddot{\delta}_{t+\theta t} = \dfrac{6}{\theta^2\,\Delta t^2}(\delta_{t+\theta t} - \delta_t) - \dfrac{6}{\theta\Delta t}\dot{\delta}_t - 2\,\ddot{\delta}_t \\[3mm] \dot{\delta}_{t+\theta t} = \dfrac{3}{\theta\Delta t}(\delta_{t+\theta t} - \delta_t) - 2\,\dot{\delta}_t - \dfrac{\theta\Delta t}{2}\ddot{\delta}_t \end{array}\right\} \qquad (4\text{-}102)$$

$\delta_{t+\theta t}$ 可由 $t+\theta\Delta t$ 时刻的运动方程求得。考虑到 $\theta\Delta t$ 内加速度线性变化，故荷载向量在 $\theta\Delta t$ 内也为线性变化：

$$F_{t+\theta t} = F_t + \theta(F_{t+\Delta t} - F_t) \qquad (4\text{-}103)$$

$\theta\Delta t$ 时刻的运动方程为：

$$M\ddot{\delta}_{t+\theta t} + C\dot{\delta}_{t+\theta t} + K\delta_{t+\theta t} = F_{t+\theta t} \qquad (4\text{-}104)$$

将式(4-102)代入式(4-104)，即可求得 $\delta_{t+\theta t}$，然后令 $\tau = \Delta t$，可求得 $t+\Delta t$ 时刻的状态向量。以 $t+\Delta t$ 时刻作为新的起点时刻，重复上述过程，即可求得动力响应全过程。

在地震荷载作用下，对于一般阻尼比为 5% 的钢筋混凝土结构，时间步长 $\Delta t \leqslant (0.06 \sim 0.1)T$ 即可求得较好结果，T 为地震波的卓越周期。

（3）Newmark-β 法

Newmark-β 法实质上是线性加速度法的推广。其采用如下假设：

$$\dot{\delta}_{t+\Delta t} = \dot{\delta}_t + [(1-\gamma)\,\ddot{\delta}_t + \gamma\,\ddot{\delta}_{t+\Delta t}]\Delta t \qquad (4\text{-}105)$$

$$\delta_{t+\Delta t} = \delta_t + \dot{\delta}_t\Delta t + [(\tfrac{1}{2} - \beta)\,\ddot{\delta}_t + \beta\,\ddot{\delta}_{t+\Delta t}]\Delta t^2 \qquad (4\text{-}106)$$

其中 γ 和 β 是按积分精度和稳定性要求而确定的参数。当 $\gamma = \dfrac{1}{2}$，$\beta = \dfrac{1}{6}$

时，它就是线性加速度法。

解得：

$$\ddot{\delta}_{t+\Delta t} = \frac{1}{\beta \Delta t^2}(\delta_{t+\Delta t} - \delta_t) - \frac{1}{\beta \Delta t}\dot{\delta}_t - (\frac{1}{2\beta} - 1)\ddot{\delta}_t \qquad (4\text{-}107)$$

$$\dot{\delta}_{t+\Delta t} = \frac{\gamma}{\beta \Delta t^2}(\delta_{t+\Delta t} - \delta_t) + (1 - \frac{\gamma}{\beta})\dot{\delta}_t + (1 - \frac{\gamma}{2\beta})\Delta t \ddot{\delta}_t \qquad (4\text{-}108)$$

$\delta_{t+\Delta t}$ 由 $t + \Delta t$ 时刻的运动方程求得。该方程为：

$$M\ddot{\delta}_{t+\Delta t} + C\dot{\delta}_{t+\Delta t} + K\delta_{t+\Delta t} = F_{t+\Delta t} \qquad (4\text{-}109)$$

将式(4-107)、式(4-108)代入式(4-109)，就可求得 $\delta_{t+\Delta t}$。然后由式(4-107)、式(4-108)求得 $\ddot{\delta}_{t+\Delta t}$ 和 $\dot{\delta}_{t+\Delta t}$。

研究表明，当 $\gamma \geqslant 0.5, \beta \geqslant 0.25(\gamma + 0.5)^2$ 时，Newmark-β 法是无条件稳定的。对于弹性动力分析，一般取 $\gamma = 0.5, \beta = 0.25$ 就能取得良好结果。

时程分析法可直接计算出地震地面运动过程中结构的各种地震反应的变化过程，且能了解结构在弹性和弹塑性阶段的变形情况直至破坏的全过程。由此可以找出水闸在地震过程中的薄弱部位和环节，以便修正其抗震设计。但该方法耗时太多，并且所选的地震波也不一定就能代表结构实际要遭遇的地震。所以，目前只对一些构造较复杂的水闸才应用该方法来检验结构抗震性能。

4）随机分析法

由于动荷载的随机性和复杂性，结构的动荷载反应也应该是随机而复杂的，因而只能求得结构动荷载反应的统计特征，或者求得具有出现概率意义上的最大反应，这一方法从随机观点处理了反应超过定值的概率，如现行的《水工建筑物抗震设计标准》(GB 51247—2018)使抗震设计从安全系数法过渡到了概率理论的分部系数法，它属于结构地震反应分析的非确定性分析法。

5）能量分析法

动荷载作用下，如水闸工程中常见的有地震荷载，地震动的能量输入到结构，要转换成结构的应变能而耗散地震动的能量。能量分析法就是分析这种能量的转换关系或直接比较能量的输入与耗散，以结构在地震中的变形、强度和能量吸收能力作为衡量标准，按允许耗能状态进行设计，控制结构的变形和强度。用能量耗散性质可以反应结构的地震非弹性反应。能量耗散的全过程，既反映了结构的变形，又表达了地震反复作用的次数即强震的持续时间，从而能反应地震的累积破坏。

该方法的优点在于它包括了力和变形的综合度量;同时,对地面运动的敏感性也较小,输入地震波的性质变化对能量反应不如对变形的影响大。这是一种很有发展前途的方法。采用能量准则可以判断水闸结构的稳定性:

$\triangle \prod_P > 0$,平衡是稳定的;

$\triangle \prod_P < 0$,平衡是不稳定的;

$\triangle \prod_P = 0$,平衡是中性的,即临界状态。

4.4 水闸有限元动力分析

4.4.1 结构动力计算假定、参数确定

4.4.1.1 计算模型及假定

水闸与重力坝类似,在大体积混凝土建筑物承受弱震或产生微幅振动时,建筑物一般呈现整体振动的现象。通过对震后水工建筑物的宏观调查,发现不少建筑物的接缝处出现了张合或错动的现象,造成了伸缩缝止水损坏,渗漏量也随之增加。此结果表明:①在强震作用下单个坝段/闸段的振动是近乎独立的;②在地震后应主要关注地震对建筑物伸缩缝的影响。

分析结构动力响应一般采用材料力学法和有限元法,材料力学法的基本假定是平面变形,这种方法对于均匀整体浇筑的水闸上部来讲可以给出相当精确的应力结果,但是对于受地基刚度影响较大的闸墩下部以及断面突变、应力集中等问题则难以完全反映。因此,闸墩的分析多采用有限单元法,该法可以更合理地描述动力相互作用,闸墩与地基间的相互作用对整个水闸的地震反应有重要影响。在地震反应分析中,通过无质量地基底部均匀输入的方式考虑地基与闸墩的动力相互作用和地震动输入。为此,分析中,常用的Voigt地基系数法确定地基的刚度影响;在有限元法的计算中,深度方向取1~2倍闸墩高范围的无质量地基,以反映地基的弹性动力作用。

综上所述,对水闸进行动力分析时,仍与静力分析时采用的模型相同。地基约束条件也与静力分析时一样。其中地震作用方向可以分为三向:横向地震、顺水流向地震以及垂直水流向地震。根据抗震设计规范,在考虑地震作用方向时应注意,当以顺水流方向为轴线,闸室呈对称时,各向地震的耦合影响非常小,对水闸进行地震反应分析时,可以将三向地震分开研究。进行

抗震分析时,还要考虑动水压力对闸室的影响,其通常作用在闸墩面上。动水压力采用附加质量法施加,根据威斯特伽特(Westergard)提出的动水压力计算公式,假定水闸结构是刚性的,在地震作用下,利用最大弯矩相等的条件,得出动水压力沿水深呈抛物线分布,公式如下:

$$P_w(h) = \frac{7}{8} \alpha_h \rho_w \sqrt{H_0 h} \tag{4-110}$$

式中: $P_w(h)$ ——水深 h 处水面的附加质量;

  α_h ——水平向的设计加速度;

  ρ_w ——水的质量密度;

  H_0 ——闸前水深;

  h ——相应节点距水面的深度。

4.4.1.2 参数的确定

根据《水电工程水工建筑物抗震设计规范》(NB 35047—2015),工程抗震设防类别及地震作用效应计算方法如表 4-2 和表 4-3 所示:

表 4-2 工程设防类别

工程抗震设防类别	建筑物级别	场地基本烈度
甲	1(壅水)	≥6
乙	1(非壅水)、2(壅水)	
丙	2(非壅水)、3	≥7
丁	4、5	

表 4-3 地震作用效应计算方法

工程抗震设防类别	地震作用效应的计算方法
甲	动力法
乙、丙	动力法或拟静力法
丁	拟静力法或采取抗震措施

根据上表确定地震设防类别并采用相应的方法,根据抗震设计规范定义各初始特征参数。

4.4.2 模态分析理论基础

4.4.2.1 模态分析定义

模态分析是指根据动力学属性来描述结构过程的方法,其动力学属性包括频率、阻尼和模态振型。从严格的数学定义来说,模态分析指的是把线性定常系统振动微分方程组中的物理坐标转换为模态坐标,通过对方程的解耦,令其变成能够采用模态坐标和参数表达的方程组,以达到解出系统模态参数的目的。实现坐标转换的矩阵称作模态矩阵,矩阵的列称为模态振型。事实上,模态变换的过程是利用模态变换方程,使得方程从物理空间转换到模态空间中。也就是说,这一过程能够使复杂、耦合的物理方程组转化为易于求解的单自由度方程组。

模态分析的主要目的是得出结构的模态参数,从而分析结构系统的振动特性、预报和诊断振动故障,并以此为参考对结构动力特性进行优化。归根结底,模态分析最终研究的是结构自身的固有特性,通过识别其自身模态振型及固有频率来帮助设计需考虑振动的系统结构。模态分析的主要用途包括:分析和评估现有结构的动态特性,识别、预报和发现振动故障,研究产生振动的本质原因,发现设计中可能存在的问题,对结构进行健康监测以及进行有限元模型的验证等。当前,模态分析在机械制造、土木工程、航天工程及汽车制造等领域得到了广泛的应用,并取得良好的应用效果。

4.4.2.2　模态分析

根据计算工况加载动水压力进行分析,可采用《水电工程水工建筑物抗震设计规范》(NB 35047—2015)推荐的反应谱,如图 4-6 所示:

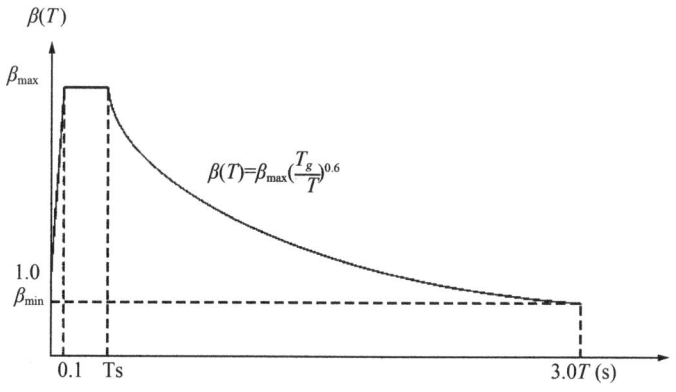

图 4-6　水闸的标准设计反应谱

其中:$\beta_{\max}$ 为设计反应谱最大值的代表值,水闸采用 2.25;$\beta_{\min}$ 为设计反应谱下限值的代表值,应不小于设计反应谱最大值的代表值的 20%;T 为结构的自振周期;T_g 为不同场地的特征周期,不同场地的特征周期见表 4-4。

表 4-4　场地特征周期

场地类别	I	II	III	IV
$T_g(s)$	0.2	0.3	0.4	0.65

随后再通过计算水闸在地震工况下的各阶自振频率及反应谱,结合响应的破坏准则进行结构动力稳定分析。

4.5　本章小结

水闸的稳定分析是水闸工程中关注的重点问题之一。动力荷载、地震作用作为特殊的荷载,与静力的自重、静水压力不同,有其特殊性和复杂性。如强震作用会引起水的运动,形成的动水压力会使水闸发生变形,水闸的变形反应又会对流场产生影响,属于典型的流固耦合问题。

静力分析和动力分析有相同点也有不同点。静力分析用来求解外荷载引起的位移、应力和约束反力,通常适用于求解惯性和阻尼对结构的影响并不显著的问题。静力分析不仅可以进行线性分析,而且也可以进行非线性分析,结构非线性导致结构或部件的响应随外荷载不成比例变化。可求解的静态非线性问题包括:材料非线性,如塑性、大应变;几何非线性,如膨胀、大变形;状态非线性,如接触、碰撞等。动力分析则用来求解随时间变化的荷载对结构或部件的影响。与静力分析不同,动力分析要考虑随时间变化的力荷载以及它对阻尼和惯性的影响。在动力平衡方程中比静力平衡方程多了一项惯性力和内力。在静力学中内力仅仅是由结构的变形引起的,而动力学中除了结构的变形引起内力外,还有运动也会引起内力,比如阻尼的共同影响。

水闸动力分析类型包括:模态分析、谐响应分析、响应谱分析、随机振动响应分析、瞬态动力学分析、刚体动力分析、显式动力分析等。动荷载对水闸的整体稳定性有多大影响,地基特别是软弱带存在时对其动力位移、加速度、动应力有何影响,对这些问题的认识至今还不清晰。

对水闸进行动力稳定分析,可针对其实际受力荷载,包括上下游静水压力、动水压力、自重、地震荷载等,选择不同的本构模型对水闸进行自振特性分析以及水闸结构的位移、应力、裂缝扩展等时程曲线分析,研究和建立结构功能失效标准和结构破坏标准。可以用分项系数表述的极限状态表达式过渡到用可靠度指标来描述,还可引入基于模糊失效准则的概率风险分析公式加以研究。

参考文献

［1］郑颖人，龚晓南. 岩土塑性力学基础［M］. 北京：中国建筑工业出版社，1989.

［2］王海军，练继建，闫晓荣，等. 三峡水电站钢蜗壳外围混凝土损伤分析［J］. 四川大学学报（工程科学版），2006，38(4)：24-28.

［3］程靳，赵树山. 断裂力学［M］. 北京：科学出版社，2006：105.

［4］姚武，钟文慧. CFRC 梁在三点弯曲荷载作用下电阻与 CMOD 关系［J］. 同济大学学报（自然科学版），2008，36(2)：227-230.

［5］韩世昌，黄亚宇，胡斌. 通过裂纹开口位移（CMOD）对 J 积分预测的方法研究［J］. 力学季刊，2015，36(2)：232-238.

［6］徐世烺，张秀芳，卜丹. 混凝土裂缝扩展过程中裂尖张开口位移（CTOD）与裂缝嘴张开口位移（CMOD）的变化关系分析［J］. 工程力学，2011，28(5)：64-70.

［7］RICE J R. A Path Independent Integral and the Approximate Analysis of Strain Concentration by Notches and Cracks［J］. Journal of Applied Mechanics，1968，35(2)：379-386.

［8］HUTCHINSON J W. Singular behavior at the end of a tensile crack in a hardening material［J］. Journal of the Mechanics and Physics of Solids，1968，16(1)：13-31.

［9］姜清梅. 断裂力学及断裂力学标准简介［J］. 冶金标准化与质量，1996(5)：39-42.

［10］车伟，李海旺，罗奇峰. 撞击荷载作用下单层椭圆抛物面网壳的动力稳定分析［J］. 力学季刊，2008，29(1)：33-39.

［11］LINDBERG H E. Buckling of a Very Thin Cylindrical Shell Due to an Impulsive Pressure［J］. Journal of Applied Mechanics，1964，31(2)：267-272.

［12］GARY G. Dynamic buckling of an elastoplastic column［J］. International Journal of Impact Engineering，1983，1(4)：357-375.

［13］SEVIN E. On the Elastic Bending of Columns Due to Dynamic Axial Forces Including Effects of Axial Inertia［J］. Journal of Applied Mechanics，1960，27(1)：125-131.

[14] 李庆明. 弹性杆的动态屈曲模态[J]. 应用数学和力学,1990,11(1): 61-66.

[15] 何金龙,法永生. 结构动力稳定性的分析方法与进展[J]. 四川建筑, 2007,27(2):155-157.

[16] 李杰,徐军. 结构动力稳定性判定新准则[J]. 同济大学学报(自然科学版),2015,43(7):965-971.

[17] 吕大刚,刘洋,于晓辉. 第二代基于性能地震工程中的地震易损性模型及正逆概率风险分析[J]. 工程力学,2019,36(9):1-11+24.

[18] 栗光华,朱晞. 抗震结构破坏准则的历史沿革和发展趋势[J]. 地震工程与工程振动,2006(3):67-69.

[19] 贾大卫,吴子燕,何乡. 多维性能极限状态下基于模糊失效准则的结构概率地震风险分析[J]. 振动工程学报,2022,35(2):307-317.

[20] 中华人民共和国水利部. 水工建筑物抗震设计标准:GB51247—2018 [S]. 北京:中华人民共和国住房和城乡建设部,2018.

[21] 宋国良. 水闸——地基系统地震反应分析[D]。北京:中国水利水电科学研究院,2015.

[22] 刘晶波,杜修力. 结构动力学[M]. 北京:机械工业出版社,2005: 300-306.

[23] CLOUGH R.,PENZIEN J. 结构动力学第二版(修订版)[M]. 王光远,等译校. 北京:高等教育出版社,2006.

· 第五章 · 时间序列数据分析方法及其特征分析

水闸安全监测将形成时间序列(Time Series)数据,因此对时间序列数据进行研究对分析水闸安全性态演化趋势、实现水闸安全预警具有十分重要的意义。

5.1 趋势分析、周期分析和突变分析

5.1.1 趋势分析

5.1.1.1 时间序列的趋势分析方法

对时间序列进行趋势分析主要从以下两个方面展开:①描述性:展现不同时间粒度下的趋势变化;②预测性:基于历史同期的趋势预测。

(1) Mann-Kendall 秩次相关检验法[1]

Mann-Kendall 是一种非参数秩次相关统计检验法,用于检验时间序列是否存在趋势性。其具体方法和原理如下。

对于水闸序列 x_i,先确定所有对偶值($x_i, x_j; j > i, i = 1, 2, \cdots, n-1; j = i+1, i+2, \cdots n$)中的 $x_i < x_j$ 的出现的个数 p,构造 Mann-Kendall 秩次相关检验的统计量:

$$U = \frac{\tau}{[V_{ar}(\tau)]^{\frac{1}{2}}} \tag{5-1}$$

式中: $\tau = \frac{4p}{n(n-1)} - 1, V_{ar}(\tau) = \frac{2(2n+5)}{9n(n-1)}$,n 为序列样本数。

当 n 增加时,U 趋于标准化正态分布。

假定序列无变化趋势,当给定显著水平 α 后,可在正态分布表中查得临界

值 $U_{\frac{a}{2}}$,当 $|U|<U_{\frac{a}{2}}$ 时,接受原假设,序列的趋势性不显著;当 $|U|>U_{\frac{a}{2}}$ 时,拒绝假设,说明序列的趋势性显著。

统计量 U 可以作为水闸序列趋势性大小衡量的标度, $|U|$ 越大,则在一定程度上可以说明序列的趋势性变化(增大或减小)越显著。

(2)滑动平均法[2]

对水闸时间序列 $x_1,x_2,\cdots,x_n$ 中连续的 $2L$ 或 $2L+1$ 个数取平均值,求出新的序列 y_t ,使原序列光滑,即滑动平均法,它的数学表达式为:

$$y_t = \frac{1}{2L+1}(x_{t-L}+x_{t-(L-1)}+\cdots+x_t+x_{t+1}+x_{t+L}) \tag{5-2}$$

在求得新序列 y_t 后,绘制新序列下的曲线,曲线的随机起伏因平均作用就比原序列减小了,变得更加平滑,通过滑动平均后,可以过滤掉序列中频繁的随机起伏,显示出整体变化的趋势。所选的连续个数不同,曲线的平滑程度也就不同。滑动平均法常与其他趋势检验法相结合使用,能够直观地看出水闸时间序列的变化趋势。

(3)游程检验法[3]

根据已知的水闸样本系列,求出相应的距平系列 $x'_1,x'_2,\cdots,x'_n$,其中, $x'_i=x_i-\bar{x}$, $\bar{x}=\frac{1}{n}\sum\limits_{i-1}^{n}x_i$ 。若将 $x'_i\geqslant0$ 用符号"+"表示, $x'_i<0$ 用符号"—"表示,连续出现相同符号则看作一个游程,统计出整个序列出现的游程总数 Y 。游程检验的假设为样本系列没有明显的变化趋势。根据游程检验的 Y 分布表, n_1 为序列中"+"出现的总数, n_2 为序列中"—"出现的总数。选取某一显著水平 α 作双边检验,查 $\frac{\alpha}{2}$ 游程检验 Y 分布表,得上限 $Y_上$ 和下限 $Y_下$ 。

如果实际样本计算出的 Y 值在 $[Y_上,Y_下]$ 之内则接受原假设,否则拒绝原假设。

实际分析中,如 n_1 或 n_2 大于15时可用以下方法进行检验,此时构造的统计量:

$$U=\frac{Y-E(Y)}{\sqrt{D(Y)}} \tag{5-3}$$

U 近似服从 $N(0,1)$ 标准正态分布,其中, $E(Y)=\frac{2n_1n_2}{n_1+n_2}+1$, $D(Y)=$

$\dfrac{2\,n_1\,n_2\,[\,2\,n_1\,n_2-(n_1+n_2)\,]}{(n_1+n_2)^2\,(n_1+n_2-1)}$ 。当实际计算的 $|U|\leqslant U_{\frac{a}{2}}$ 时,则接受原假设,
即认为时间序列无明显变化趋势;当 $|U|>U_{\frac{a}{2}}$ 时,拒绝原假设,时间序列趋势显著。

(4) Spearman 秩次相关检验[4]

Spearman 秩次相关检验主要是通过分析水闸序列 x_i 与其时序 i 的相关性来检验水闸序列是否具有趋势性。在运算时,水闸序列 x_i 用其秩次 R_i(即把序列 x_i 从大到小排列时,x_i 所对应的序号)代表,则秩次相关系数为:

$$r=1-\dfrac{6\displaystyle\sum_{i=1}^{n}d_i^2}{n^3-n} \tag{5-4}$$

式中:n 为序列长度;$d_i=R_i-i$。

如果秩次 R_i 与时序 i 相近,则 d_i 较小,秩次相关系数较大,趋势性显著。

通常采用 t 检验法检验水闸序列的趋势性是否显著,统计量 T 的计算公式为:

$$T=r\,\sqrt{(n-4)/(1-r^2)} \tag{5-5}$$

T 服从自由度为 $n-2$ 的 t 分布,假设原水闸时间序列没有变化趋势,则根据水闸序列的秩次相关系数计算出 T 统计量,然后选择显著水平 α,在 t 分布表中查出临界值 $t_{\alpha/2}$,当 $|T|\leqslant t_{\alpha/2}$ 时,则拒绝原假设,说明该时间序列有显著变化趋势,否则,接受原假设,该时间序列趋势不显著。

统计量 T 也可以作为水闸序列趋势性大小衡量的标度,$|T|$ 越大,则在一定程度上可以说明序列的趋势性变化越显著。

5.1.1.2   趋势分析的优缺点

趋势预测法因突出时间序列暂不考虑外界因素影响,因而存在着预测误差的缺陷,当遇到外界发生较大变化时,分析结果往往会有较大偏差,时间序列预测法对于中短期预测的效果要比长期预测的效果好。因为客观事物在一个较长时间内发生外界因素变化的可能性加大,它们对市场经济现象必定要产生重大影响。当出现这种情况,进行预测时如果只考虑时间因素不考虑外界因素对预测对象的影响,其预测结果就会与实际状况严重不符。

5.1.2   周期分析

时间序列的周期分析方法有很多,主要包括简单分波法、傅里叶分析法、

最大熵谱分析法和小波分析法。下面对这几种方法逐一进行详细介绍。

5.1.2.1 简单分波法

简单分波法检测周期是通过排试验周期表的方法来实现的。F 检验统计量总离差平方和 $Q_1^2 = \sum_{i=1}^{n} (X_i - \overline{X})^2$。其中 $\overline{X} = \frac{1}{n} \sum_{i=1}^{n} X_i$；自由度 $f_1 = n-1$。

组间离差平方和 $Q_3^2 = \sum_{j=1}^{k} m_j (\overline{X}_j - \overline{X})^2$。其中 $m_j = \begin{cases} m(n \text{ 能被 } k \text{ 整除}) \\ m-1(n \text{ 不能被 } k \text{ 整除}) \end{cases}$；自由度 $f_3 = k-1$。

则有组内离差平方和为 $Q_2^2 = Q_1^2 - Q_3^2$；自由度 $f_2 = n-k$。

可以证明 $F = \dfrac{Q_3^2/k-1}{Q_2^2/n-k} \sim F(k-1, n-k)$。

对于一个水闸时间序列进行周期的识别与提取,可根据数据的数目 n,列出可能存在的周期,一般可能存在的周期为 $k = 2, 3, \cdots, m$。

$$m = \left[\frac{n}{2}\right] = \begin{cases} \dfrac{n}{2}(n \text{ 为偶数}) \\ \dfrac{n-1}{2}(n \text{ 为奇数}) \end{cases} \tag{5-6}$$

设序列中有 k 年的周期,则按前述方法计算 $F(k-1, n-k)$ 的值,记为 $F_算$；根据给定的显著性水平 α,在 F 分布表中查出相应的 F_α 值。

若 $F_算 > F_\alpha$,则表明差异显著,认为存在 k 年周期;否则,就认为不存在 k 年周期。

如果在检验中有两个或两个以上的周期显著时,则取 $F_算$ 值最大的那个周期作为该序列的第一周期。

一般情况下,周期波的个数选取越多,最后余波的方差越小。但是也要注意所得周期的稳定性,不能刻意强求余波的方差要达到非常小的值,故在实际计算中,周期个数不宜选取过多,通常取 $L=3$。

简单分波法的方法理论分析如下。

(1) 优点:应用简单分波法来识别周期时,事先不需给定周期函数的形式,运算比较简单,可以用手算完成全部工作,适合基层测站采用。

(2) 局限性:简单分波法在识别周期时采用了 F 检验,而应用 F 检验是有一定条件的,即要求每组数据均服从正态分布而且各组数据总体的均方差相等。水闸要素一般来讲很难满足这些条件,因此,所得到的分析结果应是近似的。

（3）显著性水平 α 的选取标准问题。应用简单分波法来检测周期时采用了 F 检验,就要选择显著性水平 α。如果 α 的标准选得太高,可能就选不出周期;α 的标准取得太低,容易发生伪周期的现象。所谓伪周期就是指分析得到的周期并不是客观存在的,而是由于判断错误而认为存在的周期。根据目前实际情况,显著性水平 α 的标准应选得稍高些,一般不宜低于 0.10,以防止发生伪周期的现象。

5.1.2.2　傅里叶分析法[5-9]

（1）频谱分析

频谱分析可以分为离散谱（谐波）分析和连续谱（能谱和功率谱等）分析两种方法。

频谱分析法把时间序列视为一种有一定规律的振动现象,认为它是由一组包括不同频率的余弦波和正弦波组成的谐波叠加而成的,并用傅里叶级数表示。由此可以得到序列的谱,以谱为工具,找出对序列组成贡献大的谐波个数及其对应频率,这样就可以确定序列的周期。傅里叶分析法是在谱分析的基础上,利用快速傅里叶变化计算得到序列的离散谱的分析方法。

（2）谐波分析

离散谱分析,也称为谐波分析法,是对时间序列利用傅里叶级数展开的方法得到离散谱的分析方法。水闸时间序列的周期分量可用一组正弦函数来表示,且傅里叶证明了其连续函数一般能与无限个不同振幅、相位、频率的谐波之和相等。我们可以用傅里叶级数将其在一定区间上展开,然后分析波参数之间的函数关系,确定周期或显著性周期。

对于一个时间序列 $x_t(t=1,2,\cdots,n)$,当它满足一定条件时,可以进行傅里叶级数展开,有：

$$x_t = a_0 + \sum_{i=1}^{l}(a_i\cos\omega_i t + b_i\sin\omega_i t) \tag{5-7}$$

或：

$$x_t = a_0 + \sum_{i=1}^{l} A_i\cos(\omega_i t + \theta_i) \tag{5-8}$$

式中：i 通常称为波数;l 为谐波的总个数（n 为偶数时,$l=n/2$;n 为奇数时,$l=$

$(n-1)/2)$；角频率 $\omega_i = \dfrac{2\Pi}{n} i$（$\dfrac{2\Pi}{n}$ 为基本角频率）；谐波振幅 $A_i = \sqrt{a_i^2 + b_i^2}$，它描述了谐波的振幅随频率变化的情况（即 A_i 与 ω_i 相对应）；相位 $\theta_i = arc\tan(-\dfrac{b_i}{a_i})$，$a_0$、$a_i$、$b_i$ 为各谐波分量的振幅（即傅里叶系数），利用最小二乘法可求得：

$$\begin{cases} a_0 = \dfrac{1}{n} \sum\limits_{i=1}^{n} x_i \\[2mm] a_i = \dfrac{2}{n} \sum\limits_{i=1}^{n} x_i \cos \omega_i t \\[2mm] b_i = \dfrac{2}{n} \sum\limits_{i=1}^{n} x_i \sin \omega_i t \end{cases} \qquad (5\text{-}9)$$

序列 x_i 的第 i 个谐波表示成：

$$a_i \cos \omega_i t + b_i \sin \omega_i t = A_i \cos(\omega_i t + \theta_i) \qquad (5\text{-}10)$$

它的频谱值为 $S_i^2 = \dfrac{1}{2}(a_i^2 + b_i^2)$。

频谱分析（包括谐波分析和功率谱分析等）总是人为地预先给定一系列的所谓"试验周期"，然后进行计算，得到功率谱值，从而得到周期图或谱图。为了判断序列的周期，需要对功率谱进行周期的显著性检验。常用的检验方法有：根据方差比来确定、根据振幅大小来判断、用 Fisher 判据来判断、F 分布检验法等，本书根据振幅的大小来进行判断。

在显著性水平为 0.05 时，序列 x_i 的相应振幅为 $A_{0.05}$，则有：

$$A_{0.05}^2 = \dfrac{4 \sigma^2 \ln(20l)}{n} \qquad (5\text{-}11)$$

式中：n 为样本长度；l 为谐波总个数；σ^2 为序列的方差。如果 l 个波数中最大的振幅满足 $A_i^2 > A_{0.05}^2$，则认为对应的周期 $T = \dfrac{n}{i}$ 为主要周期。

（3）FFT 算法

快速傅里叶变换（简称 FFT）的基本思想是将 N 分解为非 1 的整数个组合因子，然后对项数变少了的逐个因子作傅里叶变换，因此 FFT 算法对 N 的要求比较严格。当 $N = 2^r$ 时，有库利-图基（Cooley-Tukey）算法；当 $N = r_1$，$r_2, \cdots, r_m$（r_m 为正整数）时，有库利-图基（Cooley-Tukey）算法，还有桑德-图基(Sande-Tukey)算法；当 N 为任意正整数时，又有布鲁斯坦(Bluestein)算法。

快速傅里叶变换算法形式有很多种，如 2FFT 算法和 4FFT 算法等，下面以 2FFT 算法为例，对 FFT 算法进行说明。其计算过程如下：

把时间序列 $x(k),(k=1,2,\cdots,2N-1)$ 分成两个函数：

$$\begin{cases} h(k)=x(2k) \\ g(k)=x(2k+1) \end{cases} \tag{5-12}$$

用这两个函数构成复合函数：

$$y(k)=h(k)+jg(k) \tag{5-13}$$

计算：

$$Y(n)\sum_{k=0}^{N-1}y(k)\,e^{-j2nk/N}=R(n)+jI(n) \tag{5-14}$$

式中：$R(n)$ 和 $I(n)$ 分别为 $Y(n)$ 的实部和虚部；$n=1,2,\cdots,N-1$。

计算它的频谱值为 $S_n^2=\frac{1}{2}(X_r^2+X_i^2)$。

（4）方法理论分析

傅里叶分析法利用 FFT 算法，大大加快了其计算速度，使得它能够在实际工作中得到广泛的应用。但是傅里叶分析法的基础是谱分析，在计算时间序列的周期时往往不能兼顾高频和低频段的需要。

5.1.2.3　最大熵谱分析法

1）最大熵原理

一般来说，如果一个序列相依性越强，那么它的随机性越弱或不确定性越小；反之，相依性越弱，则随机性越强或不确定性越大。一个独立随机（纯随机）序列，是一种"最随机"或"最不确定"的序列。

设 V_f 为序列的方差谱密度，$V_f>0(-\frac{1}{2}\leqslant f\leqslant\frac{1}{2})$，则：

$$H=\int_{-\frac{1}{2}}^{\frac{1}{2}}\log V_f df \tag{5-15}$$

为此序列的谱熵。

随机性最强的纯随机序列，其谱熵也最大，也就是说，序列随机性的大小或不确定性的大小与谱熵大小的变化趋势是一样的。因此，谱熵给出了衡量序列随机性或不确定性定量的表达式。

当已知序列的自相关函数 $\rho_k(k = 0, \pm 1, \pm 2, \cdots, \pm m)$ 时,则要求满足下式:

$$\int_{-\frac{1}{2}}^{\frac{1}{2}} \log V_f \, e^{2i\pi fk} df = \rho_k \tag{5-16}$$

但是满足该式的 V_f 可以有很多种选择。最大熵谱分析法提供了一个优化准则来选择 V_f,即应当使所选择的 V_f 所对应的序列在满足上式约束条件下,其随机性最强或不确定性最大或熵谱最大。除了 ρ_k 的值之外,其他毫无所知,因此除上述约束条件以外的其他任何随机性的约束条件都会带上不应有的主观性。所以,以这样的 V_f 为方差谱密度的序列,它的谱熵应是最大,该原则被称为最大熵谱估计原则,又称为最少主观偏见原则。

在上式约束条件下,使得熵谱 H 达到最大值,以此作为准则估计的谱,称为最大熵谱。以该原则推导出的最大熵谱为:

$$I_f = \frac{P(k_o)}{\left| 1 - \sum_{k=1}^{k_o} B(k_o, k) \, e^{-2\pi ikf} \right|^2} \tag{5-17}$$

式中:f 为普通频率,$f = \frac{1}{T}$,T 为周期长度;i 为虚数;$P(k_o)$ 为对应于截止阶 k_o 的残差方差;$B(k_o, k)$ 为 k_o 阶反射系数。

(1) Burg 递推算法

最大熵谱估计的算法,主要是指反射系数 $B(k_o, k)$ 的算法。Burg 算法是从一阶模型开始逐步增加阶数的递推算法,每步递推都能保证相应的自相关序列是非负定的,而且得到的模型也是平稳的。Burg 算法比较简单,计算量相对较小,频谱分辨率也较高。

在已知时间序列 $x = \{x_1, x_2, \cdots, x_N\}^T$ 的情况下,Burg 递推算法的步骤如下。

递推从 $k_o = 1$ 开始。有关的零阶参数由下式计算:

$$f_{0,k} = b_{0,k} = x_k \tag{5-18}$$

$$P(0) = \frac{1}{N} \sum_{k=1}^{N} x_k x_k \tag{5-19}$$

式中:$k = 1, 2, \cdots, N$。

计算反射系数 $B(k_o,k)$:

$$B(k_o,k) = -\frac{2\sum\limits_{k=1}^{N-k_o} f_{k_o-1,k+1}\, b_{k_o-1,k}}{\sum\limits_{k=1}^{N-k_o}(\,|\,f_{k_o-1,k+1}\,|^2 + |\,b_{k_o-1,k}\,|^2\,)} \tag{5-20}$$

式中： $k_o = 1,2,\cdots$ 。

计算 $P(k_o)$ ：

$$P(k_o) = P(k_o-1)(1-|\,B(k_o,k_o)\,|^2) \tag{5-21}$$

为下一次递推做准备,计算 $f_{k_o,k}$ 和 $b_{k_o,k}$ ：

$$f_{M,k} = f_{M-1,k} + B(k_o,k_o) \times b_{m-1,k} \tag{5-22}$$

$$b_{M,k} = b_{M-1,k-1} + B(k_o,k_o) \times f_{M-1,k} \tag{5-23}$$

重复上述操作,从而依次得到 $B(1,k),B(2,k),\cdots$ 和 $P(1),P(2),\cdots$ 。

（2）FPE 准则

截止阶 k_o 的选择对于谱估计的准确与否有很大的影响,在实际计算时,可以应用 FPE 准则、AIC 准则、BIC 准则、CAT 准则等,并结合试错法来作为 Burg 递推算法的定价准则。

（3）此处最佳截止阶 k_o 采用赤池（Akaike）导出的最终预报误差（FPE）准则确定。最终预报误差（FPE）准则的计算公式为：

$$FPE(k) = \frac{N+k+1}{N-k-1}P(k) \tag{5-24}$$

式中： $P(k)$ 为残差方差。在分析计算时应选择能够使 $FPE(k)$ 取最小的 k 作为其最佳截止阶数 k_o 。

2）最大熵谱估计步骤

（1）将原始序列中心化和标准化处理得出新序列 $x_t(t=1,2,\cdots,n)$ ；

（2）根据 Burg 递推算法计算出 $B(k,k)$ 和 $P(k)$ ；

（3）根据 FPE 准则来选取计算所选用的最佳截止阶 k_o ；

（4）根据 k_o 计算 $B(k_o,k),(k=1,2,\cdots k_o-1)$ ；

（5）计算出最大熵谱 I_f ；

（6）绘制出以频率 f 为横坐标、I_f 为纵坐标的最大熵谱图；

（7）从图中找出峰值所对应的频率 f ,其相应的周期 T 即为时间序列的隐含周期。

3) 方法理论分析

最大熵谱分析法是建立在最大熵原理的基础上的,它不人为强加额外的信息,物理基础牢靠,自然合理,简单快捷,行之有效,同时还克服了传统谱分析方法分辨率低、自相关函数最大时滞的主观选择等不足,具有频谱短且光滑、分辨率高等独特的优势。

最大熵谱分析法在分析时间序列时还需要确定其最佳截止阶 k_o,截止阶 k_o 的确定准则有 FPE 准则、AIC 准则、CAT 准则;但实际上这三个确定准则推算出来的截止阶和真正的最优阶数并不是保持一致的,这样就会对结果产生一定的影响。

5.1.2.4　小波分析法[10-12]

关于小波分析法的内容可见本章 5.2 节。

5.1.3　突变分析

目前关于跳跃成分的识别与检验方法有多种,此处将介绍 R/S 分析方法、有序聚类分析方法、启发式分割算法。

5.1.3.1　R/S 分析方法

(1) Hurst 系数及 R/S 分析原理

Hurst 通过对尼罗河监测数据进行研究,发现数据不服从布朗运动及正态分布的特性,而是如果有一年水量较大,那么次年的水量也往往较大,并于 1951 提出了 Hurst 系数。通过 Hurst 系数可以定量表征时间序列的持续性或长期相关性,其 Hurst 系数 h 代表的意义为:当 $h=0.5$ 时,标志着一个序列是随机的,未来的变化趋势不受现在影响;$h>0.5$ 时,表示序列具有正持续性,未来的变化趋势与现在的变化趋势相同;$h<0.5$ 时,表示序列具有反持续性,未来的变化趋势与现在的变化趋势相反。当 h 越接近于 1,表明序列正持续性越强;h 越接近 0,表明序列反持续性越强。自然界中具有长期相关性的时间序列是普遍存在的,Hurst 系数已被广泛应用于水文、地球化学、气候、地质和地震等领域。

一般通过 R/S 分析计算 Hurst 系数值。R/S 分析又称为重标定极差分析(Rescaled Range Analysis),定义极差与标准差的比值为 R/S。Mandelbrot 通过对尼罗河最低水位等自然事件的分析,证实了 Hurst 的研究,并得出了更为广泛的指数律,即:

$$R/S = (c\tau)^h \tag{5-25}$$

根据实测资料,用最小二乘法可求得参数 c 和 Hurst 系数 h。

（2）分数布朗运动及相关函数

分数布朗运动（Fractional Brownian Motion,FBM）是随机过程与分形理论结合的产物,由分形论创始人 Mandelbort 从普通布朗运动推广而来。它不仅可以描述粒子随机运动,而且揭示了粒子振动的位移增量与时间增量的标度性质,其标度律的指数 H 刻画了运动的长期相关性。指数 H 与其相关函数 $C(t)$ 的关系如下：

$$C(t) = -\frac{E\left[B_H(-t)\,B_H(t)\right]}{E\left[B_H(t)\right]^2} = 2^{2H-1} - 1 \tag{5-26}$$

徐绪松等根据分数布朗运动理论,探讨了 R/S 分析方法的理论基础,指出分数布朗运动理论是 R/S 分析的理论基础,并得出了分数布朗运动参数 H 和 Hurst 系数 h 在含义和逻辑上具有一致性的结论,即 H 与 Hurst 系数 h 是一致的,说明了 Hurst 系数 h 描述序列长期相关性与分数布朗运动中参数 H 描述粒子运动长期相关性的含义是相同的。

（3）变异分析原理

由上述分析不难发现,Hurst 系数与分数布朗运动的相关函数 $C(t)$ 有着紧密的联系。Hurst 系数 h、相关函数 $C(t)$ 与水闸变异之间有何关系呢？从 h 代表的意义来看：当 $h=0.5$ 时,标志着一个序列是随机的,未来的变化趋势不受现在影响；$h\neq0.5$ 时,表示序列具有长期相关性,未来的变化趋势受现在影响。从变异的定义来看,当 $h=0.5$ 时,序列是随机的,序列未发生变异；$h\neq0.5$ 时,序列具有长期相关性。这种长期相关性破坏了序列的随机性,使得序列发生了变异,并且当 h 偏离 0.5 越远,序列的这种变异越明显。因此,根据序列 Hurst 系数的取值,可以识别序列是否是随机的,即序列是否发生了变异；同时,根据 Hurst 系数偏离 0.5 的程度,可以判别序列的变异程度。

从分数布朗运动及其相关函数来看：当 $h=0.5$ 时,任意 t 时刻过去与未来增量的相关函数 $C(t)=0$,这时序列为独立的随机过程；当 $h>0.5$ 时,$C(t)>0$,正相关,即序列未来的变化趋势受过去变化趋势的影响,并且两者的变化趋势相同；当 $h<0.5$ 时,$C(t)<0$,负相关,序列未来的变化趋势同样受过去变化趋势的影响,但两者的变化趋势相反。分数布朗运动的相关函数 $C(t)$ 的大小显示了序列过去变化趋势对未来变化趋势影响的程度,$C(t)$ 越趋近于 0,

序列的相关性越不明显,序列过去变化趋势对未来变化趋势的影响越小;$C(t)$ 越趋近于 1 或 −1,序列相关性越强,序列过去变化趋势对未来变化趋势的影响越大。从变异角度来看,$C(t)$ 趋近于 0,序列趋近于布朗运动,为独立的随机过程,序列未发生变异;$C(t) \neq 0$,序列未来的变化趋势受过去变化趋势的影响,为分数布朗运动,序列不满足随机性,即序列发生了变异。这种变异常导致序列的一些主要统计特征值如均值、变差系数、偏态系数、自相关系数等在整个时间范围内发生变化。因此,根据序列相关函数值的大小可以识别序列是否变异及判定其变异程度。

综上所述,Hurst 系数与分数布朗运动中的相关函数均可以用于水闸变异分析,并能在一定程度上识别序列变异的程度。

5.1.3.2　有序聚类分析

以有序聚类来推求最可能的干扰点 τ_0,其实质是求最优分割点,使同类之间的离差平方和最小。对序列 $x_t(t = 1, 2, \cdots, n)$,设可能分割点为 τ,则分割点前后离差平方和表示为:

$$V_\tau = \sum_{t=1}^{\tau} (x_t - \bar{x}_\tau)^2 \text{ 和} V_{n-\tau} = \sum_{t=\tau+1}^{n} (x_t - \bar{x}_{n-\tau})^2 \qquad (5-27)$$

式中:$\bar{x}_\tau = \dfrac{1}{\tau} \sum_{t=1}^{\tau} x_t$, $\bar{x}_{n-\tau} = \dfrac{1}{n-\tau} \sum_{t=\tau+1}^{n} x_t$。

总离差平方和为:

$$S_n(\tau) = V_\tau + V_{n-\tau} \qquad (5-28)$$

最优二分割:

$$S_n^* = \min_{-1 \leqslant \tau \leqslant 1} \{S_n(\tau)\} \qquad (5-29)$$

满足上述条件的 τ 记为 τ_0,作为最有可能的分割点。最终确定是否为分割点,需要进一步对分割样本进行检验,常用方法有秩和检验和游程检验。

（1）秩和检验法

设分割点 τ_0 前后两个序列总体的分布函数为 $F_1(x)$ 和 $F_2(x)$,从总体中分别抽取容量为 n_1 和 n_2 的样本。要求检验原假设:$F_1(x) = F_2(x)$。

把两个样本数据依大小次序排列并统一编号,规定每个数据在排列中所对应的序数称为该数的秩。记容量小的样本各数值的秩和为 W,将 W 作为统计量进行检验。当 n_1,$n_2 > 10$ 时,统计量 W 近似于正态分布

$N\left(\dfrac{n_1(n_1+n_2+1)}{2},\dfrac{n_1\,n_2(n_1+n_2+1)}{12}\right)$，因此可采用 U 检验法，其统计量为：

$$U=\dfrac{W-\dfrac{n_1(n_1+n_2+1)}{2}}{\sqrt{\dfrac{n_1\,n_2(n_1+n_2+1)}{12}}} \tag{5-30}$$

（2）游程检验法

若 n_1，n_2 分别来自两个总体，原假设为两个总体具有同分布函数。在证明原假设时，n_1，$n_2 > 20$，游程总个数 K 迅速趋于正态分布 $N\left(1+\dfrac{2\,n_1\,n_2}{n},\dfrac{2\,n_1\,n_2(2\,n_1\,n_2-n)}{n^2(n-1)}\right)$。

采用 U 检验法时的统计量为：

$$U=\dfrac{K-\left(1+\dfrac{2\,n_1\,n_2}{n}\right)}{\sqrt{\dfrac{2\,n_1\,n_2(2\,n_1\,n_2-n)}{n^2(n-1)}}} \tag{5-31}$$

以上统计量均服从标准正态分布，其中 $n=n_1+n_2$，选择显著水平 α，查正态分布得临界值 $U_{\alpha/2}$。当 $|U|<U_{\alpha/2}$ 时，接受原假设，表示突变不显著；反之，突变显著。

5.1.3.3　启发式分割算法

对一个由 n 个样本构成的时间序列 x_t，从前到后逐次计算每个点前边序列和后边序列的平均值 μ_{1i} 和 $\mu_{2i}(i=1,2,\cdots,n)$ 及标准差 S_{1i} 和 S_{2i}，则第 i 点的联合偏差 S_{Di} 为：

$$S_{Di}=\sqrt{\left(\dfrac{S_{1i}{}^2+S_{2i}{}^2}{n_1+n_2-2}\right)\times\left(\dfrac{1}{n_1}+\dfrac{1}{n_2}\right)} \tag{5-32}$$

式中：n_1，n_2 分别为第 i 点前边和后边的样本数。

构建 t 检验的统计量 T_i：

$$T_i=\left|\dfrac{\mu_{1i}-\mu_{2i}}{S_{Di}}\right| \tag{5-33}$$

对原序列 x_t 中的每一个点重复上述计算过程，从而得到与 x_t 一一对应的分检验统计量序列 T_t，T 越大，表示该点前后两部分的均值相差越大。计算

T_t 中的最大值 $T_{\max}$ 的统计显著性 $P(T_{\max})$：

$$P(T_{\max}) = P(T \leqslant T_{\max}) \tag{5-34}$$

$P(T_{\max})$ 表示在随机过程中取到 T 值小于等于 $T_{\max}$ 的概率，一般情况下 $P(T_{\max})$ 可近似表示为：

$$P(T_{\max}) \approx (1 - I_{v/(v+T_{\max}^2)}(\delta_v, \delta))^{\gamma} \tag{5-35}$$

由蒙特卡罗模拟可得，时间序列 x_t 的长度为 n，$v = n - 2$，$\delta = 0.40$，$\gamma = 4.19\ln(n) - 11.54$，$I_x(a, b)$ 为不完全贝塔函数。设定一个临界值 P_0，若 $P(T_{\max}) \geqslant P_0$，则该点将 x_t 的一个突变分割点，否则不分割。

对新得到的两个子序列分别按照上述步骤重复计算，如果子序列计算结果满足 $P(T_{\max}) \geqslant P_0$，则对子序列进行分割，反之不分割。如此重复直至所有的子序列都不分割为止。为确保统计的有效性，当子序列的长度小于等于 l_0（l_0 为最小分割长度）时不再对其进行分割。通过上述计算，将原序列分割为若干不同均值的子序列，分割点即为序列突变点。一般情况，l_0 的取值不小于 25，P_0 可取 0.5～0.95。

5.2　小波变换与小波包变换

5.2.1　小波变换

5.2.1.1　小波与小波分析[13,14]

从平方可积函数 $f(t)$ 的傅里叶变换 $\hat{f}(\omega) = \int_{-\infty}^{+\infty} f(t) e^{-i\omega t} dt$ 可以看出，函数 $f(t)$ 的傅里叶变换 $\hat{f}(\omega)$ 完全独立于时间，意味着经由傅里叶变换所获得的信号的频谱信息与时间无关，这显然是与物理事实相悖的典型的例子，类似的还有人们在说话时的音调通常是随时间变化的。此外，从函数的傅里叶变换还可以看出，为提取该信号的频谱不仅需要之前所有历史时刻的信息，甚至还需要将来所有时刻的信息，这在实际操作中是无法实现的。为弥补傅里叶分析的上述缺陷，Gabor 于 1946 年提出了著名的 Gabor 变换，并在随后发展成为短时傅里叶变换（又称窗口傅里叶变换）。短时傅里叶变换弥补了傅里叶变换完全不具有时域局部性的缺陷，并且由于窗口函数 $\omega(t)$ 通常具有紧支撑，因此在提取信号 $f(t)$ 某一时刻的频谱信息时，只需要该时刻附近有限时间段内的信息即可。但也正因为短时傅里叶变换只使用了有限时间区间内的函数信息,因此其只表征了一定时域区间内的函数信息,并且在短时傅里叶变换中,其时频窗口的高宽比是固定的,并不会随着被分析信号的局部频谱特征而发生改变。但众所周知,频率直接表征着信号在单位时间内的循环次数,因此为保证分析精度,对于高频信号需要一个高宽比较大的时频窗口,而对于低频信号则需要一个高宽比较小的时频窗口。故而,时频窗口固定的短时傅里叶变换通常难以有效地分析频谱范围较广的信号,如地震波、湍流等。此外,由于窗口函数需满足特定的要求,因此经由短时傅里叶变换构造的函数基底几乎都不具备正交性,这也给数值计算带来了不便。鉴于短时傅里叶变换的上述局限,尤其是针对其窗口函数只存在平移而没有伸缩的特点,研究人员提出了连续小波变换。

为了行文方便,我们约定一般用小写字母,比如 $f(x)$ 表示时间信号或函数,其中括号里的小写英文字母 x 表示时间域自变量;对应的大写字母,这里的就是 $F(\omega)$ 表示相应函数或信号的傅里叶变换,其中的小写希腊字母 ω 表示频域自变量;尺度函数总是写成 $\varphi(x)$(时间域)和 $\Phi(\omega)$(频率域);小波函数总是写成 $\psi(x)$(时间域)和 $\Psi(\omega)$(频率域)。考虑函数空间 $L^2(R)$,它是定义在整个实数轴 R 上的,满足如下要求:

$$\int_{-\infty}^{+\infty} |f(x)|^2 \mathrm{d}x < +\infty \tag{5-36}$$

它是满足上式的可测函数 $f(x)$ 的全体组成的集合,并带有相应的函数运算和内积。工程上常常说成是能量有限的全体信号的集合。

1)小波

小波就是函数空间 $L^2(R)$ 中满足下述条件的一个函数或者信号 $\Psi(x)$:

$$C_\psi = \int_{R^*} \frac{|\Psi(\omega)|^2}{|\omega|} \mathrm{d}\omega < \infty \tag{5-37}$$

式中:$R^* = R - \{0\}$,表示非零实数全体。有时,$\psi(x)$ 也称为小波函数,公式(5-37)称为容许性条件。对于任意的实数对 (a,b),其中,参数 a 必须为非零实数,称如下形式的函数:

$$\psi_{a,b}(X) = \frac{1}{\sqrt{|a|}} \psi\left(\frac{x-b}{a}\right) \tag{5-38}$$

为由小波母函数 $\psi(x)$ 生成的依赖于参数 (a,b) 的连续小波函数,简称为小波。

注释：①如果小波母函数 $\psi(x)$ 的傅里叶变换 $\Psi(\omega)$ 在原点 $\omega=0$ 是连续的，那么，公式（5-37）说明 $\Psi(0)=0$，即 $\int_R \psi(x)\mathrm{d}x=0$。这说明函数 $\psi(x)$ 有"波动"的特点，另外，公式（5-38）又说明，小波函数 $\psi(x)$ 只在原点附近它的波动才会明显偏离水平轴，在远离原点的地方函数值将迅速"衰减"为零，整个波动趋于平静，这是函数 $\psi(x)$ 被称为"小波"函数的基本原因。②对于任意的参数对 (a,b)，显然 $\int_R \psi_{(a,b)}(x)\mathrm{d}x=0$，但是，这里 $\psi_{(a,b)}(x)$ 却是在 $x=b$ 的附近存在明显的波动，而且，有明显波动的范围的大小完全依赖于参数 a 的变化。当 $a=1$ 时，这个范围和原来的小波函数 $\psi(x)$ 的范围是一致的；当 $a>1$ 时，这个范围比原来的小波函数 $\psi(x)$ 的范围要大一些，小波的波形变矮变胖，而且，当 a 变得越来越大时，小波的波形变得越来越胖、越来越矮，整个函数的形状表现出来的变化越来越缓慢；当 $0<a<1$ 时，$\psi_{(a,b)}(x)$ 在 $x=b$ 的附近存在明显波动的范围比原来的小波母函数 $\psi(x)$ 的要小，小波的波形变得尖锐而消瘦。

2）小波变换

对于任意的函数或者信号 $f(x)$，其小波变换是：

$$W_f(a,b)=\int_R f(x)\overline{\psi_{(a,b)}}(x)\mathrm{d}x=\frac{1}{\sqrt{|a|}}\int_R f(x)\overline{\psi}\left(\frac{x-b}{a}\right)\mathrm{d}x \quad (5\text{-}39)$$

式中：$W_f(a,b)$ 为小波系数，a 反映函数的尺度，b 是沿时间轴或位置轴平移的位置。

因此，对任意的函数 $f(x)$，它的小波变换是一个二元函数。这是和傅里叶变换很不相同的地方。另外，因为小波母函数 $\psi(x)$ 只有在原点的附近才会有明显偏离水平轴的波动，在远离原点的地方函数值将迅速衰减为零，整个波动趋于平静，所以，对于任意的参数对 (a,b)，小波函数 $\psi_{(a,b)}(x)$ 在 $x=b$ 的附近存在明显的波动，远离 $x=b$ 的地方将迅速地衰减到 0，因而，从形式上可以看出，式（5-39）的数值 $W_f(a,b)$ 表明的本质上是原来的函数或者信号 $f(x)$ 在 $x=b$ 点附近按 $\psi_{(a,b)}(x)$ 进行加权的平均，体现的是以 $\psi_{(a,b)}(x)$ 为标准快慢的 $f(x)$ 的变化情况，这样，参数 b 表示分析的时间中心或时间点，而参数 a 体现的是以 $x=b$ 为中心的附近范围的大小，所以，一般称参数 a 为尺度参数，而参数 b 为时间中心参数。

3）离散小波和离散小波变换

出于数值计算的可行性和理论分析的简便性考虑，离散化处理都是必要的。

（1）二进小波和二进小波变换

如果小波函数 $\psi(x)$ 满足稳定性条件：

$$A \leqslant \sum_{j=-\infty}^{+\infty} |\psi(2^j \omega)|^2 \leqslant B; (a, e, \omega \in R) \tag{5-40}$$

则称 $\psi(x)$ 为二进小波，对于任意的整数 k，记：

$$\psi_{(2^{-k}, b)}(x) = 2^{\frac{k}{2}} \psi(2^k(x-b)) \tag{5-41}$$

连续小波 $\psi_{(a,b)}(x)$ 的尺度参数 a 取二进离散数值 $a_k = 2^{-k}$。函数 $f(x)$ 的二进离散小波变换记为 $W_f^k(a, b)$，定义如下：

$$W_f^k(a, b) = W_f(2^{-k}, b) = \int_R f(x) \overline{\psi_{(2^{-k}, b)}}(x) \mathrm{d}x \tag{5-42}$$

这时，二进小波变换的反演公式是：

$$f(x) = \sum_{k=-\infty}^{+\infty} 2^k \int_R W_f^k(b) \times t_{(2^{-k}, b)}(x) \mathrm{d}b \tag{5-43}$$

其中，函数 $t(x)$ 满足：

$$\sum_{k=-\infty}^{+\infty} \psi(2^k \omega) T(2^k \omega) = 1; (a, e, \omega \in R) \tag{5-44}$$

称为二进小波 $\psi(x)$ 的重构小波。这里，如前述约定，记号 $\psi(\omega)$，$T(\omega)$ 分别表示函数 $\psi(x)$ 和 $t(x)$ 的傅里叶变换。重构小波总是存在的，譬如可取：

$$T(\omega) = \overline{\psi}(\omega) / \sum_{k=-\infty}^{+\infty} |\psi(2^k \omega)|^2$$

当然，重构小波一般是不唯一的，但重构小波一定是二进小波。

（2）正交小波和小波级数

设小波为 $\psi(x)$，如果函数族：

$$\{\psi_{k,j}(x) = 2^{\frac{k}{2}} \psi(2^k x - j); (k, j) \in Z \times Z\} \tag{5-45}$$

构成空间 $L^2(R)$ 的标准正交基，即满足下述条件：

$$(\psi_{k,j}, \psi_{l,n}) = \int_R \psi_{k,j}(x) \overline{\psi_{l,n}}(x) \mathrm{d}x = \delta(k-1)\delta(j-n) \qquad (5\text{-}46)$$

则称 $\psi(x)$ 是正交小波,其中符号 $\delta(m)$ 的定义是:

$$\delta(m) = \begin{cases} 1 & m = 0 \\ 0 & m \neq 0 \end{cases} \qquad (5\text{-}47)$$

称为 Kronecker 函数。这时,对任何函数或信号 $f(x)$,有如下的小波级数展开:

$$f(x) = \sum_{k=-\infty}^{+\infty} \sum_{j=-\infty}^{+\infty} A_{k,j} \psi_{k,j}(x) \qquad (5\text{-}48)$$

其中的系数 $A_{k,j}$ 由公式:

$$A_{k,j} = (f, \psi_{k,j}) = \int_R f(x) \overline{\psi_{k,i}}(x) \mathrm{d}x \qquad (5\text{-}49)$$

给出,称为小波系数。可以看出,小波系数 $A_{k,j}$ 正好是信号 $f(x)$ 的连续小波变换 $W_f(a,b)$ 在尺度系数 a 的二进离散点 $a_k = 2^{-k}$ 和时间中心参数 b 的二进整倍数的离散点 $b_j = 2^{-k}j$ 所构成的点 $(2^{-k}, 2^{-k}j)$ 上的取值,因此,小波系数 $A_{k,j}$ 实际上是信号 $f(x)$ 的离散小波变换。也就是说,在对小波添加一定的限制之下,连续小波变换和离散小波变换在形式上简单明了地统一起来了,而且,连续小波变换和离散小波变换都适合空间 $L^2(R)$ 上的全体信号。

5.2.1.2　小波分析在水闸监测中的应用

小波分析在水闸监测信号的处理中,主要是进行去噪研究,通过准确的分析、诊断、编码压缩和量化、快速传递或存储、精确地重构(或恢复)原始信号,最终实现恢复真实数据信号的目的,被誉为"数学显微镜"。小波分析能够同时提取信号的时频特性,是一种良好的时频分析工具。

为了应用方便,通常将连续小波及其变换离散化,此时可表示为:

$$\psi_{j,k}(t) = 2^{\frac{i}{2}} \psi(2^{-j}t - k); j,k \in Z \qquad (5\text{-}50)$$

小波变换表示为离散小波变换:

$$W_f(j,k) = \langle f(t), \psi_{j,k}(t) \rangle = \int_R f(t) \overline{\psi}_{j,k}(t) \mathrm{d}t \qquad (5\text{-}51)$$

在尺度度量空间 j 中,对系数 $A_0(k)$ 进行分解得到在尺度度量空间 $j-1$ 的两个系数 $A_1(k)$ 和 $D_1(k)$。同样地我们也可以通过 $A_1(k)$ 和 $D_1(k)$ 两个系数

重构得到系数 $A_0(k)$ 。

小波去噪通常是将水闸的原始监测数据看作是一串信号,由有用信号和噪声共同组成,通常表达为:

$$f(t) = s(t) + n(t) \qquad (5\text{-}52)$$

式中: $f(t)$ 为原始信号; $s(t)$ 是有用信号; $n(t)$ 是噪声且符合 $N(0, \sigma^2)$ 。

实际应用中,小波变换具有带通滤波的功能,可以将信号划分为不同的频带,这里若设原始信号的频率为 f,在尺度参数 $j = 1, 2, \cdots, J$ 下,应用小波分解,其对应的频带数为 $2J$,相应的频率范围为:

$$2^{-J}(i-1)f \sim 2^{-J}if \qquad (5\text{-}53)$$

式中: $i = 1, 2, \cdots, 2J$,表示分解信号的频带序列,分解后可以看出从低频到高频的信号信息,各频带互不重叠。

小波去噪中用到的小波函数具有不唯一性,根据前人研究成果和经验,对信号进行分解时,分解层数的确定也会与信噪比有关,当信噪比低时信号输入以噪声为主,这时分解层数需要选择大一点,利于信号和噪声之间分离,信噪比较高时则相反。

5.2.2　小波包变换

5.2.2.1　小波包与小波包变换

小波包是由 Coifman、Meyer 及 Wickhauser 提出的。他们在研究正交小波基的基础上创立了正交小波包的概念,后来又发展出半正交小波包和广义小波包。

1) 小波包

小波包是小波函数的推广,正交小波包是一函数族,它们构成 $L^2(R)$ 的标准正交基库。从正交小波包中可以选出 $L^2(R)$ 的许多组标准正交基,通常的正交小波基是其中的一组。因此小波函数是小波包函数族中的一个。

设 $\{h_n\}_{n \in Z}$ 是正交尺度函数 $\varphi(t)$ 对应的正交低通实系数滤波器, $\{g_n\}_{n \in Z}$ 是正交小波函数 $\psi(t)$ 对应的高通滤波器,其中 $g_n = (-1)^n h_{1-n}$,则它们满足以下两尺度方程和小波方程:

$$\begin{cases} \varphi(t) = \sqrt{2} \sum_{k \in Z} h_k \varphi(2t - k) \\ \psi(t) = \sqrt{2} \sum_{k \in Z} g_k \varphi(2t - k) \end{cases} \qquad (5\text{-}54)$$

为便于表示小波包函数,引入以下新的记号:

$$\begin{cases} \mu_0(t) \Longleftrightarrow \varphi(t) \\ \mu_1(t) \Longleftrightarrow \psi(t) \end{cases} \tag{5-55}$$

于是,式(5-54)可表示为:

$$\begin{cases} \mu_0(t) = \sqrt{2} \sum_{k \in Z} h_k \mu_0(2t - k) \\ \mu_1(t) = \sqrt{2} \sum_{k \in Z} g_k \mu_0(2t - k) \end{cases} \tag{5-56}$$

通过 μ_0、μ_1、h、g 在固定尺度下可定义一组称为小波包的函数。

由:

$$\begin{cases} \mu_{2n}(t) = \sqrt{2} \sum_{k} h_k \mu_n(2t - k) \\ \mu_{2n+1}(t) = \sqrt{2} \sum_{k} g_k \mu_n(2t - k) \end{cases} \tag{5-57}$$

递归定义的函数 $\mu_n, n = 0,1,2,\cdots$ 称为由正交尺度函数 $\mu_0 = \varphi$ 确定的小波包。

2) 小波包基的定义及代价函数条件

函数族 $\{2^{\frac{j}{2}} \mu_n(2^j t - k), n \in Z_+; j,k \in Z\}$ 称为正交尺度函数 φ 导出的小波库,其中 Z_+ 表示非负整数集。从小波库中抽取的能组成 $L^2(R)$ 的一组规范正交基称为 $L^2(R)$ 的小波包基。

在这种意义上,Mallat 正交小波基是一个特殊的小波包基,这种小波适用于信号的低频段分解和时频分析。一般地,不同的小波包基具有不同的时频局部化能力,反映不同的信号特性,因此,对于一个给定的信号,选择一个性质好的小波包基是很重要的。

如何选择最佳小波包基,需要解决采用什么标准来评价一个基的优劣的问题。在一个正交小波包基下,可以把信号 $f(t)$ 展开,使得 $f(t)$ 与一个小波包系数序列 $u = \{u_k\}$ 对应。我们在序列 $u = \{u_k\}$ 上定义一个信息代价函数 M,它满足可加性条件:

$$M(\{u_k\}) = \sum_{k \in Z} M(u_k), M(0) = 0 \tag{5-58}$$

对于一个给定的信息代价函数 M,$L^2(R)$ 的小波包基 B 称为信号 $f(t)$ 相对于代价函数 M 的最佳基,如果在 $L^2(R)$ 的所有小波包基中,$f(t)$ 在小波

包基 B 下对应的小波包系数序列具有最小的信息代价函数值。

3）小波包最佳基波的选取与信息代价函数

为方便对信号进行时频分析，需要选择合适的基波函数，将基波函数中的信号提取出来。对应多层分解，自 $j=0$ 向下分解的过程中，每一层均包含多个基波，需要从中选择最佳的基波。基波的选择关系到信号分解以及时频分析质量的好坏。

工程应用中常用信息代价函数来描述类似的选取程序过程。常见的信息代价函数有以下几种。

（1）幅值大于某阈值的系数个数

预先给定一个阈值 T，计算序列 $\{u_k\}$ 中绝对值超过 T 的元素的个数，即令：

$$M\{u_k\} = \begin{cases} 1 & |u_k| > T \\ 0 & |u_k| \leqslant T \end{cases} \tag{5-59}$$

（2）l^p 范数的集中度

对任意的 $0 < P < 2$，定义 $M(u_k) = |u_k|^p$，从而：

$$M(u) = \sum_{k \in Z} |u_k|^p = \|u\|_p \tag{5-60}$$

（3）对数熵

对于序列 $u = \{u_k\}$，定义：

$$M(u) = \sum_{k \in Z} \log |u_k|^2 \tag{5-61}$$

约定 $\log 0 = 0$。

（4）信息熵

对于序列 $u = \{u_k\}$，定义：

$$H(u) = -\sum_{k \in Z} p_k \log p_k \tag{5-62}$$

式中：$p_k = \dfrac{|u(k)|^2}{\sum\limits_{k \in Z} |u(k)|^2}$。当 $p = 0$ 时，约定 $\log 0 = 0$。

由信息熵定义的代价函数 $H(u)$ 不满足可加性，另外一种类似的定义方式为：

$$M(u) = -\sum_{k \in Z} |u_k|^2 \log |u_k|^2, \log 0 = 0 \tag{5-63}$$

这种代价函数满足可加性。

（5）特征检测

对于序列 $u = \{u_k\}$，特征频域分布序列为 $v = \{v_k\}$，定义：

$$H(u) = \sum_{k \in Z} | u_k - v_k |^2 \qquad (5\text{-}64)$$

这样可以提取特定频域或特定的信号特征，可以用于故障诊断和特征检测。$H(u)$ 满足可加性，特征频域分布 $v = \{v_k\}$ 的设计是算法的关键。

有了以上信息代价函数，我们就可以求出使信息代价函数最小的小波包序列，从而求出最佳基。

5.2.2.2 小波包变换应用及代价函数设计

1) 信号小波包分析的实现

信号小波包分析的基本实现步骤如下。

（1）选择适当的小波滤波器，对给定的采样信号进行小波包变换，获得树形结构的小波包系数。常用的正交滤波器包括 Daubechies 小波滤波器、Symlets 小波滤波器等等，小波滤波器的性能通常与所分析的信号类型相关，可通过实验比较选取合适的滤波器。

（2）选择信息代价函数，并利用最佳小波包基选取算法，选取最佳基。需要说明的是，信息代价函数的选取与小波包的应用是相关的，而且人们也在不断提出新的选取方法。通常需要通过实验比较选取合适的代价函数。当代价函数选定后，可采用自底向顶的方法搜索最佳小波包基，该基能够提供所分析信号的高效表示。

（3）对最佳正交小波包基对应的小波包系数进行处理。处理方法与具体应用有关，如在去噪时，可对系数进行阈值化处理。

2) 代价函数设计

以下介绍小波包在信号去噪、滤波、非平稳机械振动信号的分析与故障诊断、特征识别等方面的应用中代价函数设计的方法。

（1）滤波

用小波包变换能够识别和确定信号所包含的频率成份，从而滤除噪声或不需要的频率成份，保留所需要的信号，达到滤波的目的。对于滤波处理，代价函数将设计成对滤波保留的信息破坏达到最小；或者可以不设计代价函数，直接对某一选定频段的分解信号做小波包逆变换，将其他频段的分解系数置为 0，这样重构的信号即为选定频段的信号分量，从而实现低通、高通、带通和随机噪声的滤波处理。

(2) 去噪

与小波阈值去噪类似,小波包阈值去噪方法对高信噪比信号比较有效,不适合低信噪比信号,因为当信噪比较低时,通过代价函数,小波包变换搜索小波包基会受到噪声的影响,即在噪声占主要成份的区域,小波包算法由于会去更好地匹配噪声,从而导致小波基的搜索中一定程度上只是为了描述噪声,反而不利于去噪。因此在去噪方面,代价函数设计应该考虑噪声的频域分布。最优的状态是实现噪声小波系数和信号小波系数分离。

(3) 压缩

小波包变换由于具有小波基的自适应性,因此通过设计代价函数,使得小波系数具有最好的能力集中性能,从而达到压缩的最佳效果。在压缩应用中的代价函数可以设计成反映小波系数能量集中性的函数。能量集中性越好的小波包基,能达到的压缩效果就越好。

(4) 非平稳机械振动信号的故障诊断

非平稳机械振动信号是机械振动故障信号检测与诊断的重点,从快速变化的信号中分离出异常信号和滤除噪声信号,可以达到检测与诊断故障信号的目的。非平稳机械振动信号的突出表现在于其非平稳特性(高频信息很多),而且这种瞬时频率突变信号的持续时间很短,常常被正常振动信号淹没。因此代价函数的意义是对异常信号的损失达到最小,利用小波包算法的精细化分割能力,结合代价函数就可以达到诊断故障的目的。

(5) 特征提取

特征提取是模式识别或分类中的核心问题,对识别或分类来说关键不在于完整地描述模式,而是提取模式中有效的分类特征。所谓有效分类特征就是不同模式类差别较大的特征。但这些特征在原始特征域通常不易被观察或检测。特征提取就是通过变换的方法,使这些重要特征在变换域显示出来,去掉对分类无意义的信息。一般被识别或分类的模式都是非平稳或突变信号模式,如语音、雷达和地震信号等,在这些信号中,通常包含长时低频和短时高频不同尺度的信号,用于分类的特征往往包含在局部的时频信号中,因而目标函数应该针对需要检查的特征信息,将特征信息的受破坏程度作为代价函数,当代价函数值达到最小,则其特征提取和表示的能力最强。

5.3 经验模态分解与变分模态分解

5.3.1 经验模态分解

5.3.1.1 经验模态分解法[15,16]

经验模态分解法(Empirical Mode Decomposition,EMD)自提出后,已被广泛应用于设备故障诊断、地球物理学、生物医学、图像分析等各个科学研究领域,并取得了较好的效果。应用 EMD 方法进行故障诊断的大致步骤是:对信号序列进行 EMD 分解,得到多个本征模函数,从而使非平稳信号平稳化,再对本征模函数进行希尔伯特变换,得到有意义的希尔伯特变换时频谱。

5.3.1.2 经验模态分解法的基本原理

对数据信号进行 EMD 分解就是为了获得本征模函数,因此,在介绍 EMD 分析方法的具体过程之前,有必要先介绍 EMD 分解过程中所涉及的基本概念的定义:本征模函数,这是掌握 EMD 方法的基础。

(1)本征模函数

在物理上,如果瞬时频率有意义,那么函数必须是对称的,局部均值为零,并且具有相同的过零点和极值点数目。在此基础上,Norden E. Huang 等人提出了本征模函数(Intrinsic Mode Function,IMF)的概念。本征模函数任意一点的瞬时频率都是有意义的。Huang 等人认为任何信号都是由若干本征模函数组成,任何时候,一个信号都可以包含若干个本征模函数,如果本征模函数之间相互重叠,便形成复合信号。EMD 分解的目的就是为了获取本征模函数,然后再对各本征模函数进行希尔伯特变换,得到希尔伯特谱。

Huang 认为,一个本征模函数必须满足以下两个条件:

①函数在整个时间范围内,局部极值点和过零点的数目必须相等,或最多相差一个;

②在任意时刻点,局部最大值的包络(上包络线)和局部最小值的包络(下包络线)平均必须为零。

本征模函数表征了数据内在的振动模式。由本征模函数的定义可知,由过零点所定义的本征模函数的每一个振动周期只有一个振动模式,没有其他复杂的骑波;一个本征模函数没有约束为一个窄带信号,可以是频率和幅值的调制,还可以是非稳态的;单由频率或单由幅值调制的信号也可成为本征模函数。

（2）EMD方法的分解过程

由于大多数要分析的数据都不是本征模函数,在任意时间点上,数据可能包含多个波动模式,这就是简单的希尔伯特变换不能完全表征一般数据的频率特性的原因,于是需要对原数据进行EMD分解来获得本征模函数。

EMD分解方法基于以下假设条件:①数据至少有两个极值,一个最大值和一个最小值;②数据的局部时域特性是由极值点间的时间尺度唯一确定;③如果数据没有极值点但有拐点,则可以通过对数据微分一次或多次求得极值,然后再通过积分来获得分解结果。这种方法的本质是通过数据的特征时间尺度来获得本征波动模式,然后分解数据。这一分解过程可以形象地称之为"筛选(Shifting)"过程。

分解过程如下:找出原数据序列 $X(t)$ 所有的极大值点,并用三次样条插值函数拟合形成原数据的上包络线;同样,找出所有的极小值点,并将所有的极小值点通过三次样条插值函数拟合形成数据的下包络线;上包络线和下包络线的均值记作 m_1 ,将原数据序列 $X(t)$ 减去该平均包络 m_1 ,得到一个新的数据序列 h_1 :

$$X(t) - m_1 = h_1 \tag{5-65}$$

为了去除骑波和使数据更加对称,"筛选"的过程必须多次进行。在第二次"筛选"的过程中,把第一次的 h_1 看作新的数据, h_1 的包络平均为 m_{11} ,则:

$$h_1 - m_{11} = h_{11} \tag{5-66}$$

重复进行上述"筛选"过程 k 次,直到第 k 次的 h_{1k} 是本征模函数,即:

$$h_{(k-1)} - m_{1k} = h_{1k} \tag{5-67}$$

把 h_{1k} 记作 c_1 ,这样就把第一个本征模函数组份 c_1 从原数据中提取出来了。

但是过多地重复"筛选"过程会导致所分解出来的本征模函数分量变成纯粹的定常振幅的频率调制信号,这就会失去应有的物理意义。因此,必须制定一个"筛选"过程的停止条件,这可以通过计算两个连续"筛选"出的 $h_{1(k-1)}(t)$ 和 $h_{1k}(t)$ 的标准差 SD 的大小来实现, SD 的表达式如下:

$$SD = \sum_{t=0}^{T} \left[\frac{|h_{1(k-1)}(t) - h_{1k}(t)|^2}{h_{1(k-1)}^2(t)} \right] \tag{5-68}$$

一般来说，SD 的值越小，所得到的本征模函数的线性和稳定性就越好，但是值太小又会使得分解出来的本征模函数失去物理意义。Huang 等人建议 SD 的值取在 0.2 到 0.3 之间，这样既能保证本征模函数的线性和稳定性，又能使所得的本征模函数具有相应的物理意义。

由上面"筛选"的过程可以看出，本征模函数 c_1 包含了原信号数据的最小尺度或最短周期成份。也就是说第一个 IMF 分量代表原数据序列中最高频率成分。把原数据 $X(t)$ 减去第一个本征模函数 c_1，则得到一个去掉高频的新数据序列 r_1：

$$X(t) - c_1 = r_1 \tag{5-69}$$

对 r_1 进行如上所述的"筛选"的过程，这样不断重复便可得：

$$r_1 - c_2 = r_2, \cdots, r_{n-1} - c_n = r_n \tag{5-70}$$

若残余 r_n 是一个单调函数不能再分解出本征模函数时则停止分解。若数据具有趋势，则最后的残余 r_n 就是趋势项。由式(5-69)和式(5-70)可得：

$$X(t) = \sum_{j=1}^{n} c_j + r_n \tag{5-71}$$

这样，就把原数据分解成本征模函数组和残余量 r_n 之和。其中，分量 c_1，c_2，$\cdots$，c_n 分别包含了数据从高到低不同频率成分，而 r_n 则表示了原数据的中心趋势。以上所用的方法就是经验模态分解的基本过程。在具体应用中，数据并不需要零均值，因为 EMD 方法只需要各个极值点。

5.3.2　变分模态分解

5.3.2.1　变分模态分解法

随着时频分析方法的快速发展，Dragomiretskiy 等人提出了一种新的信号多尺度时频分析处理方法——变分模态分解[17]（Variational Mode Decomposition，VMD）。VMD 作为一种非递归式信号分解方法，摆脱了传统 EMD 递归式筛选分量的过程，信号的分解过程完全在变分框架内进行，通过约束变分模型的构造及求解，将耦合振荡信号解耦为数个有限带宽的固有模态分量，根据信号的频域特性实现耦合振荡信号的自适应分解。由于 VMD 在复杂信号分析领域中的优势，其在机械故障提取及信号分量提取方面得到了较好应用，近几年来被广泛应用于机械信号的噪声处理领域。刘宏波构建了含有低频与高频的分解信号,通过仿真实验分析了 VMD 算法对构建信号的分解效果,证明了 VMD 算法对低频分量信号具有较强的识别能力。

5.3.2.2　变分模态分解法的基本原理

VMD 算法把信号分解为多个本征模态 IMF 分量,且将 IMF 分量重新定义为如下式所示的信号:

$$u_t(t) = A_t(t)\cos[(\varphi_k(t)] \tag{5-72}$$

式中:t 为时间;$u_t(t)$ 为各 IMF 分量;$A_t(t)$ 为瞬时幅值,且 $A_t(t) \geqslant 0$;$\varphi_k(t)$ 为瞬时相位,且 $\varphi_k(t) \geqslant 0$。

EMD 算法获取 IMF 分量时采用循环筛分剥离的方式,分解非平稳随机信号过程中时常会出现模态混叠等缺陷。与 EMD 算法不同,VMD 算法将信号分解过程转化为变分求解过程,即把分解问题转移到变分框架内处理,通过寻找变分模型的最优解获取 IMF 分量,算法核心包括变分问题的构造和变分问题的求解。

(1) 变分问题的构造

假设每个模态分量都紧凑地围绕一个中心频率分布,且具有有限带宽,中心频率会随着分解变化而变化。VMD 算法中变分问题的核心是以输入信号 $f(t)$ 等于 IMF 分量之和为前提,寻找最小的 IMF 分量的预估带宽之和,构造过程如下。

①对于每个 IMF 分量 $u_t(t)$ 利用希尔伯特变换构造解析信号后,通过混合指数调谐各自估计中心频率的方法,将每个 IMF 分量的频谱调制到相应的基频带上:

$$\left\{ \left[\delta(t) + \frac{j}{\pi t} \right] u_k(t) \right\} e^{-j\omega_k t} \tag{5-73}$$

式中:$u_k = \{u_1, \cdots, u_k\}$ 代表分解得到的 k 个 IMF 分量;$\omega_k = \{\omega_1, \cdots, \omega_k\}$ 为各 IMF 分量的中心频率;j 表示虚数单位;$\delta(t)$ 为狄拉克函数。

②通过解调信号的高斯平滑度,即计算式(5-73)表示的信号梯度的平方 L_2 范数,估计出各 IMF 分量的带宽,构造的变分问题如下:

$$\begin{cases} \min\limits_{\langle u_k \rangle \langle \omega_k \rangle} \left(\sum_{k=1}^{k} \left\| \partial \left\{ \left[\delta(t) + \dfrac{j}{\pi t} \right] u_k(t) \right\} e^{-j\omega_k t} \right\|_2^2 \right) \\ s.t. \sum_{k=1}^{k} u_k(t) = f(t) \end{cases} \tag{5-74}$$

（2）变分问题的求解

为求取式(5-74)中的约束变分问题，引入惩罚因子 α 和 Lagrange 乘法算子 $\lambda(t)$，其中惩罚因子 α 为较大的正数且在高斯噪声存在的情况下可保证信号的重构精度，Lagrange 算子 $\lambda(t)$ 使得约束条件保持严格性，构造的扩展 Lagrange 表达式如下：

$$L(\{u_k\},\{\omega_k\},\lambda) = \alpha \sum_k \left\| \partial_t \left\{ \left[\delta(t) + \frac{j}{\pi t} \right] u_k(t) \right\} e^{-j\omega_k t} \right\|_2^2 +$$
$$\left\| f(t) - \sum_k u_k(t) \right\|_2^2 + \langle \lambda(t), f(t) - \sum_k u_k(t) \rangle \tag{5-75}$$

VMD 中采用了乘法算子交替方向法(Alternating Direction Method of Multipliers，ADMM)解决以上变分模型，通过交替更新 u_k^{n+1}、ω_k^{n+1}、λ_k^{n+1} 寻求扩展的拉格朗日函数的"鞍点"，此点即为变分模型的最优解。具体步骤如下：

①令 $n=0$，初始化 $\{u_k^1\}$、$\{\omega_k^1\}$、λ_k^1；

②执行循环：$n=n+1$；

③对所有 $\omega>0$ 的分量，更新 u_k、ω_k。

u_k^{n+1} 的更新求解过程为：

首先在频域内计算式(5-76)得出 u_k^{n+1} 对应的频域函数，而后对式(5-76)进行傅里叶逆变换，即可得到时域内的 IMF 分量。

$$\hat{u}_k^{n+1}(\omega) \leftarrow \frac{\hat{f}(\omega) - \sum_{i<k} \hat{u}_i^{n+1}(\omega) - \sum_{i>k} \hat{u}_i^n(\omega) + \frac{\hat{\lambda}^n(\omega)}{2}}{1 + 2\alpha(\omega - \omega_k^n)^2} k \in \{1, k\} \tag{5-76}$$

ω_k^{n+1} 更新求解方法如下式所示：

$$\omega_k^{n+1} \leftarrow \frac{\int_0^\infty \omega \, |\hat{u}_i^{n+1}(\omega)|^2 d\omega}{\int_0^\infty |\hat{u}_i^{n+1}(\omega)|^2 d\omega} k \in \{1, k\} \tag{5-77}$$

④而后更新 λ：

$$\hat{\lambda}^{n+1}(\omega) \leftarrow \hat{\lambda}^n(\omega) + \tau(\hat{f}(\omega) - \sum_k \hat{u}_k^{n+1}(\omega)) \tag{5-78}$$

⑤对于给定判别精度 $e>0$，若满足下式条件，则停止迭代，否则返回步骤②：

$$\frac{\sum\limits_{k} \parallel \hat{u}_k^{n+1} - \hat{u}_k^n \parallel_2^2}{\parallel \hat{u}_k^n \parallel_2^2} < e \qquad (5\text{-}79)$$

5.4　希尔伯特-黄变换

5.4.1　概述

希尔伯特-黄变换(Hilbert-Huang Transform，HHT)是在 1998 年由美国国家航空航天局(NASA)的 Norden E. Huang 等人提出，作为一个崭新的时频分析方法，它完全独立于傅里叶变换，能够进行非线性、非平稳信号的线性化和平稳化处理，被认为是对以傅里叶变换为基础的线性和稳态谱分析的一个重大突破[18,19]。与频谱分析方法(FFT)相比，HHT 得到的每个 IMF 的振幅和频率是随时间变化的，消除了为反映非线性、非平稳过程而引入的多余无物理意义的简谐波；与小波分析方法相比，HHT 具有小波分析的全部优点，在分辨率上消除了小波分析的模糊和不清晰，具有更准确的谱结构，依此得到的分析结果更能准确地反映出系统原有的物理特性。

应该注意的是，HHT 在使用时存在模态混叠和端点效应等问题，导致解释结果中出现较大的误差，严重制约了方法的实际应用范围。在实际应用中，应根据具体情况针对上述问题进行改进或处理，以保证成果的可靠性。

5.4.2　希尔伯特-黄变换基本原理

HHT 方法包含两个主要步骤：①对原始数据进行预处理，即先通过经验模态分解方法，把数据分解为满足希尔伯特变换要求的 n 阶本征模式函数(IMF)和残余函数 $r_n(t)$ 之和；②对分解出的每一阶 IMF 做希尔伯特变换，得出各自的瞬时频率，做出时频图。

5.4.2.1　经验模态分解(EMD)

EMD 在 5.3.1 中有详细展示，此处不再对其进行介绍。

5.4.2.2　希尔伯特变换和希尔伯特谱

通过 EMD 所分解得到的 IMF 经希尔伯特变换，可得到瞬时频率并构造希尔伯特谱。对 $C_j(t)$ 进行希尔伯特变换可得数据序列：

$$C_{Hj}(t) = \frac{1}{\pi} P \int \frac{C_j(\tau)}{t-\tau} \mathrm{d}\tau \qquad (5\text{-}80)$$

式中:P 为 Cauchy 主值。利用 $C_j(t)$ 和 $C_{Hj}(t)$ 可以构造解析信号:

$$Z_j(t) = C_j(t) + iC_{Hj}(t) = a_j(t)e^{i\theta(t)} \tag{5-81}$$

其中幅值函数:

$$a_j(t) = \sqrt{C_j(t)^2 + C_{Hj}(t)^2} \tag{5-82}$$

$$\theta_j(t) = \arctan\left[\frac{C_{Hj}(t)}{C_j(t)}\right] \tag{5-83}$$

于是,IMF 分量的瞬时频率可以表示为:$\omega_j(t) = d\theta_j(t)/dt$。由此可以看出,由希而伯特变换得出的振幅和频率都是时间的函数,如果把振幅显示在频率-时间平面上,就可以得到希尔伯特谱 $H(\omega, t)$。

5.4.3 希尔伯特-黄变换的端点效应

由以上基本原理可以看出,HHT 方法的分析质量很大程度上取决于 EMD 分解的质量,而在应用 EMD 方法时的一个非常棘手的问题是,由于信号两端不可能同时处于极大值和极小值,构成上下包络的三次样条函数在数据序列的两端就会出现发散现象,并且这种发散的结果会随着分解过程的不断进行逐渐向内"污染"整个数据序列而使所得结果严重失真。对于一个较长的数据序列来讲,可以根据极值点的情况不断抛弃两端的数据来保证所得到的包络的失真度达到最小,但对于一个短数据序列来讲,这样的操作就变得完全不可行。因此,端点效应必须加以抑制。

端点效应的抑制可从延拓数据序列自身长度或在数据两端增加极值点两方面入手,目前人们提出了以下一些抑制方法:以数据端点为极值点进行延拓、在平衡位置处附加平行线段延拓极值、镜像法延拓极值、多项式拟和法延拓极值、利用神经网络延拓数据序列、利用时变参数 ARMA 模型延拓数据序列等等。由于端点以外是没有信号的,任何延拓都是人为的过程,因此对于不同形式的信号,这些抑制方法的效果也不尽相同。下面就以较常用的以数据端点为极值点进行延拓和镜像法延拓极值为例,介绍它们对端点效应的抑制。

(1) 以数据端点为极值点进行延拓

首先考虑信号的起始端点,如起始端点的值小于第二个采样点的值,则将起始端点作为第一个极小值点(否则作为极大值点),并取其相反数作为第一个极大值点(否则作为极小值点),然后将这两个极值点向信号外沿平移 n 个采样点,信号末端用同样方法处理。

(2) 镜像法延拓极值

镜像延拓极值法是假设在原数据序列两端具有对称性位置的极值处各放一面镜子,镜子中原数据序列的像关于镜子与原数据序列对称。两面镜子中原数据序列的像与原数据序列一起构成了一条连续的曲线,形成了一个封闭的环状。镜面以上的数据为原始序列,镜面以下的为延拓所得序列。

5.5 回归分析

5.5.1 回归分析法

回归分析的作用有以下几点:①挑选与因变量相关的自变量;②描述因变量与自变量之间的关系强度;③生成模型,通过自变量来预测因变量;④根据模型,通过因变量,来控制自变量。

使用回归分析可以得出指示自变量和因变量之间的显著关系,还能指示多个自变量对一个因变量的影响强度。回归分析还可以用于比较那些通过不同计量测得的变量之间的相互影响,如价格变动与促销活动数量之间的联系。这些益处有利于市场研究人员、数据分析人员以及数据科学家排除和衡量出一组最佳的变量,用以构建预测模型。

现在可用于预测的回归技术有很多种,这些技术主要包含三个度量:自变量的个数、因变量的类型以及回归线的形状。此处主要介绍逐步回归与逻辑回归两种方法。

5.5.2 逐步回归分析法

逐步回归分析法是多元回归分析法中的一种。回归分析主要用于研究多个变量之间相互依赖的关系,而逐步回归分析往往用于建立最优或合适的回归模型,从而更加深入地研究变量之间的依赖关系。

5.5.2.1 逐步回归分析的基本思想

逐步回归法[20,21]可以认为是向前引入法与向后剔除法的综合。逐步回归法克服了向前引入法与向后剔除法的缺点,吸收了两种方法的优点。逐步回归法是以向前引入为主、变量可进可出的变量选取方法。它的基本思想是:当被选入的变量在新变量引入后变得不重要时,可以将其剔除,而被剔除的变量当它在新变量引入后变得重要时,又可以重新选入方程。

5.5.2.2　多重共线性和逐步回归

不妨设经典的线性回归模型为:

$$Y_i = \beta_0 + \beta_1 X_{i1} + \beta_2 X_{i2} + \cdots + \beta_m X_{im} + \varepsilon_i \tag{5-84}$$

为了保障最小二乘法下的参数估计量具有良好的性质,除了上述对随机干扰项的假设外,还须对解释变量(自变量)做一些基本假设:解释变量是确定型变量,不是随机变量(解释变量之间不相关);随机干扰项与解释变量之间不相关。当违背了上述一个或几个基本假设时,则运用最小二乘法估计模型参数将会产生一些问题,即最小二乘法"失效"。

而此处将要讨论的正是多重共线性,它违背了解释变量不是随机变量且互不相关这一假设。因此,必须采取措施来解决多重共线性。而逐步回归法是其中一种方法。

(1) 多重共线性

设经典的线性回归模型为:

$$Y_i = \beta_0 + \beta_1 X_{i1} + \beta_2 X_{i2} + \cdots + \beta_m X_{im} + \varepsilon_i \tag{5-85}$$

式中:$i=1,2,\cdots,n$。

有一个或多个解释变量相关,则称解释变量存在多重共线性。即若存在关系式:

$$C_0 + C_1 X_{i1} + C_2 X_{i2} + \cdots + C_m X_{im} = 0 \tag{5-86}$$

式中:$i=1,2,\cdots,n$。

则称 $X_1, X_2, \cdots, X_m$ 存在完全(或精确)共线性。如果存在关系式:

$$C_0 + C_1 X_{i1} + C_2 X_{i2} + \cdots + C_m X_{im} + \nu_i = 0 \tag{5-87}$$

式中:$i=1,2,\cdots,n$;ν_i 为随机干扰项。

则称 $X_1, X_2, \cdots, X_m$ 存在近似共线性(或称交互相关)。

多重共线性将导致很多严重的问题。完全多重共线性将导致最小二乘法不存在参数估计量[由于此时 $(X'X)^{-1}$ 不存在,参数估计量 $(X'X)^{-1}$ 不存在]。而近似共线性将导致参数估计量的方差变大[$COV(\hat{\beta} = \sigma^2 (X'X)^{-1}$,由于 $|X'X|$ 接近 0,则 $(X'X)^{-1}$ 的主对角元素很大]。这将进一步导致参数

估计量经济含义不合理,以及变量的显著性检验与预测检验失效。

（2）应用逐步回归法修正多重共线性

逐步回归法用于多重共线性的检验。逐步回归法的基本思想是逐个引入新的变量。考虑是否引入新的变量时,若偏回归平方和变化显著,则可以引入,否则不引入。此时,若偏回归平方和经检验显著,则表明可以认为新变量是独立的解释变量,而不可以由其他解释变量（近似）线性表示,否则说明新变量不独立。

逐步回归法也可以用于修正多重共线性。以偏回归平方和来考虑是否引入新变量,若在一定的显著性水平（α_{in}）下偏回归平方和较大（或者说变量的显著性检验下 $p < \alpha_{in}$）,则不应剔除该变量,此时该变量应该不是引起多重共线性的变量,否则偏回归平方和应该不显著。换言之,逐步回归法是通过偏回归平方和对变量进行显著性检验考虑是否引入或是剔除变量,而偏回归平方和的检验大体上可以与变量间的多重共线性（即该变量可否用其他变量来近似线性表示）检验相统一。这就是逐步回归法用于检验与修正多重共线性的原因,也是其在经济模型中广泛应用的最主要原因。

下面对上述观点（偏回归平方和的检验大体上可以与变量间的多重共线性,即"该变量可否用其他变量来近似线性表示"检验相统一）进行证明。

在用最小二乘法估计参数前提下,此处假设线性模型为:

$$Y = \beta_0 + \beta_1 X_1 + \beta_2 X_2 + \varepsilon \tag{5-88}$$

若 X_1 和 X_2 近似共线性,即 $X_2 = a X_1 + b + \nu$,则代入模型(5-88),得:

$$Y = \beta_0 + b\beta_2 + (\beta_1 + a\beta_2) X_1 + \varepsilon + \beta_2 \nu \tag{5-89}$$

令假设线性模型:

$$Y = \alpha_0 + \alpha_1 X_1 + \mu \tag{5-90}$$

此时模型(5-90)的估计为:

$$\hat{\alpha}_0 = \hat{\beta}_0 + b\hat{\beta}_2 \tag{5-91}$$

$$\hat{\alpha}_1 = \hat{\beta}_1 + a\hat{\beta}_2 \tag{5-92}$$

此时模型(5-90)的残差平方和为:

$$Q_3 = \sum_{i=1}^{n} \left[y_i - (\hat{\alpha}_0 + \hat{\alpha}_1 x_{i1}) \right]^2 = \sum_{i=1}^{n} \left[y_i - (\hat{\beta}_0 + b\hat{\beta}_2 + (\hat{\beta}_1 + a\hat{\beta}_2) x_{i1}) \right]^2 \tag{5-93}$$

而模型(5-88)的残差平方和为：

$$Q_1 = \sum_{i=1}^{n} \left[y_i - (\hat{\beta}_0 + \hat{\beta}_1 x_{i1} + \hat{\beta}_2 x_{i2}) \right]^2 =$$

$$\sum_{i=1}^{n} \left[y_i - (\hat{\beta}_0 + b\hat{\beta}_2 + (\hat{\beta}_1 + a\hat{\beta}_2) x_{i1} + \nu_i \hat{\beta}_2) \right]^2 \qquad (5-94)$$

比较 Q_1 与 Q_3，$Q_1 - Q_3 \approx 0$。故模型(5-90)中引入[或是模型(5-88)中剔除] X_2 后偏回归平方和变化很小，即残差平方和或是回归平方和没有显著变化，因此借助偏回归平方和的系数检验（$H_0 : \beta_2 = 0$）的结果为接受原假设，即剔除 X_2，显然它正是引起多重共线性的变量。这就说明了引起多重共线性的变量往往可以通过偏回归平方和检验甄别出来，即逐步回归法可以应用于检验与修正多重共线性。

5.5.3 逻辑回归

逻辑回归[22]是一种广义线性回归，它与多重线性回归之间有很多相同之处。它们的求解单元都是 $(ax+b)$ 的形式，模型形式基本相同，二者的主要区别在于因变量的不同。应用多重线性回归分析的基本要求是因变量在一定区间测度上必须是连续变量；而逻辑回归分析的因变量可以是某事件发生的概率，也可以是分类变量。实际研究过程中，目标问题往往存在分类变量事件，常见的有是否盈利、是否发病、是否投票等，逻辑回归分析更适用于求解这类问题。逻辑回归分析的用途主要体现在三个方面：一是概率预测，根据逻辑回归模型预测某一事件在不同自变量下发生的概率；二是结果判别，根据概率预测结果对该事件性质进行定性判别；三是查找危险源，通过分析寻找引发某事件的危险因素。

逻辑回归的适用条件主要包括以下几点：

①因变量为某事件发生的概率或分类变量，且为数值型变量；自变量可以是数值型连续变量、顺序变量或名义变量，需注意的是，重复计数指标不适用于逻辑回归；

②因变量和残差均服从二项分布，无须满足正态分布要求，其采用最大似然估计法进行参数估计和模型检验；

③自变量与逻辑概率结果满足线性关系，且各观测对象之间相互独立。

以饱和砂土是否液化为例，饱和砂土液化判别结果分为"液化"和"非液化"两种情况，因此，砂土液化判别是一个二分类变量事件。由于液化发生的不确定性和各影响因素间相互作用的复杂性,液化与非液化间并没有明确的界限,液化判别结果的概率表达形式更贴近实际问题。另外,现场各测试点的标准贯入试验均是相互独立的。综上所述,二项逻辑回归分析能够处理复杂的多变量事件,适用于分析砂土液化判别问题,给出液化预测的概率结果。

(1)逻辑回归模型

1838年,比利时数学家Verhulst在研究人口增长课题时首次提出逻辑函数。直到1920年,美国人口学家Pearl和Reed在研究美国人口问题时,重新提出了这个函数,并在后来的推广应用中引起了广泛关注。逻辑函数又称作增长函数,对受单一因素影响的事件进行概率预测时,因变量只有0和1两个值,事件发生的概率为P。通过logit转化,得到式(5-95)所示的事件发生概率与不发生概率比数的对数值:

$$\text{logit}(P) = \ln\left[\frac{P}{1-P}\right] \tag{5-95}$$

自变量x与logit因变量之间的线性关系意味着自变量与概率的非线性关系,因此,根据自变量的线性关系得到的logit结果:

$$\ln\left[\frac{P}{1-P}\right] = a + bx \tag{5-96}$$

为了表示自变量x与概率结果之间的相关性,对式(5-96)两边取指数,通过消除、移项得到预测事件概率的逻辑函数表达形式:

$$P = \frac{1}{1+\text{e}^{-(a+bx)}} \tag{5-97}$$

由式可知,自变量系数b反映了概率函数与自变量x之间的对应关系,其表示自变量在区间内的作用方向,而常数项a则反映了曲线的相对位置。通过比较可知,系数b的绝对值越大,函数曲线在中间段上升(或下降)的速度越快。

一般地,对于多因素影响的事件进行分析时,可对式(5-96)的逻辑函数进行扩展。仍以饱和砂土是否液化为例,砂土液化判别结果分为"液化"和"非液化"两种情况,若将液化情况取值为1、非液化情况取值为0,则场地液化判别问题可看作一个二分类变量事件,记作Y。影响砂土液化的因素有很多,假设在n个影响因素$X=(x_1,x_2,\cdots,x_n)$作用下,场地液化的概率为P_L,则

在 n 个自变量作用下引起液化现象的概率,可记作:

$$P_L(X) = P_L[Y = 1 \mid X] = E[Y \mid X], 0 \leqslant P_L \leqslant 1 \qquad (5\text{-}98)$$

根据逻辑回归的基本原理,将各影响因素与液化预测概率之间的复杂非线性关系转化为自变量与 logit 之间的线性关系,可由二项逻辑回归模型来表示:

$$\text{logit}(P_L) = \ln\left(\frac{P_L}{1 - P_L}\right) = \beta_0 + \beta_1 x_1 + \beta_2 x_2 + \cdots + \beta_n x_n$$

$$(5\text{-}99)$$

式中: P_L 为砂土液化发生的概率; $x_1, x_2, \cdots, x_n$ 为自变量,表示液化影响因素; β_0 和 $\beta_1, \beta_2, \cdots, \beta_n$ 分别为常数项和各自变量的系数。

对式(5-99)进行指数转换,得到自变量与概率计算结果间的表达关系:

$$P_L = \frac{1}{1 + e^{-(\beta_0 + \beta_1 x_1 + \beta_2 x_2 + \cdots + \beta_n x_n)}} \qquad (5\text{-}100)$$

根据已有的液化资料,采用最大似然估计法对自变量系数进行参数估计,可确定液化概率计算公式中常数和自变量系数的取值。逻辑回归模型揭示了预测事件的各影响因素与概率结果之间的对应关系,根据其原理,当自变量发生变化时,不是直接引起概率结果的变化,而是影响了 logit 结果的改变。通过这种 logit 转化,可以最大限度地消除因单一指标出现异常时造成判别结果失真的影响。

(2) 参数估计

上文中的讨论表明,逻辑回归模型适合用于砂土液化判别问题,对于这类总体分布类型已知而某些参数未知的统计问题,需要根据样本对未知参数进行参数估计。

参数估计是根据收集的研究问题的实际因变量和与之对应的自变量的观测样本数据,估计出逻辑回归模型中回归系数的取值以及回归系数估计值的标准误差。通常采用最大似然估计法,来计算逻辑回归模型的回归系数。

最大似然估计法的基本思想是根据样本观察值与因变量的关系建立样本的似然函数,进而确定似然函数取得极大值时回归参数的取值,就是总体参数落在样本观察值区域内的概率最大时的取值作为参数估计值。由上述可知,对于一组场地砂土液化观测情况的数据样本,可建立如下样本似然函数：

$$L = \prod_{i=1}^{n} \left[P_L(X_i) \right]^{Y_i} \left[1 - P_L(X_i) \right]^{(1-Y_i)} \qquad (5-101)$$

对上式两边取对数可得：

$$\ln(L) = \sum_{i=1}^{n} \left[Y_i \ln \left[P_L(X_i) \right] + (1-Y_i)\ln \left[1 - P_L(X_i) \right] \right] \quad (5-102)$$

对于单因素影响的逻辑回归模型，可由式(5-102)分别求关于回归系数 β_0 和 β_1 的一阶偏导数，当函数一阶偏导等于 0 时，求解关于 β_0 和 β_1 的二元一次方程组，可根据样本观测值确定回归系数的最大似然估计值。对于多因素的逻辑回归模型，由式(5-102)求得的一阶偏导数是关于回归系数 $\beta = (\beta_0, \beta_1, \beta_2, \cdots, \beta_n)$ 的非线性方程组，一般情况下该方程组没有解析解，可采用 Newton-Raphson 迭代法求解回归系数 β 的估计值。

（3）回归系数的意义

在回归模型的 logit 转化过程中，取某事件发生的概率与未发生的概率之比 $\left[P_i/(1-P_i) \right]$，称为比数，两个相互独立事件 i 和事件 j 的比数之比称为优势比，记作 OR：

$$OR = \frac{P_i(1-P_j)}{P_j(1-P_i)} \qquad (5-103)$$

由式(5-99)可分别确定事件 i 和事件 j 的概率比数值，进而求得 OR 的对数值：

$$\ln(OR) = \ln\left[\frac{P_i(1-P_j)}{P_j(1-P_i)} \right] = \ln\left(\frac{P_i}{1-P_i} \right) - \ln\left(\frac{P_j}{1-P_j} \right)$$
$$= \beta_1(x_{i1} - x_{j1}) + \beta_2(x_{i2} - x_{j2}) + \cdots + \beta_n(x_{im} - x_{jm}) \quad (5-104)$$

式中：$(x_{im} - x_{jm})$ 表示同一影响因素 x 的不同水平之差。对某一观测对象而言，某影响因素对该事件观测结果的优势比可表示为：

$$OR_m = e^{\beta_m} \qquad (5-105)$$

由上式可见，逻辑回归模型中自变量系数与优势比有密切关系，β_m 表示在同一观测事件中，若其他自变量均不变，因子 x_m 增加一个单位时 $\ln(OR_m)$ 的改变量。当 $\beta_m > 0$ 时，$OR_m > 1$，表明控制因子 x_m 是一个危险因素；当 $\beta_m < 0$ 时，$OR_m < 1$，表明控制因子 x_m 是一个保护因素；当 $\beta_m = 0$ 时，$OR_m = 1$，

表明控制因子 x_m 对观测结果不起作用。

（4）回归模型的检验

模型检验是通过比较总体参数之间有无差别来评价统计模型与样本数据之间的拟合度，并对模型的合理性进行检验。回归系数的假设检验是检验模型中自变量对预测结果的影响是否符合统计学意义。若观测事件的回归模型中有 n 个影响因子，则需对模型中 n 个回归系数进行检验假设：

$$\begin{cases} H_0 : \beta_i = 0; \\ H_1 : \beta_i \neq 0; (i = 1, 2, \cdots, n) \end{cases} \tag{5-106}$$

回归系数的常用检验方法有似然比检验和 Wald 统计量两种，若采用 Wald 统计量检验方法，当 Wald 值大于临界参考值时，即拒绝 H_0 假设，认为自变量与因变量之间显著相关。

确定了逻辑回归模型的自变量系数，并对回归系数进行了检验后，还要对模型与观测数据之间的拟合度进行评价。若所建立的回归模型的预测值与观测值一致性较高，说明该模型能够拟合数据，具有较高的可行性，常用的检验方法有 Hosmer-Lemeshow 统计量、Pearson 统计量等。

5.6　随机森林

5.6.1　决策树

一般来说，决策树分为两类：分类树和回归树。

5.6.1.1　分类树

顾名思义，这种类型的决策树旨在对离散数据的类别进行分类或预测。每个叶子节点包含属于一个或多个类的数据。该模型的预测既可以基于叶子节点的属性类别，也可以基于每个类别的相对分布概率。从包含整个数据的根节点开始，依据每个特征值所包含的信息维度，递归地将节点内的数据拆分为两个或多个分支，从而构建决策树，该过程又被称为分裂。在数学上，分裂的依据是通过选择最大信息增益（ I_G ）的特征来实现的，信息增益由不纯度指数 I_d 定义：

$$I_G = (T, M) = I_d(T) - \sum_{m \in values(M)} \frac{|T_m|}{|T|} I_d(T_m) \tag{5-107}$$

式中：T 是给定节点中的训练数据；M 是节点中分裂的属性；m 是该属性 M 的分裂依据；$|T|$ 和 $|T_m|$ 分别是总训练数据的大小和当前节点中子样本的数目；I_d 是表示信息不纯度的函数。

计算不纯度指数（I_d）有三种方法。

第一种方法是使用信息熵，它由以下公式定义（类似于热力学中的香农熵）：

$$I_d(T) \equiv H(T) = -\sum_{i=1}^{n} f_i \log_2 f_i \qquad (5\text{-}108)$$

式中：i 是要预测的类别；n 是所有可能的类别；f_i 是属于类别 i 的训练数据的占比；T_m 的定义与此相同。

第二种方法是基尼不纯度（G）。如果一片叶子中包含的所有数据都具有相同的类，则认为它是"纯"的。基尼不纯度可以在每个节点内通过下式计算：

$$I_d(T) \equiv G(T) = \sum_{i=1}^{n} \sum_{j \neq i} f_i f_j \qquad (5\text{-}109)$$

式中：f_i 和 f_j 是 i 类或 j 类数据占总训练数据的比值。这一等式同样适用于只有一个判断条件的特征维度 M，换句话说，也就是从节点分裂的分支只有两条，为二叉树。由于 f_i 是所有可能类的占比，因此可以得到 $\sum_i f_i = 1$，$\sum_{j \neq i} f_i = 1 - f_i$。因此式（5-109）的表达式可以简化为：

$$I_d(T) \equiv G(T) = 1 - \sum_{i=1}^{n} f_i^2 \qquad (5\text{-}110)$$

第三种方法是使用分类误差（C_E）：

$$I_d(T) \equiv C_E(T) = 1 - \max\{f_i\} \qquad (5\text{-}111)$$

式中：f_i 的最大值表示具有最大占比的 i 类子集。在决策树构造期间，算法会在每个特征上遍历数据，选择不纯度指数达到最大时的特征维度，以确定由式（5-107）定义的信息增益的分割点位置。

5.6.1.2 回归树

当要预测的是连续数据时,就需要使用第二种类型的决策树。由于回归树不使用离散数据,因此节点中的数据需要用到回归模型来拟合。回归树的构造遵循与分类树相同的规则,一个节点通常分为两个分支(即二叉树)。回归树和分类树之间有两个主要区别:首先,回归树的每个叶子节点包含了不同红移值的训练数据,预测值会基于这些数据点给出,通常是平均值,因此预测结果不再是离散的分类,而是对连续变量的估计;其次,用于回归树的最佳分裂点算法是最小误差平方和,对于节点 T,该误差平方和由下式给出:

$$S(T) = \sum_{m \in values(M)} \sum_{i \in m} (z_i - \hat{z}_m)^2 \tag{5-112}$$

式中:m 是特征 M 中的可能值;z_i 是每个分支 m 里变量的值;$\hat{z}_m$ 是特定的预测模型。当其为算术平均值时,可以得到 $\hat{z}_m = \frac{1}{n_m} \sum_{i \in m} z_i$,其中 n_m 是分支 m 里的总数。因此方程(5-112)可以改写为:

$$S(T) = \sum_{m \in values(M)} n_m V_m \tag{5-113}$$

式中:V_m 是 $\hat{z}_m$ 的方差。与分类树一样,在回归树中的每个节点上,算法将会扫描所有的特征值以确定最小化 $S(T)$ 的分裂点,然后将其拆分为二叉树,并在每个新节点上重复此过程,直到达到 S 中的某个阈值,或其他终止条件,如节点中包含的最小数目。

5.6.2 随机森林算法的优缺点[23-25]

(1) 随机森林算法具有以下优点

由于采用了集成算法,随机森林算法本身精度比大多数单个算法要好,所以准确性高,在测试集上表现良好。由于两个随机性(样本随机,特征随机)的引入,使得随机森林不容易陷入过拟合。在工业上,由于两个随机性的引入,使得随机森林具有一定的抗噪声能力,对比其他算法具有一定优势。由于树的组合,使得随机森林算法可以处理非线性数据,其本身属于非线性分类(拟合)模型。随机森林算法能够处理很高维度(特征很多)的数据,并且不用做特征选择,对数据集的适应能力强,既能处理离散型数据,也能处理连续型数据,数据集无需规范化。训练速度快,可以运用在大规模数据集上。可以处理缺省值(单独作为一类),不用额外处理。由于有袋外数据(OOB),

可以在模型生成过程中取得真实误差的无偏估计,且不损失训练数据量。在训练过程中,能够检测到特征间的互相影响,且可以得出特征的重要性,具有一定参考意义。由于每棵树可以独立、同时生成,容易做成并行化方法。由于实现简单、精度高、抗过拟合能力强,当面对非线性数据时,适于作为基准模型。

(2)随机森林算法具有以下缺点

当随机森林中的决策树个数很多时,训练时需要的空间会比较大,时间会比较长。随机森林整个模型为黑盒,没有很强的解释性。在某些噪音比较大的样本集上,随机森林的模型容易陷入过拟合。

5.7　人工智能

5.7.1　时间序列分析中的人工智能模型基本原理

5.7.1.1　隐马尔可夫模型[26]

隐马尔可夫模型现阶段已在 DNA 序列分析、网络路径分析、语音识别、时间序列分析、文本信息提取等领域内被广泛应用,该模型为双随机过程,即观测值随机生成过程与马尔可夫链随机转移过程,而完整的隐马尔可夫模型由隐状态概率转移矩阵、隐状态集、相应状态表现型概率矩阵、模型输出表现型集合、初始隐状态概率分布构成,表示为拓扑结构。隐马尔可夫模型中包括向前-向后算法、维特比算法、Baum-Welch 算法,对应解决模型计算、模型解码、模型训练三种问题。在给定隐马尔可夫模型中,向前-向后算法可通过给定的隐马尔可夫模型计算某个可观测序列数据出现的概率,秉承递归思想,运用向前-向后算法在众多隐马尔可夫模型中寻找出最满足当前需求的模型结构,定义到时刻 t 时的观测序列为 $o_1, o_2, \cdots, o_t$,此时的状态 q_i 为向前算法概率,进一步利用边缘概率及联合概率关系,得出以下算法公式:

$$\sum_{j=1}^{n} \alpha_t(j)\, a_{ji} = \sum_{j=1}^{n} P(o_1, o_2, \cdots, o_t, i_t = q_j, i_{t+1} = q_1; \lambda) \quad (5\text{-}114)$$

向后算法则定义在 q_i 条件下的时刻 t 状态,从 $t+1$ 到最终时刻 T 的观测序列,即 $o_1, o_2, \cdots, o_T$,向后算法的最终结果为:

$$P(O; \lambda) = \sum_{i=1}^{N} \beta_1(i)\, b_i(o_1)\, \pi_i \quad (5\text{-}115)$$

维特比算法运用时,通常已具有特定的隐马尔可夫模型,根据现有可观测序列寻找最有可能产生该可观测序列的隐藏序列。在给定隐马尔可夫模型与可观测序列的情况下,可运用递归思想寻找可观测序列的隐藏序列,定义部分概率为 d,此为达到某一中间状态时的概率,该部分概率计算与向前-向后算法不同,此时概率所代表的是 t 时刻最可能达到某一状态的路径概率,而非概率之和。运用 $d(i,t)$ 代表 t 时刻到 i 状态过程所有可能的序列路径,并得出概率最大的序列,该部分最优路径则是达到这个最大概率的路径,最后通过计算 $t = T$ 的状态最大概率路径及最优路径,以此获得全局最优路径。Baum-Welch 算法是以训练数据为依据展开序列观测的算法,主要用于模型训练,包括非监督学习与监督学习。

5.7.1.2 自回归移动平均模型

自回归移动平均模型为专门预测与拟合时间序列数据的模型,多用于序列建模,该模型为移动平均模型、自回归模型的结合,可用于记忆噪声,将处于非平稳状态的时间序列转化为平稳序列,并将因变量滞后值及随机误差项、滞后值代入回归的模。自回归移动平均模型中的自回归模型用于描述当前序列数值与历史数值间的关系,运用变量自身的历史数据预测自身趋势。该模型仅在满足平稳性要求下使用,且必须具备一定相关性,此时应注意,若相关性低于 0.5,则该模型不适用,处于 p 阶的自回归过程可定义为:

$$y_t = \mu + \sum_{i=1}^{p} \gamma_i y_{t-i} + \in t \tag{5-116}$$

式中:y_t 为时间序列当前值;μ 为常数项;P 为阶数;γ_i 为自相关系数;$\in t$ 为误差;y_{t-i} 为 i 时间前的数值。

移动平均模型多关注自回归模型中移动产生的误差项累积,可消除时间序列预测过程中的随机波动,此时 q 阶下的自回归过程可定义为:

$$y_t = \mu + \in t + \sum_{i=1}^{q} \theta_i \in t-i \tag{5-117}$$

q 值自相关函数反映出同一序列下、不同时序的取值下相关性。

5.7.1.3 人工神经网络模型

人工神经网络模型起源于 1943 年,以此为基础后又出现时间前馈网络、自组织网络、映射网络、递归网络等组织形式,现阶段该网络模型主要被应用于数据计算、信号处理、工程控制等问题,同时对时间序列预测具有一定效果,主要体现在模型构建及序列预测方面。在时间序列预测与优选方面,

LSTM 算法是最典型的神经网络模型之一。但在超长记忆状态下存在梯度减弱问题,继而造成无法准确捕捉某些时间序列的超长期数据趋势。为缓解此问题,可提取时间序列数据局部句式,运用纵向卷积的方式提取变量自相关特征,设置 $W+1$ 的卷积核,其中 W 为卷积核高度,第 k 个卷积核扫过矩阵时可得到:

$$x_k = ReLU(W_k * X_t + b_k) \tag{5-118}$$

将后续所得到的二维特征图 x_k 线性加权后可得二维特征图,此时有:

$$Z_t(i,j) = \sum_{k=1}^{N_c} w^k x_k(i,j) \sharp \tag{5-119}$$

式中:$Z_t(i,j)$ 指特征图合并后的第 i 行 j 列位置上的数值;$*$ 为卷积操作;$ReLU$ 为激活函数;N_c 为纵向卷积核数量;$x_k(i,j)$ 为第 k 个特征图 i 行 j 列位置上的数值。

完成纵向卷积提取变量后,需运用横向卷积提取互相关特征,横向卷积作为神经网络的输入,可提取出时间序列的长短期趋势,并弥补人工神经网络模型超长期时间序列预测的缺陷。

5.7.2　基于各类模型的时间序列数据分析

采用仿真分析法对隐马尔可夫模型、自回归移动平均模型、人工神经网络模型所产生的时间序列数据展开分析:在隐马尔可夫模型中,对时间序列数据的预测多为短期相关,且存在不平稳特征;自回归移动平均模型在现有研究中已被证明在特定参数下可生成平稳的时间序列;人工神经网络模型可根据历史数据展开预测,时间序列是否平稳无法验证。

5.7.2.1　隐马尔可夫模型时间序列数据

设定隐马尔可夫模型存在 3 个隐状态,以下矩阵为转移概率:

$$\begin{bmatrix} 0.5 & 0.3 & 0.2 \\ 0.1 & 0.7 & 0.2 \\ 0.2 & 0.4 & 0.4 \end{bmatrix} \tag{5-120}$$

设定初始概率值为 $(0.3,0.3,0.4)^T$,隐状态 1 所产生时间序列数据的概率分布满足均值为 -1 的条件,该概率分布标准差为 0.5,即 $(-1,0.5)$,设定隐状态 2 时所产生的时间序列数据概率分布满足 $N(0,0.1)$,设定隐状态为 3

时,此时所生成的时间序列数据分布满足 $N(1,0.25)$。

对以上模型数据进行分析,可判断该时间序列数据与短期相关,符合原有时间序列预测优化猜想,运用 KPSS 检验上述时间序列数据平稳定性,该数据为平稳序列的猜想均被拒绝。因此可判定该时间序列数据的特征表现为不平稳,符合隐马尔可夫模型猜想,而产生该现象的原因是隐马尔可夫模型的分布属性不同,影响了时间序列数据的平稳性。

5.7.2.2 自回归移动平均模型时间序列数据

自回归移动平均模型分为自回归模型(AR 模型)与移动平均模型(MA 模型)两部分,为模型混合产物,具有预测误差小、适用范围广的特点。展开数据平稳性检验时,设定时间序列符合以下条件:①任意时间 t 情况下,均值恒为常数;②任意时间 t 与 s 间的相关系数需根据两个时间点间的时间段判断,且 t、s 两个时间点的起始点对对应的时间序列无任何影响,此时可判定该时间序列为平稳时间序列。若自回归模型过程为平稳过程,则产生的特征方程根绝对值应处于单位圆外部,移动平均模型内包括平稳且有限的白噪声线性组合。因此可将移动平均模型看作"始终平稳",而自回归移动平均模型为两种模型的组合,因此判断自回归移动平均模型数据平稳性时,仅检验自回归模型过程即可。通常情况下可选择逆序检验、数据图、单位根检验、DF检验、游程检验等平稳性检验方式。但在实际验证过程中,所输入的时间序列大多数为非平稳时间序列,因此自回归移动平均模型不再适用,需运用差分方式将其转化为平稳时间序列,经差分处理后,若可以转化为平稳时间序列,则需对已差分后的时间序列进行分析,此时可建立起平稳随机模型。非平稳时间序列经 d 次差分后则为平稳序列,此时可运用自回归移动平均模型进行分析,此时模型由 ARMA(p,q) 转化为 ARIMA(p,d,q)。

5.7.2.3 人工神经网络模型时间序列数据

围绕人工神经网络模型展开时间序列数据分析时,构建两层神经网络,包括输出节点(1 个)、隐含节点(2 个)、输入节点(3 个),神经网络中的隐含节点以双曲正切函数为激活函数,输出节点为正比例线性函数,同时模型中每个节点服从 $N(0,0.25)$ 分布,权重矩阵如下:

$$w_{2\times3} = \begin{bmatrix} 0.2 & -0.4 & 0.1 \\ -0.3 & 0.2 & -0.6 \end{bmatrix}, w_{1\times2} = \begin{bmatrix} 2 & 4 \end{bmatrix} \quad (5\text{-}121)$$

矩阵初始值取 $(0.3,0.2,0.9)^T$ 时。

经平稳性、相关性分析后,发现人工神经网络模型所生成的时间序列数据为长记忆数据,具有显著长程自相关性,未发现衰减趋势,进行 KPSS 检验分析,并展开 0.1 置信水平下平稳性分析,以上矩阵数据为平稳时间序列数据。为全面化了解人工神经网络模型的时间序列数据特征,对矩阵数据进行更改:

$$w_{2\times3} = \begin{bmatrix} 0.2 & 0.4 & 0.1 \\ 0.3 & 0.2 & -0.6 \end{bmatrix}, w_{1\times2} = \begin{bmatrix} 2 & 4 \end{bmatrix} \qquad (5\text{-}122)$$

始取值仍为 $(0.3, 0.2, 0.9)^T$。

矩阵数据更改后,时间序列相关性与未更改时的特征类似,为了解其平稳性特征,运用 KPSS 检验分析,此时在 0.1 置信水平下,发现时间序列已不满足平稳性假设,即此为非平稳时间序列。由此可见,人工神经网络模型所生成的时间序列数据是否呈现出平稳性特征取决于网络结构,可能为平稳时间序列数据,也有可能为非平稳时间序列数据。

5.7.3 模型对比与选择

将上述不同模型所产生的时间序列数据进行对比,发现隐马尔可夫模型可生成某特定时间内的预测数据,经 KPSS 检验后发现其呈现出非平稳时间序列数据特征,自回归移动平均模型用于预测短期时间序列数据具有优势,可得出平稳性时间序列,而人工神经网络模型的数据特征需根据网络结构判断。不同模型下的时间序列数据存在差异,因此在选择模型时,应根据数据进行针对性选择,以此保障模型与时间序列的一致性。若在长期时间序列下,则不可选用隐马尔可夫模型,否则无法顺利完成建模与预测。运用人工智能算法选择模型时,需输入相关数据,并检验其平稳性及相关性,在算法命令下完成模型选择。

5.8 深度学习理论分析

本节主要介绍卷积神经网络和深度学习的一些基础理论知识,例如反向传播算法、人工神经网络卷积池化计算以及深度学习框架等,以便更好地帮助理解本书后续内容,开展相关研究。

5.8.1 深度学习基础[27,28]

5.8.1.1 线性回归模型和 Logistic 模型

线性回归模型本身具有广泛的用途,是深度学习模型的基石。通常,线性回归模型用于处理回归问题,Logistic 模型用于处理分类问题。在线性回归模型中输入一个已知且相对容易测量的数据向量 $x = (x_1, x_2, \cdots, x_p)$,并得到一个希望预测的数据类型是实数的因变量 Y。线性回归模型表达式如下:

$$y = b + w_1 x_1 + w_2 x_2 + \cdots w_p x_p + \varepsilon \tag{5-123}$$

式中:b 是一个常数(称截距项或者偏差);$w_1, w_2, \cdots w_p$ 分别对应自变量的权重(也称为自变量的系数);ε 是误差项。b 和 $w_1, w_2, \cdots w_p$ 为未知常数,都是模型参数。误差项 ε 包含了没有体现在自变量 x 但是又对因变量 y 产生影响的信息。

通常数据被记作 $(x_1, y_1), (x_2, y_2), \cdots, (x_n, y_n)$。每个自变量向量和因变量的组合 $(x_i, y_i)(i = 1, 2, \cdots, n)$ 称为一个观测点,其中,$x_i = (x_{i1}, x_{i2}, \cdots x_{ip})$ 为一个行向量,y_i 为一个实数。数据的观测点数量称为数据的样本量,记作 n;数据的自变量个数称为数据的维度,记作 p。记列向量 $w = (w_1, w_2, \cdots w_p)^T$ 为权重向量。线性回归模型也可以记作下式的形式:

$$y_i = b + \sum^{p}_{\substack{j=1}} x_{ij} w_j + \varepsilon_i, i = 1, 2, \cdots n \tag{5-124}$$

进一步可以用 X、y、w、ε、b 来表示自变量矩阵、因变量矩阵、权重向量、误差向量、偏差向量,见下式:

$$X = \begin{pmatrix} x_{11} & x_{12} & \cdots & x_{1p} \\ x_{21} & x_{22} & \cdots & x_{2p} \\ \vdots & \vdots & \ddots & \vdots \\ x_{n1} & x_{n2} & \cdots & x_{np} \end{pmatrix}, y = \begin{pmatrix} y_1 \\ y_2 \\ \vdots \\ y_p \end{pmatrix}, w = \begin{pmatrix} w_1 \\ w_2 \\ \vdots \\ w_p \end{pmatrix}, \varepsilon = \begin{pmatrix} \varepsilon_1 \\ \varepsilon_2 \\ \vdots \\ \varepsilon_n \end{pmatrix}, b = \begin{pmatrix} b_1 \\ b_2 \\ \vdots \\ b_n \end{pmatrix}$$

$$\tag{5-125}$$

线性回归模型可写成更简洁的矩阵形式,见下式:

$$y = b + Xw + \varepsilon \tag{5-126}$$

线性分类模型 Logistic 模型和回归模型要求输入的自变量向量是一样的,都是一个已知或者相对容易测量的数据向量(数据类型可以是定量数据,也可以是定性数据;若有自变量是定性数据,则其需要转化成虚拟变量)。回归模型和分类模型的主要区别是因变量 Y 的数据类型不一样。在回归模型中,因变量 Y 是一个定量数据即因变量可以在某个区间内取任意值;在分类模型中,因变量 Y 是一个定性数据即因变量只能取若干个不同的值。

线性模型用于通过自变量的加权和得到因变量的预测值。在线性回归模型中,自变量的加权和即因变量的预测值;在 Logistic 模型中,通过 Sigmoid 函数变换的加权和因变量预测概率。无论是线性回归模型还是 Logistic 模型,它们建立模型的过程都可以分成以下 3 步:①给出模型的结构;②根据建模的目的,构造损失函数(或称为目标函数);③最小化损失函数,得到参数估计值。

5.8.1.2　梯度下降算法

梯度下降(Gradient Descent,GD)是深度学习中常用的优化算法,其本质就是求一个函数的极值。不同于在高等数学中令 $f'(x)=0$ 求出 x 便是极值点的方式,在维度较大使用此类方法进行计算时,计算变得十分复杂,对计算机来说也难以处理,所以对于维度较大的情况就采取梯度下降法来求极值。在模型计算过程中,通过模型得到的输出值与真实值之间的差,即损失值。损失值越小,验证模型的效果就越好,梯度下降算法常被应用于确定最小的损失值。在梯度下降法中,一个重要概念是"梯度(Gradient)",记为 ∇。例如,设损失函数 $RSS(w)$ 关于参数 w 的梯度 $\nabla_w RSS(w)$,其数学定义式为函数 $RSS(w)$ 关于 w 的偏导数,见下式:

$$\nabla_w RSS(w) = \frac{\partial RSS(w)}{\partial w} \tag{5-127}$$

常用的梯度下降法有全数据梯度下降法、随机梯度下降法和批量梯度下降法。

全数据梯度下降法(Full Gradient Descent,FGD)在计算梯度时会用到所有数据观测点,因此计算出来的梯度会比较稳定,参数 w 可以更快地收敛到使得损失函数最小的点。全数据梯度下降法计算出一次损失值需要反复迭代所有数据,再计算出函数中的每个参数所对应的梯度并更新参数,也就是说采用此方法改变函数参数需要重新迭代所有数据观测点,严重消耗了计算成本。随机梯度下降法(Stochastic Gradient Descent,SGD)中的随机指每次只使用一个观测点计算梯度;在实现随机梯度下降法的过程中,随机抽取数据观测点来计算梯度并更新参数。该方法与全数据梯度下降法相比最大的优点是更新参数的速度比较快,但其本身具有的随机性导致其缺乏收敛性,在应用于波动范围比较大的目标函数时,缺乏必要的准确性。批量梯度下降法(Batch Gradient Descent,BGD)是随机梯度下降法和全数据梯度下降法的折中,每次计算梯度时既不是使用单个数据观测点,也不是使用所有数据观测点。批量梯度下降法每次使用一小部分数据观测点计算梯度,这样计算梯度既可以保证快速地进行迭代,又可以通过平均少量观测点的梯度获得比较稳定的梯度,同时内存占用量也不会显著增加。与随机梯度下降法相比,批量梯度下降法迭代次数显著减小。对于批量梯度下降法,在实际应用中需要给定一个额外的参数来表示每批数据中心观测点个数的批量(batch size)。若批量太小,则每次迭代计算速度快,占用内存少,但是梯度稳定性差,需要更多的迭代次数;若批量太大,则梯度稳定性好,需要更少的迭代次数,但是每次迭代计算占用的内存多。选取合适的批量可以使批量梯度下降法以更快的速度计算梯度且梯度稳定性好,同时需要的内存空间和迭代次数都会较少。

5.8.1.3 正向传播算法和反向传播算法

正向传播(Forward Propagation,FP)算法指输入值通过神经网络得到输出值的方法。图 5-1 表示了具有一个隐含层的神经网络实现正向传播算法的计算过程,图中从左到右依次把神经网络的各个层次记为 l_0,l_1 , l_2 。其中 l_0,l_1 为行向量,l_2 为一个数,即 $l_0 = (x_1,x_2)$,$l_1 = (h_1,h_2)$,$l_2 = y$ 。从 l_0 到 l_1 虚线箭头表示从输入层 x_1 与 x_2 到 h_1 的信息传递,也可以理解为 h_1 由 x_1 与 x_2 计算出;实线箭头表示从输入层 x_1 与 x_2 到 h_2 的信息传递。

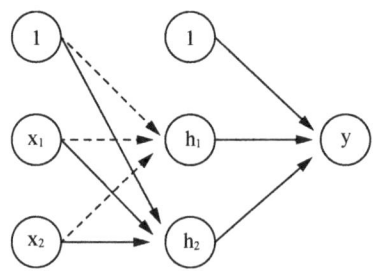

图 5-1 正向传播算法

为了训练神经网络,需要反复更新神经网络的参数,使神经网络的损失函数变小,前文介绍的梯度下降法可以实现该任务。梯度参数表示损失函数下降的方向和大小,是实现梯度下降法的重要成分。反向传播(Back Propagation,BP)算法是神经网络中逐层计算参数梯度的方法。

首先通过正向传播算法得到输出值：

$$l_1 = \sigma(l_0 W_{01} + b_{01}) \tag{5-128}$$

$$l_2 = \sigma(l_1 W_{12} + b_{12}) \tag{5-129}$$

式中：σ 为 Sigmoid 激活函数；W_{01} 为一个 2×2 的矩阵；b_{01} 为一个 1×2 的向量；W_{12} 为一个 2×1 的矩阵；b_{12} 为一个数。将式中 l_1 代入到式 l_2 得到公式：

$$l_2 = \sigma\left[\sigma(l_0 W_{01} + b_{01}) W_{12} + b_{12}\right] \tag{5-130}$$

式中：l_2 是关于权重 W_{01} 与 W_{12} 以及截距项 b_{01} 与 b_{12} 的函数。假定以因变量是二分类定性变量为例,神经网络模型的损失函数为：

$$L = -y\ln(l_2) - (1-y)\ln(1-l_2) \tag{5-131}$$

损失函数 L 为关于权重 W_{01} 与 W_{12} 以及截距项 b_{01} 与 b_{12} 的函数。在梯度下降法中,需要计算损失函数 L 关于以上 4 个参数的偏导数,求导原理依据高等数学中的链式法则。例如,先把式中 l_2 改写为 $s_2 = l_1 W_{12} + b_{12}$,则 $l_2 = \sigma(s_2)$,记 $L = \varphi(l_2, y)$,求 L 关于 s_2 的偏导数：

$$\nabla_{s_2} = \frac{\partial L}{\partial s_2} \tag{5-132}$$

通过链式法则计算：

$$\nabla_{s_2} = \frac{\partial L}{\partial s_2} = \frac{\partial L}{\partial l_2} \frac{\partial l_2}{\partial s_2} \tag{5-133}$$

代入 L 损失函数计算：

$$\frac{\partial L}{\partial l_2} = \frac{\partial\left[-y\ln(l_2) - (1-y)\ln(1-l_2)\right]}{\partial l_2} = -\frac{y}{l_2} + \frac{1-y}{1-l_2} \tag{5-134}$$

$$\frac{\partial l_2}{\partial s_2} = l_2(1-l_2) \tag{5-135}$$

综上可求得 $\nabla_{s_2} = l_2 - y$,根据计算结果可得 L 关于 s_2 的偏导数等于预测值 l_2 与真实值 y 的差。在实际应用过程中,不同的任务可能用到不同的损失函数,当损失函数定义不同时,其偏导数计算结果也可能是不同的。其余参数计算过程及结果此处不再进行展示。反向传播算法通过链式法则把前面求出的结果迭代回去,完成一个局部传播过程。

5.8.2 深度学习研究的新进展

由于深度学习能够很好地解决一些复杂问题,近年来许多研究人员对其进行了深入研究,获得了许多有关深度学习研究的新进展。下面分别从初始化方法、网络层数和激活函数的选择、模型结构和学习算法这几个方面对近几年深度学习研究的新进展进行介绍。

5.8.2.1 初始化方法、网络层数和激活函数的选择

研究人员试图搞清网络初始值的设定与学习结果之间的关系。Erhan 等人在轨迹可视化研究中指出即使从相近的值开始训练深度结构神经网络,不同的初始值也会学习到不同的局部极值,同时发现用无监督预训练初始化模型的参数学习得到的极值与随机初始化学习得到的极值差异比较大,用无监督预训练初始化模型的参数学习得到的模型具有更好的泛化误差。Bengio 与 Krueger 等人指出用特定的方法设定训练样例的初始分布和排列顺序可以产生更好的训练结果,用特定的方法初始化参数,使其与均匀采样得到的参数不同,会对梯度下降算法训练的结果产生很大的影响。Glorot 等人指出通过设定一组初始权值使得每一层深度结构神经网络的 Jacobian 矩阵的奇异值接近 1,在很大程度上减小了监督深度结构神经网络和有预训练过程设定初值的深度结构神经网络之间的学习结果差异。另外,用于深度学习的学习算法通常包含许多超参数,部分学者给出了这些超参数的选择指导性意见,推荐了一些常用的超参数,尤其适用于基于反向传播的学习算法和基于梯度的优化算法中;并讨论了如何解决有许多可调超参数的问题,描述了在实际有效训练中常用的大型深度结构神经网络的超参数的影响因素,指出了深度学习训练中存在的困难。

选择不同的网络隐层数和不同的非线性激活函数会对学习结果产生不同的影响。Glorot 等人研究了隐层非线性映射关系的选择和网络的深度相互影响的问题,讨论了随机初始化的标准梯度下降算法用于深度结构神经网络学习得出不好的学习性能的原因。Glorot 等人观察不同非线性激活函数对学习结果的影响,得出 Logistic S 型激活单元的均值会驱使顶层和隐层进入饱和因而 Logistic S 型激活单元不适合用随机初始化梯度算法学习深度结构神经网络的结论;并据此提出了一种新的标准梯度下降算法的初始化方案,该方案可以获得更快的收敛速度,为理解深度结构神经网络使用和不使

用无监督预训练的性能差异作出了新的贡献。Bengio 等人从理论上说明深度学习结构的表示能力会随着神经网络深度的增加而以指数的形式增加，但是这种额外增加的表示能力会引起相应局部极值数量的增加，使得在其中寻找最优值变得困难。

5.8.2.2　模型结构

（1）深度置信网格（Deep Belief Networks，DBN）

DBN 的结构及其变种采用二值可见单元和隐单元受限玻尔兹曼机（Restricted Boltzmann Machines，RBM）作为结构单元的 DBN，在 MNIST 等数据集上表现出很好的性能。近几年具有连续值单元的 RBM，如 mc RBM、mPoT 模型和 spike-and-slab RBM 等已经得到成功应用。spike-and-slab RBM 中 spike 表示以 0 为中心的离散概率分布，slab 表示在连续域上的稠密均匀分布，可以用吉布斯采样对 spike-and-slab RBM 进行有效推断，得到优越的学习性能。

（2）和-积网络（Sum-Product Networks，SPN）

深度学习最主要的困难是配分函数的学习，关于如何选择深度结构神经网络的结构使得配分函数更容易计算，Poon 等人提出一种新的深度模型结构——和-积网络，引入多层隐单元表示配分函数，使得配分函数更容易计算。SPN 是有根节点的有向无环图，图中的叶节点为变量，中间节点执行和运算与积运算，连接节点的边带有权值，在 Caltech-101 和 Olivetti 两个数据集上进行的实验证明了 SPN 的性能优于 DBN 和最近邻方法。

（3）基于 rectified 单元的学习

Glorot 与 Mesnil 等人用降噪自编码模型来处理高维输入数据，与通常的 S 型和正切非线性隐单元相比，该自编码模型使用 rectified 单元，使隐单元产生更加稀疏的表示。对于高维稀疏数据，Dauphin 等人采用抽样重构算法，训练过程只需要计算随机选择的很小的样本子集的重构和重构误差，在很大程度上提高了学习速度，实验结果显示提速了 20 倍。Glorot 等人提出在深度结构神经网络中，图像分类和情感分类问题可采用 rectified 非线性神经元代替双曲正切或 S 型神经元，指出 rectified 神经元网络在零点产生与双曲正切神经元网络相当或者有更好的性能，能够产生有真正零点的稀疏表示，非常适合本质稀疏数据的建模，在理解训练纯粹深度监督神经网络的困难和搞清使用或不使用无监督预训练学习的神经网络造成的性能差异方面，可以看作新的里程碑；Glorot 等人还提出用增加 L1 正则化项来促进模型稀疏性，使用无穷大的激活函数防止算法运行过程中可能引起的数值问题。在此之前,Nair等人提出在 RBM 环境中 rectified 神经元产生的效果比 Logistic S 型激活单元要好,他们用无限数量的权值相同但是负偏差变大的一组单元替换二值单元,生成用于 RBM 的更好的一类隐单元,将 RBM 泛化,可以用噪声 rectified 线性单元(Rectified Linear Units, ReLU)有效近似这些 S 型单元。用这些单元组成的 RBM 在 NORB 数据集上进行目标识别以及在数据集上进行已标记人脸实际验证,得到比二值单元更好的性能,并且可以更好地解决大规模像素强度值变化很大的问题。

(4)卷积神经网络[29]

Honglak Lee 等研究了用生成式子抽样单元组成的卷积神经网络,在 MNIST 数字识别任务和 Caltech-101 目标分类基准任务上进行实验,显示出非常好的学习性能。Huang 等人提出一种新的卷积学习模型——局部卷积 RBM,利用对象类中的总体结构学习特征,不假定图像具有平稳特征,在实际人脸数据集上进行实验,得到性能很好的实验结果。

5.8.2.3 学习算法

(1)深度费希尔映射方法

Wong 等人提出一种新的特征提取方法——正则化深度费希尔映射(Regularized Deep Fisher Mapping,RDFM)方法,学习从样本空间到特征空间的显式映射,根据 Fisher 准则用深度结构神经网络提高特征的区分度。深度结构神经网络具有深度非局部学习结构,从更少的样本中学习变化很大的数据集中的特征,显示出比核方法更强的特征识别能力,同时 RDFM 方法的学习过程由于引入正则化因子,解决了学习能力过强带来的过拟合问题。在各种类型的数据集上进行实验,得到的结果说明了在深度学习微调阶段运用无监督正则化的必要性。

(2)非线性变换方法

Raiko 等人提出了一种非线性变换方法,该变换方法使得多层感知器(Multi-Layer Perceptron,MLP)网络的每个隐神经元的输出具有零输出和平均值上的零斜率,使学习 MLP 变得更容易。将学习整个输入输出映射函数的线性部分和非线性部分尽可能分开,用 shortcut 权值(shortcut weight)建立线性映射模型,令 Fisher 信息阵接近对角阵,使得标准梯度接近自然梯度。通过实验证明了非线性变换方法的有效性,该变换使得基本随机梯度学习与当前的学习算法在速度上不相上下,并有助于找到泛化性能更好的分类器。

用这种非线性变换方法实现的深度无监督自编码模型进行图像分类和学习图像的低维表示的实验,显示这些变换有助于学习深度至少达到五个隐层的深度结构神经网络,证明了变换的有效性,提高了基本随机梯度学习算法的速度,有助于找到泛化性更好的分类器[30]。

（3）稀疏编码对称机算法

Ranzato 等人提出一种新的有效的无监督学习算法——稀疏编码对称机(Sparse Encoding Symmetric Machine,SESM),能够在无须归一化的情况下有效产生稀疏表示。SESM 的损失函数是重构误差和稀疏罚函数的加权总和,基于该损失函数比较和选择不同的无监督学习机,提出一种算法相关的迭代在线学习算法,并在理论和实验上将 SESM 与 RBM 和 PCA 进行比较,在手写体数字识别 MNIST 数据集和实际图像数据集上进行实验,表明该方法的优越性。

（4）迁移学习算法

在许多常见学习场景中,训练和测试数据集中的类标签不同,必须保证对训练和测试数据集中的相似性进行迁移学习。Mesnil 等人研究了用于无监督迁移学习场景中学习表示的不同种类模型结构,将多个不同结构的堆栈层使用无监督学习算法用于五个学习任务,并研究了用于少量已标记训练样本的简单线性分类器堆栈深度结构学习算法。Bengio 研究了无监督迁移学习问题,讨论了无监督预训练有用的原因,如何在迁移学习场景中利用无监督预训练,以及在什么情况下需要注意从不同数据分布得到的样例上的预测问题。

（5）自然语言解析算法

Collobert 基于深度递归卷积图变换网络[31]（Graph Transformer Networks,GTN)提出一种快速可扩展的判别算法用于自然语言解析,将文法解析树分解到堆栈层中,只用极少的基本文本特征,得到的性能与现有的判别解析器和标准解析器的性能相似,但在速度上有了很大提升。

（6）学习率自适应方法

学习率自适应方法可用于提高深度结构神经网络训练的收敛性并且去除超参数中的学习率参数,其中包括全局学习率、层次学习率、神经元学习率和参数学习率等等。最近研究人员提出了一些新的学习率自适应方法,如 Duchi 等人提出的自适应梯度方法和 Schaul 等人提出的学习率自适应方法；Hinton 提出了收缩学习率方法使得平均权值更新在权值大小的 1/1 000 数量级上;Le Roux 等人提出自然梯度的对角低秩在线近似方法,并检验了该算法在一些学习场景中能加速训练过程。

参考文献

[1] 于延胜,陈兴伟. 基于 Mann-Kendall 法的水文序列趋势成分比重研究[J]. 自然资源学报,2011,26(9):1585-1591.

[2] 隋玉萍. 基于 M-K 法的牡丹江市气候趋势分析的研究[D]. 长春:吉林农业大学,2020.

[3] 宋萌勃,黄锦鑫. 水文时间序列趋势分析方法初探[J]. 长江工程职业技术学院学报,2007(4):35-37.

[4] 谢平,陈广才,雷红富. 基于 Hurst 系数的水文变异分析方法[J]. 应用基础与工程科学学报,2009,17(1):32-39.

[5] 唐荣安,洪学仁,徐红萍,等. 傅里叶变换基本性质的物理诠释[J]. 物理与工程,2016,26(2):51-53.

[6] 张平. 傅里叶变换的性质探讨[J]. 科技资讯,2020,18(18):255-256.

[7] 房永亮. 傅里叶变换与小波分析的对比研究[J]. 机电产品开发与创新,2010,23(2):22-23+18.

[8] 翁嘉文,钟金钢. 加窗傅里叶变换在三维形貌测量中的应用[J]. 光子学报,2003(8):993-996.

[9] 杨翀,卢强,赵静,等. 加窗傅里叶变换中的窗口选择研究[C]//中国力学学会. 第十二届全国实验力学学术会议论文摘要集,2009:34-35.

[10] 冉启文. 小波分析方法及其应用[J]. 数理统计与管理,1999(1):53-56.

[11] 陈守满. 小波变换在光学中的应用[J]. 延安大学学报(自然科学版),2004(3):26-29.

[12] 刘小靖,王加群,周又和,等. 小波方法及其非线性力学问题应用分析[J]. 固体力学学报,2017,38(4):287-311.

[13] 文俊,岳春芳,吴艳,等. 基于小波包-卡尔曼的大坝变形数据处理研究[J]. 人民黄河,2022,44(2):129-132.

[14] 罗永,李建平,成礼智,等. 小波包变换及代价函数设计综述[J]. 数学理论与应用,2011,31(3):65-70.

[15] 李辉,郑海起,唐力伟. 基于经验模态分解的瞬时相位分析方法的应用[J]. 振动、测试与诊断,2007(1):9-12+81.

[16] 郭喜平,王立东.经验模态分解(EMD)新算法及应用[J].噪声与振动控制,2008(5):70-72.

[17] 陈光洋.基于 VMD 的高压输电线路故障测距研究[D].淮南:安徽理工大学,2021.

[18] 周增建,王海,周渭,等.希尔伯特-黄变换理论及其分辨率的研究[J].电子质量,2009(2):3-6.

[19] 殷晓中,于盛林.希尔伯特-黄变换理论及其应用探讨[J].镇江高专学报,2007(2):31-34.

[20] 游士兵,严研.逐步回归分析法及其应用[J].统计与决策,2017(14):31-35.

[21] 谭明璋,李刚.土石坝渗流监测资料分析的逐步回归分析方法[J].水电自动化与大坝监测,2009,33(4):56-58.

[22] 王亮.基于逻辑回归的砂土液化判别研究[D].哈尔滨:中国地震局工程力学研究所,2017.

[23] 陆君豪.随机森林在测光红移中的应用[D].上海:上海师范大学,2022.

[24] 李文宽.基于随机森林的特征选择方法研究[D].天津:天津理工大学,2022.

[25] 高阿芳.基于改进随机森林的耕深预测模型研究[D].长春:长春工业大学,2022.

[26] 郑丹.基于人工智能算法的优选时间序列数据模型设计[J].九江学院学报(自然科学版),2021,36(3):55-58.

[27] 陈颖.基于深度学习的调制信号识别技术研究[D].南昌:南昌大学,2021.

[28] 刘建伟,刘媛,罗雄麟.深度学习研究进展[J].计算机应用研究,2014,31(7):1921-1930+1942.

[29] 孙弘建.基于卷积神经网络的公众聚集行为检测方法研究[D].长春:长春工业大学,2022.

[30] 李君妍.基于深度学习算法的水力发电站关键电气设备状态趋势预测研究[D].杭州:浙江大学,2022.

[31] 聂青青,万定生,朱跃龙,等.基于时域卷积神经网络的水文模型[J/OL].计算机应用:1-7[2022-07-11].http://kns.cnki.net/kcms/detail/51.1307.tp.20220223.1719.002.html.

· 第六章 · 典型平台特征分析

6.1 云计算及其平台

　　21世纪初期互联网迎来了新的发展高峰,网站需要处理的业务量快速增长,需要为用户储存和处理大量的数据。因此,如何在用户数量快速增长的情况下快速扩展原有系统为客户提供服务成为一个棘手的问题。随着移动终端的智能化、移动宽带网络的普及,将有越来越多的移动设备接入互联网,这意味着与移动终端相关的IT系统会承受更多的负载,对于提供数据服务的企业来讲,IT系统需要处理更多的业务量。由于资源的有限性,数据中心的电力成本、空间成本、各种设施的维护成本快速上升,这就导致需要考虑怎样才能有效地利用这些资源,以及如何利用更少的资源解决更多的问题。

　　随着高速网络连接的衍生,芯片和磁盘驱动器产品在功能增强的同时,价格也在变得日益低廉,拥有成百上千台计算机的数据中心也具备了快速为大量用户处理复杂问题的能力。技术上,分布式计算的日益成熟和应用,特别是网格计算的发展通过互联网把分散在各处的硬件、软件、信息资源连接成为一个巨大的整体,从而使得人们能够利用地理上分散于各处的资源,完成大规模的、复杂的计算和数据处理的任务。数据存储的快速增长催生了以GFS(Google File System)、SAN(Storage Area Network)为代表的高性能存储技术。服务器整合需求的不断升温推动了对计算能力和资源利用效率提升的迫切需求,云计算在这样的环境下应运而生。

　　云计算是由分布式计算、并行处理、网格计算发展而来的,是一种基于互联网的超级计算模式,在远程数据中心,成千上万台电脑和服务器连接成一片电脑云,它能将计算、视频、存储等应用以服务的形式通过接入互联网的电脑、手机等提供给用户。

　　云计算的核心是可以自我维护和管理虚拟计算资源,通常是一些大型服务器集群,包括计算服务器、存储服务器和宽带资源等。云计算将计算资源集中起来,并通过专门的软件实现自动管理,无需人为参与。用户可以自主申请部分资源,支持各种应用程序的运转,无需为繁琐的细节而烦恼,能够更加专注于自己的业务,有利于提高效率、降低成本和技术创新。云计算平台的应用也是实现数字孪生应用的重要手段和载体。

6.1.1　研究进展

　　云计算需要有 IT 业的标准化及集中化作为发展的前提条件。IT 业的标准化需要业务流程、业务应用和数据的标准化作为基础,只有业务标准化,才能推动云计算技术及模式的应用。

　　美国的企业 IT 系统成熟度高,IT 系统的整体应用时间很长,公司行为规范性更强,更接近于标准化。美国的云计算服务企业实施了数据中心全球扩张计划。在技术与产品方面,美国掌握了包括分布式体系架构在内的多种云计算的核心技术,其云计算的应用也在政府的指导下大规模地推广,其美国国防部、农业部等都不同程度地应用了云计算。

　　欧盟的云计算服务企业主要是法国、德国、西班牙等国的电信运营商与服务托管商。这些云计算服务企业都有自主产权的云计算产品,在欧洲云计算发展及应用方面有极强的推动意义。但欧盟的云计算市场还是主要由美国企业主导,美国云服务企业通过在欧洲建立数据中心来提供本地化云服务。在云计算的应用上,欧盟因其国家的多样性,以及各个国家的经济问题、欧元问题与数据隐私保护规则等问题,导致其云计算发展速度落后于美国。

　　日本在云计算的技术与产品开发上占据有利地位。日本的电子器件、通信技术等领域在世界范围内的领先优势,使其在服务器、平台管理及应用软件等方面,有很多自主知识产权的技术及产品。日本电信运营商是主要的云计算应用企业,其制定了详细的云计算服务战略。日本一直致力于在传统行业推广云计算技术,将云计算作为社会及产业结构改革的动力。

　　中国的云计算发展环境得到了政府很大力度的政策支持,但国内的云计算发展环境要落后于发达国家。中国的用户对于云计算的使用还存在顾虑,这也影响了用户对于公有云服务的应用程度。同时,部分云计算服务商的数据中心位于境外,如发生信息泄露问题,则会对国家、企业及个人的安全造成极大的威胁。当前,基于阿里云、百度云、华为云的应用及开发越来越多,国内云计算也呈现蓬勃发展之势。

当前主流的云资源结构如图 6-1 所示。

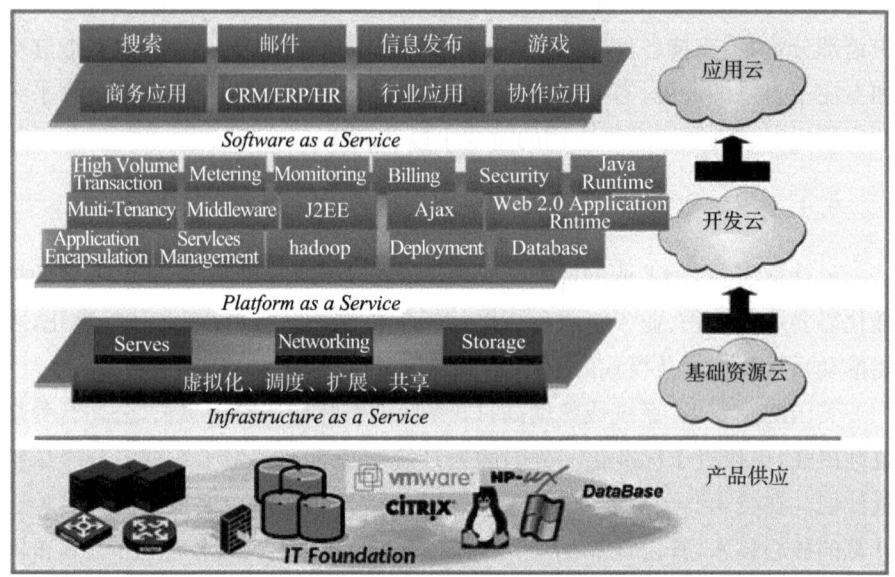

图 6-1　云资源结构图

6.1.2　典型架构

1. 云计算数据中心总体架构

云计算架构分为服务和管理两大部分。在服务方面,主要以提供用户基于云的各种服务为主,共包含 3 个层次:基础设施即服务(IaaS)、平台即服务(PaaS)、软件即服务(SaaS)。在管理方面,主要以云的管理层为主,它的功能是确保整个云计算中心能够安全、稳定地运行,并且能够被有效管理。云计算服务架构如图 6-2 所示。

(1) 基础设施即服务(IaaS)

基础设施即服务(Infrastructure-as-a-Service, IaaS)包含云 IT 的基本构建块,通常提供对联网功能、计算机(虚拟或专用硬件)以及数据存储空间的访问。基础设施即服务提供最高等级的灵活性和对 IT 资源的管理控制,其机制与现今众多 IT 部门和开发人员所熟悉的现有 IT 资源最为接近。

(2) 平台即服务(PaaS)

平台即服务(Platform-as-a-Service, PaaS)消除了用户对底层基础设施

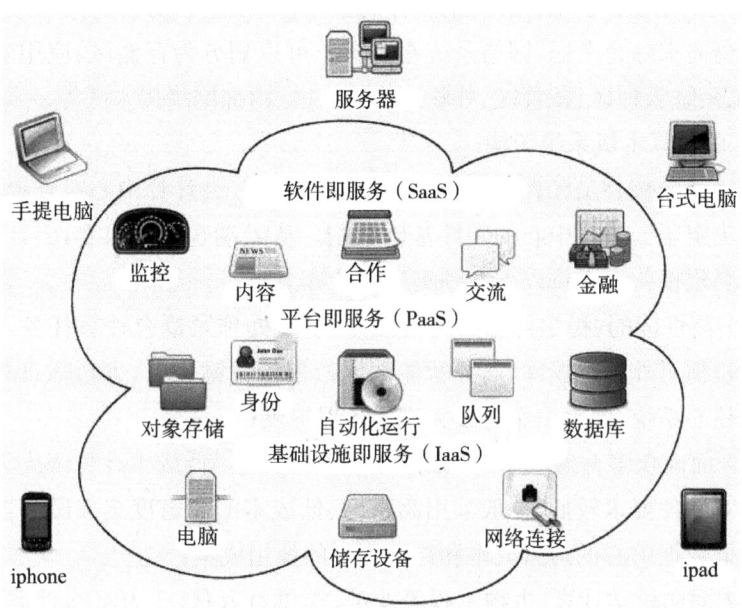

图 6-2　云计算服务架构图

（一般是硬件和操作系统）的管理需要，让用户可以将更多精力放在应用程序的部署和管理上面，而不用操心资源购置、容量规划、软件维护、补丁安装或与应用程序运行有关的任何无差别的繁重工作，可以大大提高效率。

（3）软件即服务（SaaS）

软件即服务（Software-as-a-Service，SaaS）提供了一种完善的产品，其运行和管理皆由服务提供商负责。使用 SaaS 产品时，服务的维护和底层基础设施的管理都无需用户建立，用户只需要考虑怎样使用服务商提供的软件就可以了。

2.　云计算网络系统架构

网络系统总体结构规划应坚持区域化、层次化、模块化的设计理念，使网络层次更加清楚、功能更加明确。数据中心网络根据业务性质或网络设备的作用进行区域划分，可从以下几方面进行规划：

（1）按照传送数据业务性质和面向用户的不同，网络系统可以划分为内部核心网、远程业务专网、公众服务网等区域；

（2）按照网络结构中设备作用的不同，网络系统可以划分为核心层、汇聚层、接入层；

（3）从网络服务的数据应用业务的独立性、各业务的互访关系及业务的安全隔离需求综合考虑，网络系统在逻辑上可以划分为存储区、应用业务区、前置区、系统管理区、托管区、外联网络接入区、内部网络接入区等。

3. 云计算主机系统架构

云计算的核心是计算力的集中和规模性突破，云计算中心对外提供的计算类型决定了云计算中心的硬件基础架构。从云端客户需求看，云计算中心通常需要规模化地提供以下几种类型的计算力：

（1）高性能的、稳定可靠的高端计算，主要处理紧耦合计算任务，这类计算不仅包括对外的数据库、商务智能数据挖掘等关键服务，也包括自身账户、计费等核心系统，通常由企业级大型服务器提供；

（2）面向众多普通应用的通用型计算，用于提供低成本计算解决方案，这种计算对硬件要求较低，一般采用高密度、低成本的超密度集成服务器，从而有效降低数据中心的运营成本和终端用户的使用成本；

（3）面向科学计算、生物工程等业务，提供百万亿、千万亿次计算能力的高性能计算，其硬件基础是高性能集群。

4. 云计算存储系统架构

云计算采用数据统一集中存储的模式，在云计算平台中，数据如何放置是一个非常重要的问题，在实际使用的过程中，需要将数据分配到多个节点的多个磁盘当中。当前能够达到这一目的的存储技术有两种方式，一种是使用类似于 GFS 的集群文件系统，另外一种是基于块设备的存储区域网络 SAN 系统。

GFS 是由 Google 公司设计并实现的一种分布式文件系统，基于大量安装有 Linux 操作系统的普通 PC 构成集群系统，整个集群系统由一台 Master 和若干台 ChunkServer 构成。在 SAN 连接方式上可以有多种选择：一种选择是使用光纤网络，能够操作快速的光纤磁盘，适合于对性能与可靠性要求比较高的场所；另一种选择则是使用以太网，采取 iSCSI（Internet 小型计算机系统接口）协议，能够运行在普通的局域网环境下，从而降低成本。若采用 SAN 结构，服务器到共享存储设备的大量数据传输是通过 SAN 网络进行的，局域网只承担各服务器之间的通信任务，这种分工使得存储设备、服务器和局域网资源得到更有效的利用，使存储系统的速度更快，扩展性和可靠性更好。

5. 云计算应用平台架构

云计算应用平台采用面向服务的架构（Service Oriented Architecture，SOA），应用平台为部署和运行应用系统提供所需的基础设施资源，所以应用开发人员无需关心应用的底层硬件和基础设施，只需要根据应用需求动态扩展应用系统所需的资源。完整的应用平台提供如图 6-3 所示的功能架构。

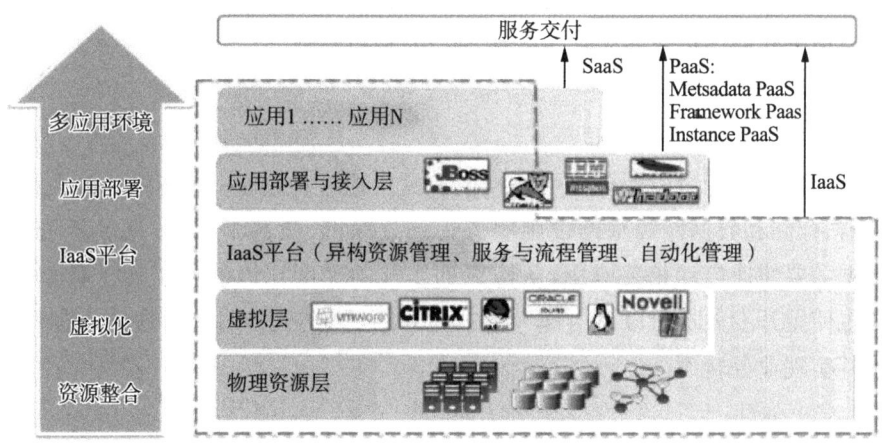

图 6-3　云计算应用平台架构

云计算之所以称为"云"，是因为它在某些方面具有现实中云的特征：云一般都较大，云的规模可以动态伸缩，它的边界是模糊的。云计算的商业模式给用户提供的是一种 IT 服务，其内容也是随时间变化、动态弹性的。因此，云计算数据中心的架构也会随着社会的进步不断调整和优化。

6.1.3　典型部署及特点

1. 云计算部署模型

（1）云部署

基于云的应用程序完全部署在云中且应用程序的所有组件都在云中运行。云中的应用程序分为两种，一种是在云中创建，另一种是从现有基础设施迁移到云中以利用云计算的优势。基于云的应用程序可以构建在基础设施组件上，也可以使用较高级别的服务，这些服务提供了从核心基础设施的管理、架构和扩展要求中抽象提取的能力。

（2）混合部署

混合部署是一种在基于云的资源和非云现有资源之间连接基础设施和

应用程序的方法。混合部署最常见的方法是在云和现有本地基础设施之间将组织的基础设施扩展到云中,同时将云资源与内部系统进行连接。

（3）本地部署

使用虚拟化和资源管理工具在本地部署资源往往被称作"私有云"。本地部署无法提供云计算的诸多优势,但有时采用这种方案是为了能够提供专用资源。大多数情况下,这种部署模型与旧式 IT 基础设施无异,都是通过应用程序管理和虚拟化技术尽可能地提高资源利用率。

2. 云计算的特点

（1）敏捷性

云使开发者可以轻松使用各种技术更快地进行创新,开发者可以从云服务器、存储和数据库等基础设施服务得到物联网、机器学习、数据库等资源,根据需要快速启动相关应用,从构思到实施的速度比以前快了几个数量级。这也使得开发人员可以自由地进行试验并测试新想法,以打造独特的客户体验并实现业务转型。

（2）弹性

借助云计算,开发人员无需为日后处理业务活动高峰而预先过度预置资源。相反,可以根据实际需求预置资源量,还可以根据业务需求的变化立即扩展或缩减这些资源,以扩大或缩小容量。

（3）节省成本

云技术将开发的固定资本支出（如数据中心和本地服务器）转变为可变支出,并且只需按实际用量付费。此外,由于规模经济的效益,可变费用比开发人员自行部署相关硬件平台设备时低得多。

（4）快速全局部署

借助云可以将应用扩展到新的地理区域,并可快速进行全局部署。亚马逊云科技 AWS(Amazon Web Services)的基础设施遍布全球各地,只需简单设置即可在多个物理位置部署应用程序,将应用程序部署在离最终用户更近的位置可以减少延迟并改善他们的使用体验。

云计算让开发人员可以全身心投入最有价值的工作,避免采购、维护、容量规划等工作分散精力。云计算已经日渐普及,并拥有了几种不同的模型和部署策略,以满足不同用户的特定需求。每种类型的云服务和部署方法都提供了不同级别的控制力、灵活性和管理功能。理解基础设施即服务、平台即服务和软件即服务之间的差异,以及可以使用的部署策略,有助于用户根据需求选用合适的服务组合。

6.1.4　关键技术

1. 存储技术

云存储是伴随云计算概念发展出来的新课题,它通过网络和分布式文件系统将分散的存储设备连接整合成一个高效、便捷、可靠的系统,通过某种应用软件共同一致地对外提供在线数据存储和业务访问服务。分布式文件系统是云存储的核心,利用分布式文件系统可以实现云存储系统中不同存储设备之间的协同工作,对外提供同一种服务,并提供更优质更快速的数据访问性能。分布式文件系统具有安全性、可靠性、实用性、可维护和拓展升级性、数据可复制和同步性等特点。目前,较为成熟的主流云计算数据存储技术有谷歌的 GFS 和 Hadoop 开发团队开发的 HDFS。

2. 虚拟机技术

虚拟机,即服务器虚拟化是云计算底层架构的重要基石。在服务器虚拟化中,虚拟化软件需要实现对硬件的抽象,资源的分配、调度和管理,虚拟机与宿主操作系统及多个虚拟机间的隔离等功能,目前典型的虚拟化实现方式有 Citrix Xen、VMware ESX Server 和 Microsoft Hyper-V 等。

3. 数据管理技术

云计算需要是对存储、读取的海量数据进行大量的分析,如何进一步提高数据的更新速率和随机读写速率是数据管理技术未来必须解决的问题。最著名的云计算数据管理技术是谷歌的 BigTable。

4. 分布式编程与计算

为了使用户能更轻松地享受云计算带来的服务,让用户能利用云计算上的编程模型编写简单的程序来实现特定的目的,编程模型必须十分简单,并且要保证后台复杂的并行执行和任务调度向用户和编程人员透明。

5. 虚拟资源的管理与调度

云计算区别于单机虚拟化技术的重要特征是云计算通过整合物理资源形成资源池,并通过资源管理层实现对资源池中虚拟资源的调度。云计算的管理涉及资源管理、任务管理、用户管理和安全管理等工作,实现节点故障的屏蔽、资源状况监视、用户任务调度、用户身份管理等多重功能。

6. 云计算的业务接口

为了方便用户业务由传统 IT 系统向云计算环境的迁移,云计算应向用户提供统一的业务接口。业务接口的统一不仅方便用户业务向云端的迁移，也会使用户业务在云与云之间的迁移更加容易。在云计算时代，SOA架构和以Web Service为特征的业务模式仍是业务发展的主要路线。

6.1.5　应用情况

1. 云平台在农业生产场景中的应用

智慧农业依托部署在农业生产现场的各种传感节点和无线通信网络实现农业生产环境的智能感知、智能预警、智能决策、智能分析、专家在线指导，为农业生产提供精准化种植、可视化管理、智能化决策。

以智慧温室为例：针对条件较好的大棚，安装电动卷帘、排风机、电动灌溉系统等机电设备，通过云平台可实现远程控制功能。农户可通过手机或电脑登录云端系统，控制温室内的水阀、排风机、卷帘机的开关；也可在云端设定好控制逻辑，云端将控制逻辑下放到边缘控制设备，边缘控制设备通过传感设备实时采集大棚环境的空气温度、空气湿度、二氧化碳、光照、土壤水分、土壤温度、棚外温度与风速等数据，自动根据温室内外情况自动开启或关闭卷帘机、水阀、风机等大棚机电设备。

2. 云平台在水利行业中的应用

基于云计算的智慧水利平台，通过建立水利物联监测网络，实时采集水雨情数据、河湖网格管理数据、水利工程数据、内涝点数据、水利隐患点数据等水利信息，对所采集数据进行智能分析，并通过建立巡查管护系统、防汛抗旱系统、调度系统、河长制等系统，实现水利管理的科学决策。利用物联网、互联网、云计算等先进技术，推动水利信息化建设。如图6-4所示为云计算在水利行业应用示意图。

6.1.6　存在问题及发展趋势

云计算目前存在的问题主要有以下几方面：

1. 资源支撑

云计算产业的发展，需要有可靠、易获取的宽带资源作为基础，广大的移动宽带用户需要能在任意时间及地点通过相关设施或平台来获取相关云计算信息。我国宽带资源较为短缺，网速慢、网络互联互通不畅，流量成本相对偏高，这些问题制约了国内云计算产业的发展。

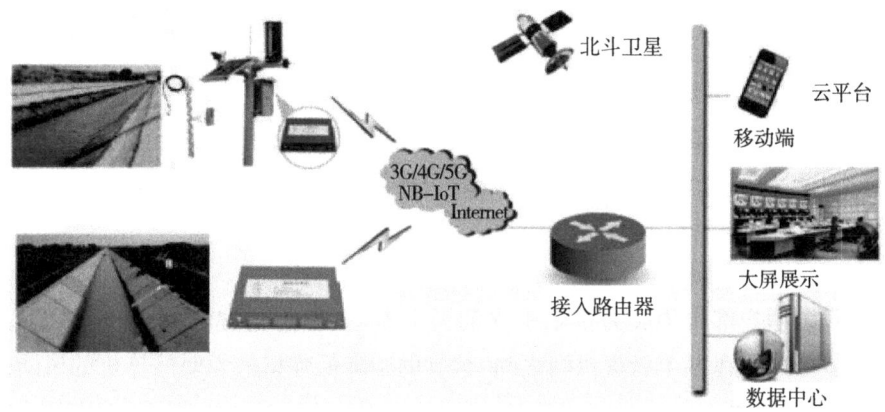

图 6-4 云计算在水利行业应用示意图

2. 法律保护

目前国内的云计算发展环境落后于发达国家水平,用户数据隐私保护方面的法律法规还有待完善。

3. 标准化欠缺

我国的 IT 系统发展时间短,成熟度低,企业内的 IT 系统大多围绕针对性的目标来搭建,缺少标准化。省、地级政府机构及国企单位中,因早期的数据交流需求较小,各个单位都会自建系统来满足自身业务需求,而针对自身需求建立的系统就是未来条块分割问题产生的原因,且现阶段国内实现工厂系统的标准化较为困难。国内私营企业大多向云服务商的方向发展,企业间的不同技术架构、数据接口等有一定差异,在技术与服务标准方面缺少完整的规范化要求,导致未来云计算服务与系统的协同及整合工作非常困难。

云计算目前的新发展趋势如下。

1. 边缘计算

云边缘是由功能强大的服务器和快速存储组成的本地化数据中心或服务存在点。云提供商将应用程序和许多其他活动作业的负载抵消到云边缘状态。通过处理苛刻的终结点任务并将数据顺序传输回云,边缘部分几乎充当了云的缓存平台。边缘计算从云提供商的基础架构释放了大量处理能力,带宽使用量直线下降。

2. 云自动化

通过人工智能和机器学习(AI/ML)可以实现云自动化决策,与人工操作员相比,AI/ML 可以大规模地快速自动执行例行的、可重复的任务。

3. 行业优化的云

全球各地的组织正在将数据迅速迁移到云中,这推动了为特定行业提供量身定制的云服务产品的趋势。一些云服务提供商拥有与特定行业相关的消耗性云平台,外包业务只需选择合适的提供商即可开始使用符合行业标准的服务。

4. 混合云策略

很多用户都希望成为技术中立的云消费者,理想情况下,企业应将核心业务服务分布在多个云提供商之间,这有助于降低停机或长时间停机的风险。

5. 容器化

容器的普及对于云而言尤其重要。许多云提供商现在拥有自己的容器应用引擎,这些引擎作为可消费的云服务出售,系统管理员不再需要为构建虚拟机和底层基础结构而费心。

云计算可谓互联网之后的又一场技术革命,它不仅是一次技术的颠覆,更是一场商业模式的革命。对于个人来说,以后可能就不需要使用硬盘了。规模较小的公司也不再需要购买服务器,只要租服务器或租用服务就可以了。大型数据中心规模效应使得信息处理和存储的成本大幅降低,更主要的是云计算可以提供更强大、更适合个性化需求的应用软件,通过互联网提供服务,按需分配,减少资源浪费,这将大大提升工作效率,大幅降低业务创新的门槛。

6.2 雾计算及其平台

雾计算(Fog Computing)是云计算(Cloud Computing)的延伸概念,是一种新兴的计算范式,主要用于管理来自传感器和边缘设备的数据,将数据、处理和应用程序集中在网络边缘的设备中,而不是全部保存在云端数据中心。在终端设备和云端数据中心之间再加一层"雾",即网络边缘层,比如再加一个带有存储器的小服务器或路由器,把一些并不需要放到云端的数据在这一层直接处理和存储,可以大大减少云端的计算和存储压力,提高效率,提升传输速率,缩短时延。雾计算采用"去中心化"的设计思想,解决了云计算中数据时延和拥塞两大难题。

6.2.1　研究进展

2012 年思科公司(Cisco)提出了雾计算,并将其定义为迁移云计算中心任务到网络边缘设备执行的一种高度虚拟化的计算平台。云计算架构将计算从用户侧集中到数据中心,让计算远离了数据源,这会带来计算延迟、拥塞、低可靠性和安全攻击等问题,于是修补云计算架构的"大补丁"——雾计算开始兴起了。

雾计算就是本地化的云计算,是云计算的补充。云计算更强调计算的方式,雾计算更强调计算的位置。如果说云计算是 WAN 计算,那么雾计算就是 LAN 计算。如果说 CDN(内容分发网络)弥补了 TCP/IP 本地化缓存问题,那么雾计算就是弥补了云计算本地化计算的问题。

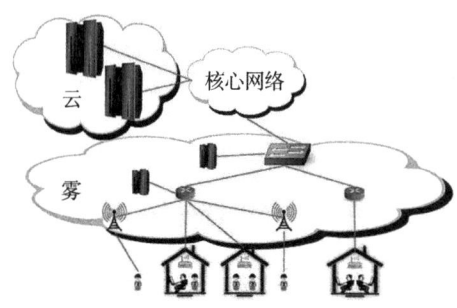

图 6-5　Cisco 雾计算原始定义图

图 6-5 是思科公司对雾计算的原始定义所作的图示。在思科的定义中,雾主要是由边缘网络中的设备构成,这些设备可以是传统网络设备(早已部署在网络中的路由器、交换机、网关等等),也可以是专门部署的本地服务器。一般来说,专门部署的设备会有更多资源,而使用有宽裕资源的传统网络设备可以大幅度降低成本。这两种设备的资源能力都远小于一个数据中心,但是它们庞大的数量可以弥补单一设备资源的不足。雾平台由数量庞大的雾节点构成,这些雾节点可以各自散布在不同地理位置,与资源集中的数据中心形成鲜明对比。

随着传感器技术的发展,物联网已经延伸到各行各业,智能终端的数量和数据采集的规模都在几何级增加,这给企业的数据计算和存储工作都带来非常大的压力。通过雾计算,大量实时数据不再需要全部传到云端存储计算后,再把需要的数据从云端传回来,而是可以在网络边缘的设备中直接处理有用的数据,大大提高了企业效率。

6.2.2 典型架构

开放雾联盟发布的 OpenFog 参考架构如图 6-6 所示,其包含的支柱模型分别是安全性、可扩展性、开放性、自主性、RAS(Reliability、Availability、Serviceability,可靠性、可用性和可维护性)、灵活性、层次性和可编程性。

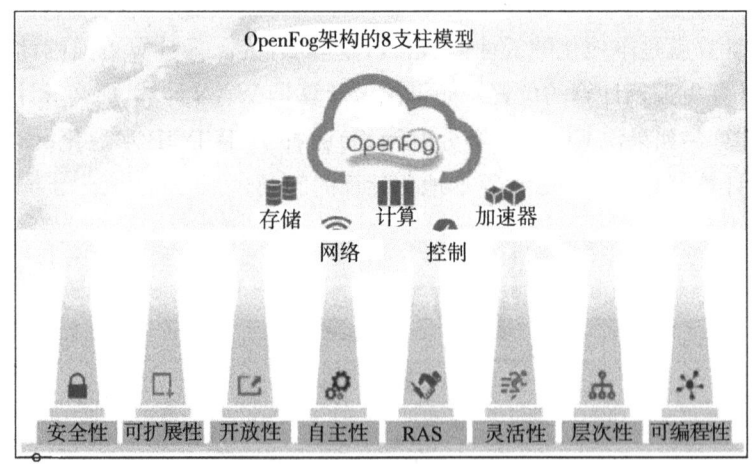

图 6-6 雾架构的 8 个支柱模型

1. 安全性

安全对雾环境至关重要,雾使生产系统能够在端到端的计算环境中安全地传输数据并对数据进行处理。在各种应用中,可以动态地建立物到雾和雾到云的连接。

2. 可扩展性

通过在本地处理大多数信息,雾计算可以减少从工厂到云端传输的数据量,这将提高生产资源和第三方提供商的成本效益,改善带宽性能。可以动态缩放计算容量、网络带宽和雾网络的存储大小,以满足需求。

3. 开放性

开放雾联盟定义的可互操作架构,可通过开放的应用程序编程接口(Application Programming Interface,API)实现资源透明和共享。API 还使工厂的生产设备能够连接到远程维护服务提供商和其他合作伙伴。

4. 自主性

雾计算提供的自主性使得用户即使在与数据中心的通信受限或不存在的情况下,也能执行指定的操作,实现与其他用户的资源共享。即使云无法访问或过载,关键系统仍可以继续运行。

5. 可靠性/可用性/可维护性(RAS)

雾节点的高可靠性、可用性和可维护性设计,有助于在苛刻、执行关键任务的生产环境中实现顺利运行。这些属性有助于远程维护和预测维护功能,并加快任何必要修复的速度。

6. 灵活性

雾计算允许在雾系统中快速进行本地化和智能化的决策。如工厂生产设备的小故障可以得到实时检测和处理,生产线可以迅速调整,适应新的需求。灵活性还有助于实现预测性维护,从而减少停机或故障出现几率。

7. 层次性

无论是否在生产制造现场,雾架构都允许用户对设备或机器对雾、雾对雾和雾对云进行操作。它还允许在雾节点和云上运行混合的多个服务,对制造的监视和控制、运行支持和业务支持,都可以在多层雾节点的动态和灵活的层次结构中实现,工厂控制系统的每个组件都可以在层级结构的最佳级别上运行。

8. 可编程性

根据业务需要重新分配和重新调整资源,可以提高工厂的效率。基于雾的编程能力,可以对生产线和工厂设备进行动态变更,同时保持整体生产效率。它还可以创建动态的价值链,并分析现场的数据,而不是将其发送到云。

6.2.3 典型部署及特点

1. 雾计算部署模型

雾计算类似于传统的云计算模型,在网络拓扑的多层中提供了体系结构,类似于云计算服务模式定义的服务模型。

(1)软件即服务(SaaS)

提供给雾服务客户的功能是使用由雾提供者管理的联邦雾节点集群上运行的应用程序。这个服务类型类似于云计算软件即服务(SaaS),并意味着终端设备或智能设备通过客户端接口或程序接口。终端用户不管理或控制底层雾节点的基础设施,包括网络、服务器、操作系统、存储,甚至是单个应用程序。

（2）平台即服务（PaaS）

提供给雾服务客户的功能类似于云计算平台即服务（PaaS），并允许部署到联邦成员的平台上。雾节点形成集群，使用由雾服务提供商支持的编程语言、库、服务和工具创建的客户创建或获取的应用程序。雾服务客户不管理或控制底层的雾平台和基础设施（包括网络、服务器、操作系统或存储），而是控制已部署的应用程序和系统。

（3）基础设施即服务（IaaS）

提供给雾服务客户的功能是提供处理、存储、网络和其他基本的计算资源，利用下面的数据。构成联邦集群的雾节点的结构，类似于云计算基础设施即服务（IaaS），客户能够部署和运行任意软件，这些软件包括操作系统和应用程序。使用者不管理或控制雾节点群集的底层基础设施，而是控制操作系统、存储和部署应用程序。

2. 雾计算的特点

（1）降低耗能

云计算把大量数据放到"云"里去计算或存储，"云"的核心是装有大量服务器和存储器的数据中心。由于目前半导体芯片和其他配套硬件还很耗电，而未来大量无线终端和"云"之间的数据传输还会进一步呈指数式增长，单靠云中心无法再维持下去。

（2）提升效率

大量的数据发送和接收，可能造成数据中心和终端之间的 I/O 瓶颈，传输速率大大下降，甚至造成很大的延时，一些需要实时响应的设备将无法正常运行。雾计算的计算节点在网络拓扑中的位置更接近终端用户，因此实时性更高，更加适用于无人机、安防报警、监测设备等对实时性要求较高的应用场景。

（3）海量数据分析

很多用户对于海量数据采集需求的解决办法是减少数据采集的频率和总量，如本需每秒钟采样一次的降低为每 10 秒钟采样一次，因数据量减少，一些需要海量、不间断数据采集的设备就会降低本身的服务价值，相关决策也会因数据样本的体量不足导致失准或失效。

（4）升级更安全

在没有成熟的技术平台时，大部分设备怎么运行及计算，出厂时就已设定好了,后期想要升级系统非常麻烦并且升级效率也很低,有可能一换操作系统,市面上投运的上百万台同类设备就永远失联了。这种情况就可采用雾连接进行分块操作。

(5)节省核心网络带宽

雾作为云和终端的中间层,本就在用户与数据中心的通信通路上。雾可以过滤、聚合用户消息,只将必要的消息发送给云,减小核心网络的压力。

(6)高可靠性

为了服务不同区域的用户,相同的服务会被部署在各个区域的雾节点上。这也使得高可靠性成为雾计算的内在属性,一旦某一区域的服务异常,用户请求可以快速转向其他临近区域。

(7)位置感知

雾计算主要使用边缘网络中的设备,由于网络边缘分布范围较广,节点数量庞大,密度较高,使得设备的位置信息通过移动终端可以精确定位,位置感知更加灵敏、快速、精确。

(8)移动性高

雾计算支持很高的移动性,使网络边缘设备之间可以直接通信,且通信信号不必上传云端或通过基站绕走一圈,减少了信息的传输距离。

6.2.4 关键技术

1. 雾与物联网的融合

雾计算是一种分层模型,该模型简化了分布式、延迟感知的应用程序的部署和服务,由雾节点(物理或虚拟)组成,驻留在智能终端设备和集中式云服务之间。对于物联网的应用,一般采用分布式布设方式,终端设备多,数据量大,每一个终端设备直接连接云计算平台则需要耗费大量时间进行数据发送和接收,云平台要耗费大量宝贵的计算能力去处理每一个终端设备的数据,这种方式就经济性而言效费比很低。此时,雾计算是更好的选择,雾平台可以现地布置,接收大量的分布式终端传送来的数据信息,进行集中处理,从中提取有用的信息,在信息能够本地处理的情况下可直接做出相关决策,如果信息还需进一步加工处理,相关的高级计算和判断则会将信息再交给云平台的专业应用程序予以处理。

如今主流的硬件制造商,如思科、英特尔和戴尔等,正在和物联网领域的数据分析和机器学习设备提供商一起创建物联网网关和路由器,支持雾平台的应用。

2. 雾节点的设置

雾节点是雾计算体系结构的核心部件。雾节点是物理组件(例如网关、交换机、路由器、服务器等)或虚拟组件(例如 Virtualize、ED 开关、虚拟机、Cloudlet 等)与智能终端设备或接入网络紧密耦合,并为这些设备提供计算资源。另外,雾节点可以在网络边缘层之间提供某种形式的数据管理、通信服务以及终端设备驻留,当需要时可独立运行,也可以联合起来形成集群,提供水平的可伸缩性。

雾节点有如下属性:

(1)自治性:雾节点可以在节点或节点集群级别独立运行,进行本地决策。

(2)异质性:雾节点以不同的形式出现,可以在多种环境中部署。

(3)分层聚类:雾节点支持层次结构,不同的层提供不同的服务功能子集,同时作为一个连续体进行工作。

(4)可管理性:雾节点由能够自动执行大多数常规操作的复杂系统管理和编排。

(5)可编程性:雾节点本质上可由多个涉众(如网络运营商、域专家、设备提供商或最终用户)在多个级别上实现可编程。

3. 雾与云的结合

雾计算与云计算不同的是:云计算研究计算方式,雾计算强调计算位置;云计算强调整体计算能力,一般由若干台集中的高性能计算设备完成计算,雾计算扩大了云计算的网络计算模式,将计算从网络中心扩展到网络边缘,更广泛地应用于各种服务。

在雾平台环境中,数据处理发生在数据中枢上的智能设备、智能路由器或网关上,因此省去了将数据发送到云的操作过程。这些组成雾计算层的雾节点被放置在更靠近边缘设备的位置,它们彼此之间进行信息传递,互相协作,通常与它们服务的智能终端设备共享相同的位置。

雾计算自提出就是作为云计算的延伸扩展,而不是云计算的替代。云可以负责大运算量或长期存储任务,如历史数据保存、数据挖掘、状态预测、整体性决策等,从而弥补单一雾节点在计算资源上的不足。这样,云和雾共同形成一个让彼此受益的计算模型,这一新的计算模型能够更好地适应物联网应用场景。

6.2.5 应用情况

传输延迟在许多现实物联网应用情景中可能是致命的,例如车辆自动驾驶系统、智能电网、远程医疗和患者护理环境中,即使 1 毫秒的时差也至关重要。雾计算的现场应用特点就是数据传输延时小、决策动作快,可以胜任这些需要低延时的场景。

近年来雾计算被应用于军事领域,例如为了获得清晰的战场态势感知信息,为士兵配备先进的传感器和设备,以便向云端发送更多数据。同时,为及时处理传感器收集的海量战场信息,由高度依赖云计算,转向发掘雾计算的更多潜力。在带宽有限或战场受限的条件下,雾计算可以对对来自传感器和设备的大量数据进行缓存。当网络连接不稳定时,仅向云端发送经筛选的必要信息,实现资源占用最小化并提高安全性;网络连接稳定后,再向云端发送完整数据。这种模式使得指挥官可优先考虑可用带宽的分配,并可以自主选择何时发送大量信息,从而解决了处在网络边缘的作战人员难以收到大量数据、无法对敏感数据及时做出响应的难题。另外,为保密起见,雾计算采用零信任模型,任何用户必须通过身份验证方可获取权限查看敏感信息。与更加集中的云形成鲜明对比的是,雾计算所针对的服务和应用程序需求广泛,属于地理上可识别的分布式部署。

6.2.6 存在问题及发展趋势

雾计算带来新的可能性的同时,也在安全性、高效利用资源、API 等方面带来了新的挑战。雾使用大量分散设备,使中心化的控制变得困难;雾节点的资源相对受限,需要节点间的协同配合,才能优化各服务的部署。

随着雾计算概念的发展,雾被进一步扩展到"地面上"。雾节点不再仅限于网络边缘层,还包括拥有宽裕资源的终端设备。终端设备与用户直接交互,数量庞大,在丰富雾的设备种类的同时,也带来更多动态属性,如电池电量、雾节点移动性等问题需要解决。

6.3 边缘计算及其平台

边缘计算,是指在靠近物或数据源头的一侧,采用集网络、计算、存储、应用核心能力为一体的开放平台,就近提供最近端服务。其应用程序在边缘侧发起,产生更快的网络服务响应,满足行业在实时业务、应用智能、安全与隐私保护等方面的基本需求。

边缘计算也是一种分布式计算。它将数据资料的处理、应用程序的运行甚至一些功能服务的实现,由网络中心下放到网络边缘的节点上,以减少业务的多级传递,降低核心网和传输的负担。边缘计算的核心是在靠近数据源或用户的地方提供计算、存储等基础设施,并为边缘应用提供云服务和 IT 环境服务。边缘计算不仅是 5G 网络区别于 3G/4G 的重要标准之一,同时也是支撑物联技术低延时、高密度等条件的具体网络技术体现形式,具有场景定制化强等特点。

6.3.1 研究进展

边缘计算是在高带宽、时间敏感、物联网集成这个背景下发展起来的技术,边缘(Edge)这个概念被提出时其本意是涵盖那些"贴近用户与数据源的IT 资源",属于从传统自动化厂商向 IT 厂商延伸的一种设计。

2016 年 10 月,美国电气和电子工程师协会(Institute of Electrical and E-lectronics Engineers,IEEE)和美国计算机协会(Association for Computing Machinery,ACM)共同组建成立了 IEEE/ACM Symposium on Edge Computing,组成了由学术界、产业界、政府(美国国家基金会)共同认可的学术论坛,对边缘计算的应用价值和研究方向开展了研究与讨论。

中国通信标准化协会(China Communications Standards Association,CCSA)成立了工业互联网特设组(ST8),并在其中开展了工业互联网边缘计算行业标准的制定。

2016 年 11 月华为技术有限公司、中国科学院沈阳自动化研究所、中国信息通信研究院、英特尔公司、ARM 和软通动力信息技术(集团)有限公司联合倡议发起边缘计算产业联盟(Edge Computing Consortium,ECC)。在该联盟中,华为主要提供计算平台,包括基础的网络、云、边缘服务器、传输设备与接口标准等,Intel、ARM 为边缘计算的芯片与处理能力提供保障,信通院则扮演传输协议与系统实现的集成,沈阳自动化研究所、软通动力扮演实际应用的角色。

2017 年全球性产业组织工业互联网联盟(Industrial Internet Consortium,IIC)成立 Edge Computing TG,定义边缘计算参考架构。

2018 年 8 月,华为与海尔、国家电网合作,联合国际电工委员会标准化管理局（International Electrotechnical Commission Standardization Management Bureau，IEC/SMB）开展边缘计算研究与讨论。

目前我国三大网络运营商都已经完成了边缘计算技术立项，其中中国联通发起了 5G 边缘计算平台研究项目，实现了边缘计算技术和移动网络的相互融合，并于 2018 年 2 月在 15 个省市启动了 Edge-Cloud 规模试点及相关工作。

6.3.2　典型架构

中国边缘计算产业联盟 ECC 正在努力推动三种技术的融合，即 OICT 的融合（运营 Operational、信息 Information、通信 Communication、技术 Technology）。ECC 提出了边缘计算参考架构 3.0 的定义，给出了各域的范围和总体框架、范围，其框架如下图 6-7 所示。

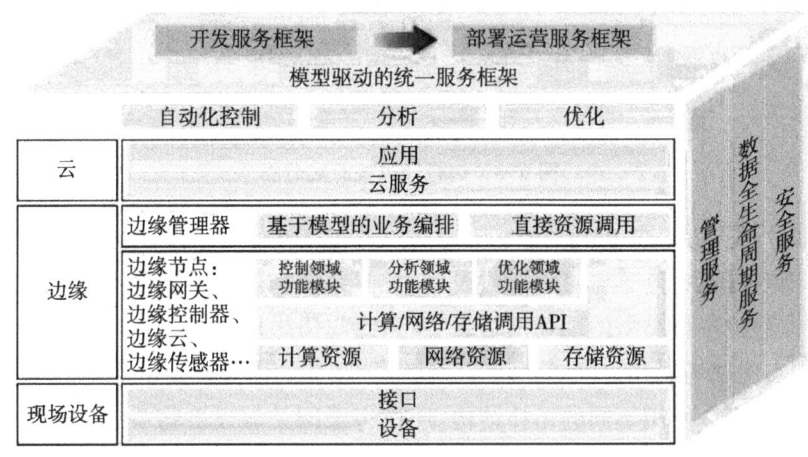

图 6-7　边缘计算参考架构 3.0

从以上边缘计算参考架构 3.0 可以看出：整个系统分为云、边缘和现场设备三层，边缘层位于云和现场设备层之间，边缘层向下支持各种现场设备的接入，向上可以与云端对接。

边缘层包括边缘节点和边缘管理器两个主要部分。边缘节点是硬件实体，是承载边缘计算业务的核心。不同边缘节点的业务侧重点和硬件特点各不相同，包括以网络协议处理和转换为重点的边缘网关、以支持实时闭环控制业务为重点的边缘控制器、以大规模数据处理为重点的边缘云、以低功耗信息采集和处理为重点的边缘传感器等。而边缘管理器的呈现核心是软件，主要功能是对边缘节点进行统一管理。

6.3.3 典型部署及特点

1. 边缘计算部署模型

边缘计算按与数据源的距离由近及远可分为现场层、边缘层和云计算层，如图6-8所示。

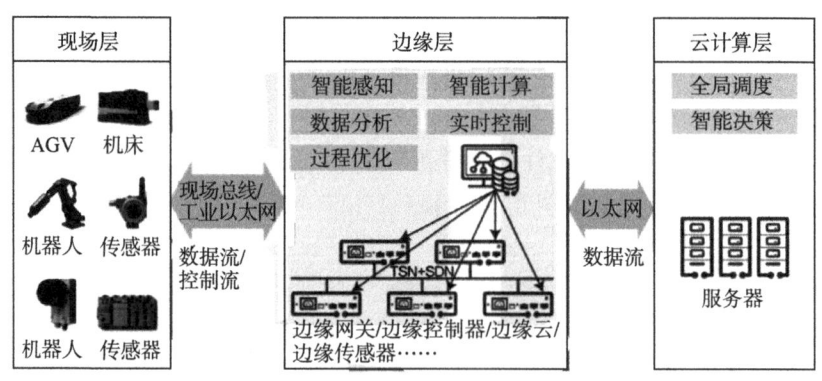

图 6-8 边缘计算按距离分类

（1）现场层

现场层包括传感器、执行器、设备、控制系统和资产等现场节点。这些现场节点通过各种类型的现场网络、工业总线与边缘层中的边缘网关等设备相连接，实现现场层和边缘层之间数据流和控制流的连通。

网络可以使用不同的拓扑结构，通过边缘网关等设备将一组现场节点彼此连接以及将现场节点连接到广域网络。现场层具有到集群中每个边缘实体的直接连接，允许来自边缘节点的数据流入和到边缘节点的控制命令流出。

（2）边缘层

边缘层是边缘计算三层架构的核心，用于接收、处理和转发来自现场层的数据流，提供智能感知、安全隐私保护、数据分析、智能计算、过程优化和实时控制等时间敏感服务。

边缘层包括边缘网关、边缘控制器、边缘云、边缘传感器等计算存储设备，以及时间敏感网络交换机、路由器等网络设备，封装了边缘侧的计算、存储和网络资源。边缘层还包括边缘管理器软件，该软件具备业务编排或直接调用的能力，用于操作边缘节点完成相关任务。

（3）云计算层

云计算层提供决策支持系统，以及智能化生产、网络化协同、服务化延伸和个性化定制等特定领域的应用服务程序，并为最终用户提供接口。云计算层从边缘层接收数据流，并向边缘层以及通过边缘层向现场层发出控制信息，从全局范围内对资源调度和现场生产过程进行优化。

2. 边缘的含义

1）边缘计算的用户边缘包括

（1）独立的终端设备；

（2）网关设备，例如物联网交换机和路由设备；

（3）本地服务器平台。

2）服务提供商边缘包括

（1）容纳网络接入设备的站点，例如蜂窝无线基站、xDSL（数字用户线路）和 xPON（新一代光纤网络）接入站点；

（2）区域边缘数据中心和特定的中央机房，通常部署访问控制器、交换设备和其他服务网关功能。

服务提供商边缘的实施需要综合考虑延迟、带宽、隐私等用户需求，涉及到不同的部署类型。图 6-9 为服务提供商边缘部署的一个实例，在本例中，应用方案不仅跨越了多个服务提供商网络，还与公有云合作提供整合服务。

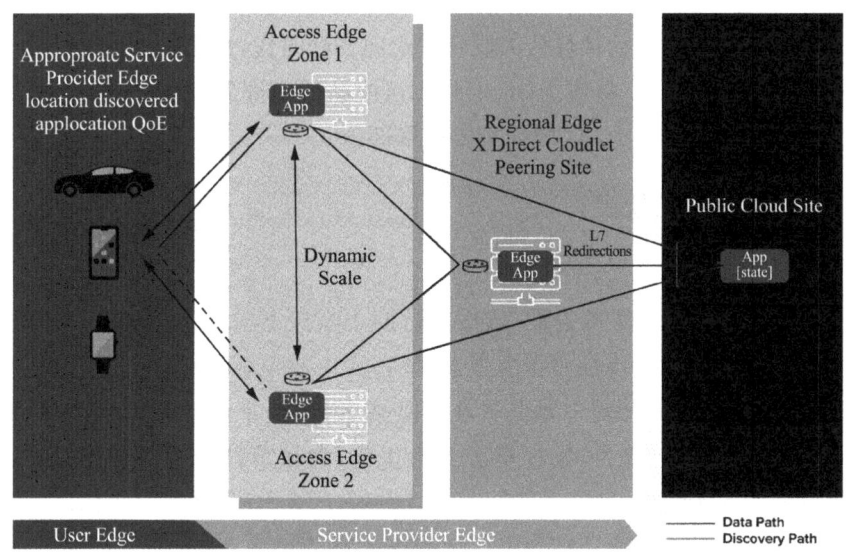

图 6-9 服务提供商边缘部署

3. 边缘计算的特点

相比于集中部署的云计算而言,边缘计算不仅解决了时延过长、汇聚流量过大等问题,同时为实时性和带宽密集型的业务提供更好的支持。综合来看,边缘计算具有以下优点。

（1）高安全性

边缘计算中的数据仅在源数据设备和边缘设备之间交换,不再全部上传至云计算平台,防范了数据泄露的风险。

（2）低时延

据运营商估算,若业务经由部署在接入点的移动边缘计算（Mobile Edge Computing，MEC）完成处理和转发,则时延有望控制在 1 ms 之内;若业务在接入网的中心处理网元上完成处理和转发,则时延约在 2~5 ms 之间;即使是经过边缘数据中心内的 MEC 处理,时延也能控制在 10 ms 之内,对于时延要求高的场景,如自动驾驶,边缘计算更靠近数据源,可快速处理数据,实时做出判断,充分保障乘客安全。

（3）减少带宽成本

边缘计算支持数据本地处理,大流量业务本地卸载可以减轻回传压力,有效降低成本。一些底层的传感器会产生大量数据,此时,将所有这些信息发送到云计算中心将花费很长时间和过高的成本,如若采用边缘计算处理,将节省大量带宽成本。

当前,5G 技术推动社会从人联时代走向物联时代,连接数的大量增长,叠加边缘计算自身优势,将成为 5G 时代不可或缺的一部分。同时,由边缘计算带来的算力需求将成为 5G 时代重要增量部分。

6.3.4 主流软硬件

1. 硬件

为了满足电信业务的发展,通信运营商不断探索电信云的架构和部署实现。电信云需要包含核心云和边缘云,核心云主要覆盖集中部署的数据中心和通信机房,而边缘云则主要部署在区县或者街道,下沉到更接近用户的位置,充分利用边缘计算力,发挥资源共享优势,大幅节约业务上云的带宽,获得更好的业务实时性。

通信运营商的边缘计算部署在运营商网络的接入点,这些节点是用户业务接入运营商网络的第一个节点,大多没有机房环境,通用的服务器难以满足需求。而业务的现实需求,又对边缘计算节点提出了比通用服务器更高的要求,边缘计算节点需要为用户实时处理数据,实现业务的灵活接入,同时还要承担人工智能、图像识别和视频渲染等新业务,满足 5G 时代丰富的业务需求,这就要求边缘计算服务器的性能、扩展性、协处理能力更加强劲。

浪潮科技最新推出的 NE5260M5 就是专为 5G 时代的各类边缘计算应用所设计,高度为 2U,宽 19 英寸,深度为 430 mm,仅有传统标准服务器深度的 1/2 稍多。这款产品不因为空间小而牺牲配置性能,采用下一代的英特尔最新可扩展处理器,可配置 2 颗处理器,16 个内存插槽,其中 2 个支持 AEP 内存,主板集成 2 个 10G SFP 网卡,6 个 PCIe‑3.0 接口。存储方面,可支持 6 块 HDD/SSD,以及 2 块 2.5 寸 M2 接口的 SSD。体积小和性能强是浪潮在设计边缘计算服务器时所追求的两个方向。

这款产品很好地融合了服务器技术标准和电信设备标准,可以直接与电信设备混合部署在电信中心机架上,NE5260M5 针对边缘数据中心极端的部署环境和所承载的业务应用,在不同层面采用了大量的优化技术,设备外形如图 6-10 所示。

图 6-10 浪潮边缘计算服务器 NE5260M5

NE5260M5 可以支持 2 块 GPU 加速卡,让边缘数据中心具备很强的神经网络训练和推理能力,从而实现 5G 网络边缘的人工智能。据了解,在 5G 网络中借助于边缘计算,把部分计算任务从云端卸载到边缘之后,整个系统对能源的消耗减少了 30%~40%,延时也大大降低,人脸识别系统的响应时间可以由 900 ms 减少为不足 200 ms。

除浪潮科技的产品外,DELL、西门子、深圳智锐通、深圳慧友安控电子、厦门极客电子等国内外硬件提供商均有相关的产品。

2. 软件

HopeEdge OS 是国内首款面向物联网边缘计算场景的操作系统,适配支持多种硬件架构及平台,支持与端侧设备的各种连接协议,同时通过云边协同组件,实现和各类公有云、私有云的协同,具有设备管理、数据采集、边缘智能等能力。HopeEdge OS 系统架构如图 6-11 所示。

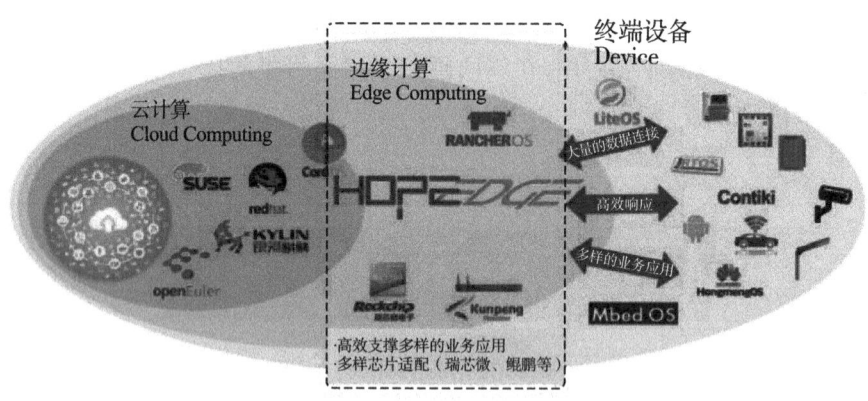

图 6-11 HopeEdge OS 系统架构

该操作系统产品的主要特点如下。

(1) 轻量安全:轻量化设计,极大地减少被攻击面,为安全提供基础保障。

(2) 信创融合:以 openEuler 为基线版本,融合信创生态,CPU 采用鲲鹏、飞腾等 ARM 芯片。

(3) 高效互联:集成主流的边缘物联,互联框架 EdgeX,实现多样的终端设备互联。

(4) 快速部署:应用全部采用容器化,方案、支撑多样性的应用快速部署上线。

该操作系统还有较好的生态融合能力,融合信创产业、以开源为核心集成丰富的中间件,使能各类边缘应用。

其他适用于边缘计算的相关主流操作系统还包括:CentOS、Kylin、Eule-rOS,以及兼容主流 AI 框架的 TensorFlow、CUDA(Compute Unified Device Architecture)、MindSpore 等。

6.3.5　关键技术

边缘计算体系的七项关键技术包括:网络技术、隔离技术、体系结构、边缘操作系统、算法执行框架、数据处理平台以及安全和隐私。

1. 网络技术

边缘计算将计算前推至靠近数据源的位置,甚至于将整个计算部署于从数据源到云计算中心的传输路径上的节点,这样的计算部署对现有的网络结构提出了新的要求:

(1)服务发现

在边缘计算中,由于计算服务请求者的动态性,计算服务请求者如何知道周边的服务,将是边缘计算在网络层面中的一个核心问题。传统的基于 DNS 的服务发现机制主要应对服务静态或者服务地址变化较慢的场景。当服务变化时,DNS 的服务器通常需要一定的时间来完成域名服务的同步,在此期间会造成一定的网络抖动,因此并不适合大范围、动态性的边缘计算场景。

(2)快速配置

在边缘计算中,由于用户和计算设备的动态性的增加,如智能网联车,以及计算设备由于用户开关造成的动态注册和撤销,服务通常也需要跟着进行迁移,这将会导致大量的突发网络流量。与云计算中心不同,广域网的网络情况更为复杂,带宽可能存在一定的限制。因此,如何从设备层支持服务的快速配置,是边缘计算中的一个核心问题。

(3)负载均衡

边缘计算中,边缘设备产生大量的数据,同时边缘服务器提供了大量的服务。因此,根据边缘服务器以及网络状况,如何动态地将这些数据调度至合适的计算服务提供者,也是边缘计算中的核心问题之一。

针对以上三个问题,一种最简单的解决方法是在所有的中间节点上均部署所有的计算服务,然而这将导致大量的冗余,同时也对边缘计算设备提出了较高的要求。因此,要建立一条从边缘到云的计算路径,首先需面对的就是如何寻找服务。命名数据网络(Named Data Networking,NDN)是一种将数据和服务进行命名和寻址,以 P2P 和中心化方式相结合进行自组织的一种数据网络。而计算链路的建立,在一定程度上也是数据的关联建立,即数据从源到云的传输关系。因此可以将 NDN 引入边缘计算中,通过其建立计算服务的命名并关联数据的流动,来有效解决计算链路中服务发现的问题。

2. 隔离技术

隔离技术是边缘计算稳健发展的重要支撑,边缘设备需要通过有效的隔离技术来保证服务的可靠性和服务质量。隔离技术需要考虑两个方面:

(1) 计算资源的隔离,即应用程序间不能相互干扰;

(2) 数据的隔离,即不同应用程序应具有不同的访问权限。

在云计算场景下,某一应用程序的崩溃可能带来整个系统的不稳定,造成严重的后果,而在边缘计算下,这一情况变得更加复杂。隔离技术还需要考虑第三方程序对用户隐私数据的访问权限问题。目前在云计算场景下主要使用 VM 虚拟机和 Docker 容器技术等方式保证资源隔离。边缘计算可汲取云计算发展的经验,研究适合边缘计算场景下的隔离技术。

3. 体系结构

无论是高性能计算一类的传统计算场景,还是边缘计算一类的新兴计算场景,未来的边缘计算体系结构应该是通用处理器和异构计算硬件并存的模式。异构硬件牺牲了部分通用计算能力,使用专用加速单元缩短了某一类或多类负载的执行时间,并且显著提高了性能功耗比。边缘计算平台通常针对某一类特定的计算场景设计,处理的负载类型较为固定,故目前有很多前沿工作针对特定的计算场景设计边缘计算平台的体系结构。

4. 边缘操作系统

边缘计算操作系统向下需要管理异构的计算资源,向上需要处理大量的异构数据以及多样的应用负载,其负责将复杂的计算任务在边缘计算节点上部署、调度及迁移,从而保证计算任务的可靠性以及资源的最大化利用。与传统的物联网设备上的实时操作系统不同,边缘计算操作系统更倾向于对数据、计算任务和计算资源的管理框架。

5. 算法执行框架

随着人工智能的快速发展,边缘设备需要执行越来越多的智能算法任务,在这些任务中,机器学习尤其是深度学习算法占有很大的比重。使硬件设备更好地执行以深度学习算法为代表的智能任务是研究的焦点,也是实现边缘智能的必要条件,设计面向边缘计算场景的高效算法执行框架是一个重要的方法。云数据中心和边缘设备对算法执行框架的需求有较大的区别。在云数据中心,算法执行框架更多地执行模型训练的任务,它们的输入是大规模的批量数据集,关注的是训练时的迭代速度、收敛率和框架的可扩展性等。而边缘设备更多地执行预测任务,输入的是实时的小规模数据,由于边缘设备计算资源和存储资源相对受限,它们更关注算法执行框架预测时的速度、内存占用量和能效。

6. 数据处理平台

边缘计算场景下,边缘设备时刻产生海量数据,数据的来源和类型具有多样化的特征,这些数据包括环境传感器采集的时间序列数据、摄像头采集的图片视频数据等,数据大多具有时空属性。构建一个针对边缘数据进行管理、分析和共享的平台十分重要。

7. 安全和隐私

虽然边缘计算将计算工作前推至靠近用户的地方,避免了敏感数据被上传到云端,降低了隐私数据泄露的可能性,但是,相较于云计算中心,边缘计算设备通常处于靠近用户侧,或者传输路径上,被攻击者入侵的可能性更高,因此,边缘计算节点自身的安全性仍然是一个不可忽视的问题。边缘计算节点的分布式和异构型也决定其难以进行统一的管理,从而导致一系列新的安全问题。作为信息系统的一种计算模式,边缘计算也存在信息系统普遍存在的共性安全问题,包括应用安全、网络安全、信息安全和系统安全等。

6.3.6　应用情况

现阶段,比较成熟的边缘计算应用场景包括工业机器人、无人机、计算机视觉、增强现实、零售、游戏、辅助驾驶等。

边缘计算及其平台也可以应用在水闸安全监测系统中,具体做法如下:在水闸的混凝土结构监测、岩土结构监测、金属结构监测、机电设备监测以及闸门水文监测等项目中布置大量用于监测相关参数的传感器或前端采集微系统,并通过位于现场或区域中心的相关 RTU(数据采集单元)、PLC、中心控制柜、视频服务器、前端采集计算机、数据集中器等可以控制、运算及记录相关结果的智能终端将各项监测数据汇总,各智能终端再将相关数据在局域网内汇总至数据服务器,位于此边缘计算层内的工作站与数据服务器以及应用服务器协同对相关传感器数据进行初级处理和计算,提取有用信息或阶段性成果,如满足监测需要则可作为最终结果进行显示和记录,如无法满足监测需要或许需要与更高层次的计算应用,则通过路由器将初级成果或数据发送至 Internet 公网,由位于云计算层的相关应用服务器接收相关数据再进行进一步的运算及数据加工,以获得更高层次的成果并将成果返回局域网内的工作站或数据服务器,作为最终成果或继续由局域网内的应用服务器进行深度加工。在水闸安全监测系统中,边缘计算与云计算结合的应用架构示意图如图 6-12 所示。

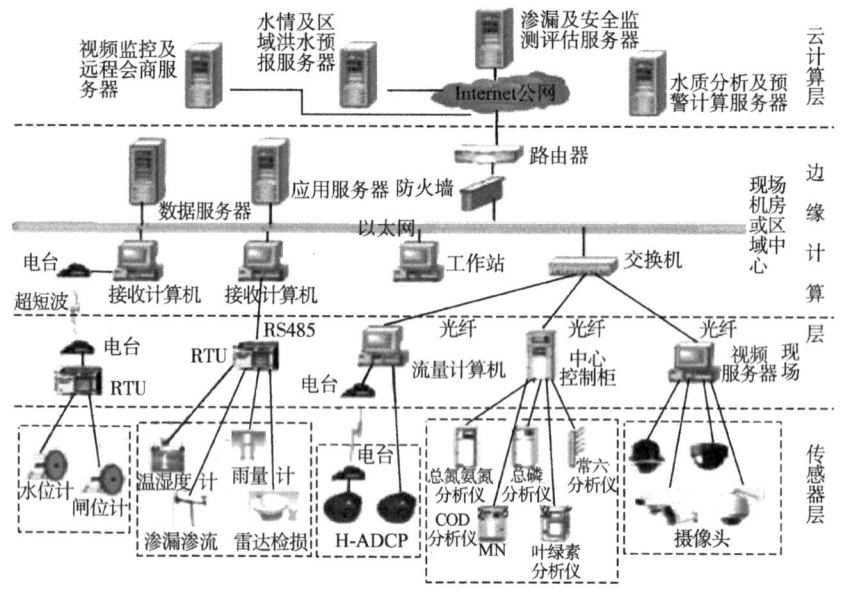

图 6-12 水闸监测边缘计算应用架构图

该系统边缘计算层以太网内的工作站可采用主流服务器,如浪潮科技最新推出的 NE5260M5 型边缘计算服务器。需要注意的是,该边缘计算工作站部署的环境相对比较复杂,通常在位于网络边缘的水闸所在地的市县一级的机房。同时,为了获得更小的延时,边缘工作站部署位置下沉到水闸管理处现场,这样会节省传输带宽,也能获得更好的用户体验。与传统数据中心所处的标准化机房相比,边缘计算工作站所处的环境条件比较复杂,空间、温度、承载、电源系统等方面都存在较大的差异。

边缘计算层内的数据服务器和应用服务器在小规模应用中可以合并成一台,或直接与上述边缘计算层的内网(以太网)工作站合并。在较为复杂的边缘层应用中可以单独设置。数据服务器即数据库服务器,一般用于存储数据,安装 Oracle、SQL Server、MySQL、ACCESS、达梦等数据库软件,选型一般考虑性能、可靠性、可扩展性、安全性和可管理性等五个方面。应用服务器主要用于安装相应的可执行应用程序,对于水闸安全监测这类中小型应用可直接将相关程序部署于数据服务器上或直接集成在工作站上,就能满足需求。如果涉及大型电厂及监测设备较多的场合,可考虑独立部署,应用服务器应选择主频较高、运算较快的产品。

6.3.7　存在问题及发展趋势

目前我国边缘计算技术仍然处于发展起步阶段,虽然取得了一定成效,但从目前实际应用效果来看,还面临着很多挑战,主要体现在以下几个方面。

1. 资源管理主体较多

边缘计算技术在应用时,很多资源都分散在数据传输的道路上,管理主体非常多,包括用户终端设备、通信基站、控制路由器、边缘服务器等。资源管理需要消耗很多成本及精力,如何实现多主体资源管理控制的灵活性及便捷性,是目前边缘计算技术面临的主要挑战之一。

2. 移动管理难度较大

边缘计算的技术特性决定了一个边缘计算节点只为该节点周围用户提供服务,如果用户需要移动应用,就需要频繁切换边缘计算的服务节点。因此,移动管理是边缘计算技术的专用模式,应用需要先发现资源,然后切换到相应的资源服务节点上才能使用。

3. 虚拟化技术支持

为了提升边缘计算资源管理效率,边缘计算技术需要虚拟化技术的支持,如何为边缘计算技术选择一个与之相适应的虚拟化技术是当下研究的热点课题。就目前发展现状而言,虚拟化技术日新月异,如何更好地解决虚拟机与容器之间的规则束缚和界线限制,实现二者相互融合,同时具有二者的优势和功能,也是边缘计算技术发展面临的一大挑战。

4. 数据分析的时效性

大数据时代数据产生量剧增,增加了数据挖掘的难度及数据处理时间。而有价值的信息普遍具有很强的时效性,如果信息在规定时间内没有被及时挖掘出来,就会失去其原有的价值。通过边缘计算技术可以在数据产生时就对数据进行处理和分析,虽然可以更早地分析数据,但同时也可能会失去一些有价值的信息。因此,如何保证信息的时效性和价值性,也是边缘计算技术中亟待解决的问题之一。

5. 编程模型

边缘计算资源和云计算资源相比,具有动态化、异构性、分散性的特征,这些特征大大提升了边缘计算技术应用程序编程的复杂性和难度。为解决这一问题,就必须创新出更加适用于边缘计算资源的编程模型,这将是一个漫长的过程。

边缘计算技术应用的关键发展趋势有如下几个方面。

1. 针对不同设备的模型压缩和优化

传统的学习模型在压缩和优化时比较关注减小模型规模量和降低模型精度,而边缘计算设备具有种类繁多、差异化、处理器和内存相差明显的特点。因此,传统的学习模型根本无法满足边缘计算技术应用的要求,在设计针对边缘计算的学习模型时,既要满足边缘计算技术的要求,又要考虑模型规模体量和精度损失,同时也要考虑边缘计算设备运行时的延迟和能耗。

2. 基于异构硬件资源的系统优化

智能手机就是边缘计算技术的主要体现,有很多异构化硬件资源,包括规模体量不一的 CPU 核、运行能力不一的 DSP 和 GPU,但目前现有的边缘计算系统只能应用一种计算资源,无法最大限度地发挥硬件设备应有的性能及价值,从而影响了模型运行的稳定性和效率。

3. 数据和隐私安全保护

如何保证用户数据及隐私的安全性,是边缘计算技术研究的主要课题。如果边缘计算设备无法运行高精度模型,就只能通过云服务器来执行深度学习模型。此时,就要用到远程计算资源,但不能泄露用户隐私数据。在边缘计算环境下,学习模型主要部署在本地设备上,不法分子可破译终端系统,甚至复制模型上的数据,因此如何保证学习模型的安全也是目前亟待解决的问题。

4. 建设边缘计算技术标准及规范

边缘计算技术的应用需要大量终端设备、边缘节点、数据采集设备、数据处理设备等方面的共同支持,但这些设备普遍具有异构性,来自于不同的生产厂家,即便是相同的设备,也可能存在数据接口不一、数据结构不统一、传输协议不一致等问题。因此,必须通过相应的技术标准和规范来协调生产,以降低边缘计算技术相关基础设施建设成本,促使边缘计算技术持续发展。

5. 注重新技术的使用

边缘计算技术是立足于"互联网＋"、云计算、大数据等先进技术的新型计算技术,这些信息技术的发展水平直接决定了边缘计算技术的研发和应用效果。并且,边缘计算技术要与大数据技术、5G 通信技术、智能信息处理技术等互通互联,让这些技术为边缘计算技术的发展和应用提供更加有力的支持。

6. 加强边缘计算技术开源生态建设

边缘计算技术由海量终端设备共同组成,如果技术这些终端设备在运行中采用相同的开源操作系统,就形成了开源生态环境。通过开源系统来维持核心代码,形成业界认可的技术接口,有利于边缘计算技术持续稳定发展。

6.4　云-边-端协同系统及其架构

物联网中的终端设备产生的大量数据上传到云端进行处理,会对云端造成巨大的压力,为分担中心云节点的压力,边缘计算节点可以负责自己范围内的数据计算和存储工作。同时,大多数的数据并不是一次性数据,那些经过处理的数据仍需要从边缘节点汇聚集中到中心云,云计算做大数据分析挖掘、数据共享,同时进行算法模型的训练和升级,升级后的算法推送到前端,对前端设备进行更新和升级,完成自主学习闭环。同时还需要对这些数据进行备份,这样当边缘计算过程中出现意外情况,存储在云端的数据也不会丢失。云-边-端架构示意图如图 6-13 所示。

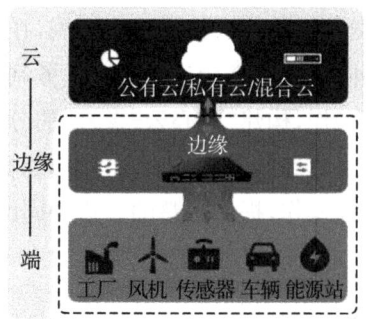

图 6-13　云-边-端架构示意图

云计算与边缘计算需要通过紧密协同才能更好地满足各种需求场景的匹配,从而最大化体现云计算与边缘计算的应用价值。同时,从边缘计算的特点出发，实时或更快速的数据处理和分析、节省网络流量、可离线运行并支持断点续传、本地数据更高安全保护等在应用云边协同的各个场景中都有着充分的体现。

6.4.1　研究进展

电信运营商整合网络和边缘基础设施优势，采用"网络＋平台"的融合部署模式，推出移动边缘计算（Mobile Edge Computing，MEC）解决方案，通过用户面功能网元（User Plane Function，UPF）的不同部署位置，提供专享型和共享型边缘云服务。互联网云服务商通过边缘云服务、边缘节点管理平台等云边协同产品将中心云功能下沉到网络边缘，同时打通中心云与边缘云通道，加强中心云对边缘云在服务和应用上的管理能力。同时，电信运营商和互联网云服务商着眼于边缘侧 PaaS 平台建设，通过统一 API 接口将服务能力开放到应用侧，提升边缘侧典型场景的应用落地能力。

随着云边协同相关技术的不断发展，以资源协同、数据协同、服务协同、应用协同、运维协同、安全协同等为基础的分布式云体系架构已经逐渐成熟，电信运营商和互联网云服务商则发挥各自优势，继续完善云边协同技术体系架构。电信运营商利用 5G 网络的特性，以 CT 连接能力和 IT 计算能力融合作为切入点，通过部署用户面功能网元（UPF），对软硬件接口进行解耦，构建涵盖硬件资源层、虚拟化层、平台能力层、应用层、应用安全和运维一体化的服务能力，搭建"5G＋MEC"边缘云的云边协同基础设施和 MEC 边缘云平台，构建一站式边缘侧解决方案。互联网云服务商依托中心云服务基础，将容器、微服务等能力扩展至边缘侧，在边缘侧提供弹性分布式算力资源，同时在云端向边缘侧进行远程资源业务调度、数据处理分析、服务编排、运维指令下达等操作，构建"中心云-缘云"的分布式云架构；或者通过分布式云管理平台和边缘节点软件相互配合，对边缘侧计算资源进行远程管控、数据处理、分析决策等操作，提供完整的云边协同的一体化服务。

6.4.2　典型架构

云边协同的典型联合式网络结构如图 6-14 所示，其主要分为 4 层，分别为终端层、边缘服务器层、核心网络层以及云计算中心层。

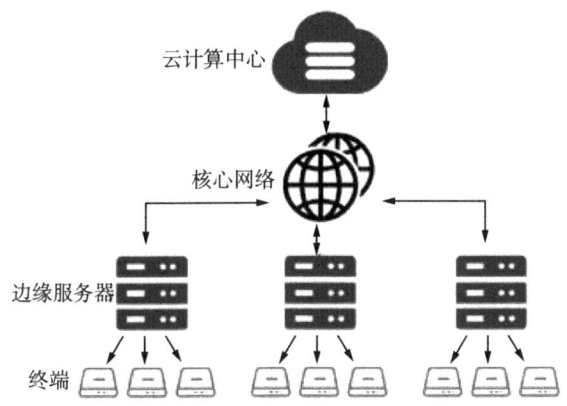

图 6-14 云边协同的联合式网络结构

（1）终端层

终端层由各种物联网设备（如传感器、RFID 标签、摄像头、智能手机等）组成，主要完成收集原始数据并上报的工作。在终端层中，只考虑各种物联网设备的感知能力，而不用考虑其计算能力。终端层的数十亿台物联网设备源源不断地收集各类数据，以事件源的形式作为应用服务的输入。

（2）边缘计算层

边缘计算层是由网络边缘节点构成的，广泛分布在终端设备与计算中心之间，它可以是智能终端设备本身，例如智能手环、智能摄像头等，也可以被部署在网络连接中，如网关、路由器等。显然，不同边缘节点的计算和存储资源间的差别是很大的，并且边缘节点的资源是动态变化的。因此，如何在动态的网络拓扑中对计算任务进行分配和调度是值得研究的问题。边缘计算层通过合理部署和调配网络边缘侧的计算和存储能力，实现基础服务响应。

（3）核心网络层

核心网络层是连接边缘计算层与云计算层的桥梁，就功能范畴而言已属于云计算层，核心网络层对边缘计算层上传的数据进行先期加工处理，提取核心信息后再上传至云计算层进行高性能的计算，为云计算中心层的核心计算节省了大量宝贵的计算资源。在一些架构中核心网络层不体现出来，归为云计算层。

（4）云计算中心层

在云边计算的联合式服务中，云计算仍然是最强大的数据处理中心，边缘计算层上报的数据将在云计算中心层进行永久性存储，边缘计算层无法处理的分析任务和综合全局信息的处理任务也仍然需要在云计算中心层完成。

除此之外,云计算中心层还可以根据网络资源分布动态调整边缘计算层的部署策略和算法。

6.4.3 典型部署及特点

在水利工程水工建筑物安全监测领域,也可以采用云-边-端的系统架构进行符合"智慧水利"要求的系统搭建。以闸门安全监测应用为例,智能终端设备包含的各类型传感器或 RTU 数据采集终端,将采集到的相关数据就近传输至边缘网络,由边缘网络中的相关计算机或智能设备对相关数据进行汇总、计算、分析及显示,如数据的处理结果满足使用要求,则相关数据传递及处理到边缘计算设施为止,若相关结果仍然需要进一步汇总或深度加工及提取有用信息,则经过边缘计算设施处理后的结果及相关数据继续被传送至云计算核心设施进行进一步加工及处理,以得到更高层次的结果。水利工程云-边-端部署架构如图 6-15 所示。

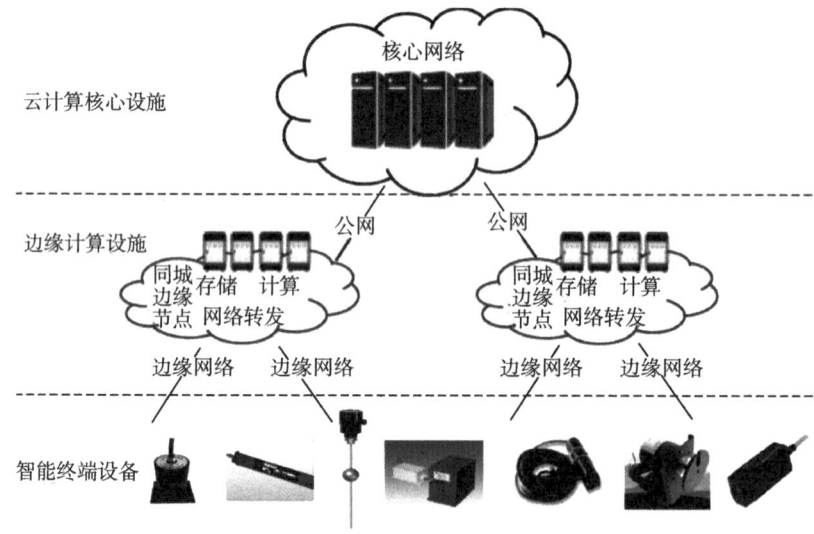

图 6-15 水利工程云-边-端部署架构

6.4.4 关键技术

6.4.4.1 终端技术

1. 终端设备的智能化

数以万计的终端设备需要接入云边协同系统,必须具备一定的智能化水平,或接入智能化的采集终端,智能化的采集终端通过网络接口将相关监测和采集数据传输至边缘网络,边缘网络中的计算资源对采集到的数据进行判断及筛选后提取出有用的关键信息,而后进行本地处理反馈或将信息进一步传送至云端进行高阶处理。终端设备的智能化水平是云边协同的基础,终端设备获取的信息量越大,获取的数据约可靠,对于边缘计算以及云计算成果的真实性就越有帮助。

大量的用户终端边缘设备,无论是连接服务提供商的边缘计算服务器,还是直接连接云服务器,都需要终端设备具备一定的智能网络连接能力,可以通过局域 Wi-Fi 设备、家庭路由器、社区网络热点、单位局域网等接入网络,只要实现网络连接,理论上就可以实现边缘计算以及云计算服务。

2. 5G 技术的应用

随着 5G 技术的蓬勃发展,5G 与相关边缘云、中心云的结合会更加紧密,5G 的高速数据传输能力与云计算现地高速处理能力的结合可以极大地提高边缘设备的数据处理速度和执行响应速度,可以说 5G 高速数据传输技术在用户终端上的应用是终端设备与边缘云、中心云的有效桥梁,为基于云-边-端架构系统的进一步发展壮大提供了极其重要的技术支撑。图 6-16 为 5G 技术术与边缘云以及中心云有效结合的架构示意图。

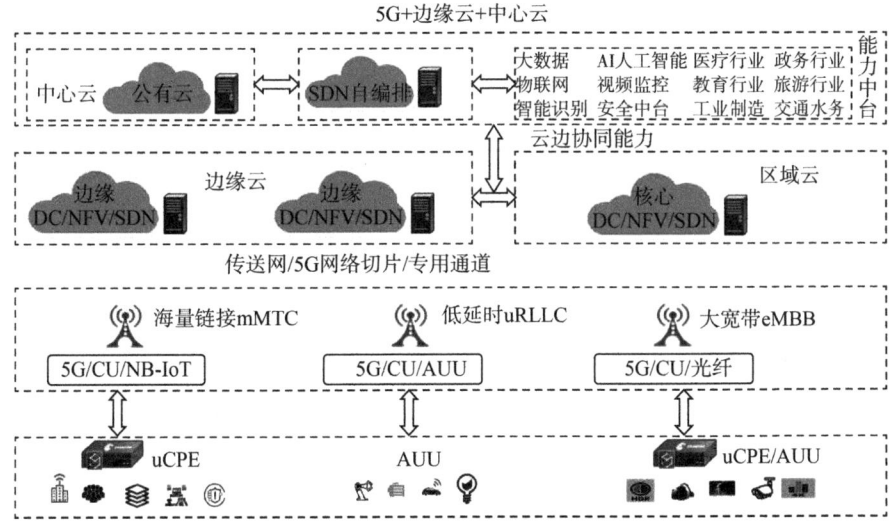

图 6-16　5G 与云结合系统架构图

6.4.4.2 云-边-端协同技术

云-边-端计算系统在实际应用和运行中也存在重大的彼此之间协同的关键技术,因边缘计算在整个系统中处于承上启下的关键网络节点,故主要的协同工作均与边缘计算有关,具体有如下几项。

1. 边缘计算的计算卸载

为了应对终端设备处理能力不足、资源有限等问题,业界在移动边缘计算(Mobile Edge Computing,MEC)中引入了计算卸载概念。边缘计算卸载即用户设备(User Equipment,UE)将计算任务卸载到 MEC 网络中,以解决设备在资源存储、计算性能以及能效等方面的不足。

1) MCC 与 MEC 对比

计算卸载技术最初在移动云计算(Mobile Cloud Computing,MCC)中被提出,移动云计算具有强大的计算能力,设备可以通过计算卸载,将计算任务传输到远端云服务器执行,从而达到缓解计算和存储限制、延长设备电池寿命的目的。在移动云计算中,用户设备可以通过核心网访问强大的远程集中式云(Central Cloud),利用其计算和存储资源,将计算任务卸载到云上。相比于移动终端将计算卸载到云服务器所使用的移动云计算技术可能导致的不可预测时延、传输距离远等问题,边缘计算能够更快速、高效地为移动终端提供计算服务,同时缓解核心网络的压力。表 6-1 为移动边缘计算和移动云计算的对比。

表 6-1　移动边缘计算和移动云计算的对比

内容	移动边缘计算(MEC)	移动云计算(MCC)
计算模型	分布式	集中式
服务器硬件	小型数据中心,中等计算资源	大型数据中心,大量高性能计算服务器
与用户距离	近	远
连接方式	无统连接	专统连接
隐私保护	高	低
时延	低	高
核心思想	边缘化	中心化
计算资源	有限制	丰富
存储容量	有限制	丰富
应用	对时延要求高的应用:自动驾驶、AR、交互式在线游戏等	对计算量要求大的应用:在线社交网络、移动性在线商业/健康/学习业务

2）计算卸载步骤

计算卸载一般是指将计算量大的任务合理分配给计算资源充足的代理服务器进行处理,再把运算完成的计算结果从代理服务器取回。计算卸载过程如图 6-17 所示。

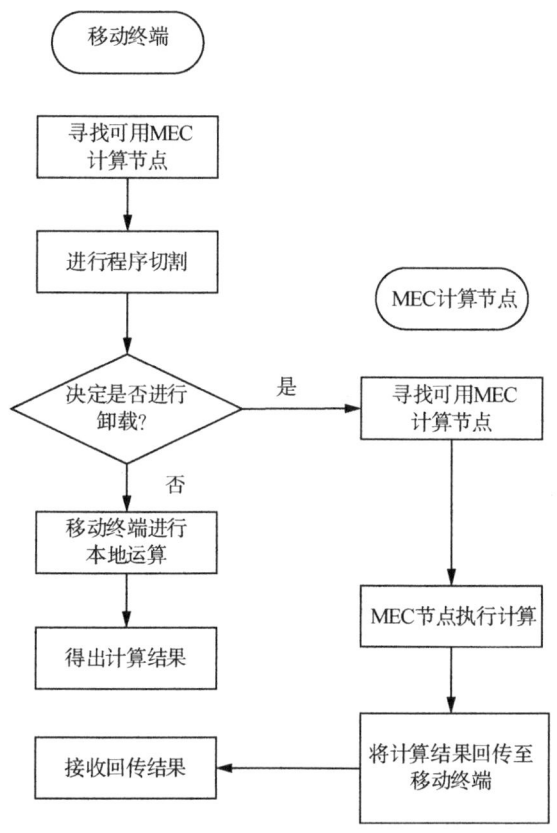

图 6-17 计算卸载步骤

（1）节点发现:寻找可用的 MEC 计算节点,用于后续对卸载任务程序进行计算。这些节点可以是位于远程云计算中心的高性能服务器,也可以是位于网络边缘侧的 MEC 服务器。

（2）程序切割:对需要进行处理的任务程序进行分割,在分割过程中尽量保持分割后各部分程序的功能完整性,便于后续进行卸载。

（3）卸载决策:卸载决策是计算卸载中最为核心的一个环节。卸载决策可分为动态卸载和静态卸载两种:在执行卸载前决定好所需卸载的所有程序块的策略为静态卸载策略;在卸载过程中根据实际影响因素来动态规划卸载程序的策略为动态卸载策略。

(4) 程序传输:当移动终端做出卸载决策以后就可以把划分好的计算程序交到云端执行。程序传输有多种方式,可以通过 3G/4G/5G 网络进行传输,也可以通过 Wi-Fi 进行传输。程序传输的目的是将卸载的计算程序传输至 MEC 计算节点。

(5) 执行计算:执行主要采取的是虚拟机方案。移动终端把计算任务卸载传输到云端后,云端就为该任务启动一个虚拟机,然后该任务就驻留在虚拟机中执行,而用户端感觉不到任何变化。MEC 计算节点对卸载到服务器的程序进行计算。

(6) 计算结果回传:计算结果的返回是计算卸载流程中的最后一个环节。将 MEC 计算节点计算处理后的结果传回用户的移动设备终端,至此计算卸载过程结束,移动终端与云端断开连接。

3) 卸载决策

计算卸载的过程中会受到不同因素的影响,如用户的使用习惯、无线电信道的通信情况、回程连接的质量、移动设备的性能和云服务器的可用性等,因此计算卸载的关键在于指定适合的卸载决策。目前,计算卸载的性能通常以时间延迟和能量消耗作为衡量指标。时间延迟和能量消耗的计算具体分为以下两种情况:

(1) 在不进行计算卸载时,时间延迟是指在移动设备终端处执行本地计算所花费的时间;能量消耗是指在移动设备终端处执行本地计算所消耗的能量;

(2) 在进行计算卸载时,时间延迟是指移动终端卸载数据到 MEC 计算节点的传输时间、在 MEC 计算节点处执行处理的时间、移动终端接收来自 MEC 计算节点处理好的数据结果的传输时间三者之和;能量消耗是指卸载数据到 MEC 计算节点的传输耗能、接收来自 MEC 计算节点处理好的数据结果的传输耗能两部分之和。

卸载决策决定是否卸载及卸载多少。用户设备(UE)由代码解析器、系统解析器和决策引擎组成,执行卸载决策需要 3 个步骤:首先代码解析器根据应用程序类型和代码/数据分区确定哪些任务可以协助;然后系统解析器负责监控各种参数,如可用带宽、要卸载的数据大小或执行本地应用程序所耗费的能量等;最后,决策引擎决定是否要卸载。一般来说,关于计算卸载的决策有以下三种方案。

① 本地执行(local execution)：整个计算在 UE 本地完成；② 完全卸载(full offloading)：整个计算由 MEC 卸载和处理；③ 部分卸载(partial offloading)：计算的一部分在本地处理，另一部分则卸载到 MEC 服务器处理。

卸载影响决策的主要因素是 UE 能量消耗和完成计算任务延时。卸载决策需要考虑计算时延因素，因为时延会影响用户的使用体验，并可能会导致耦合程序因为缺少该段计算结果而不能正常运行，因此所有的卸载决策至少都需要满足移动设备端程序所能接受的时间延迟限制。此外，还需考虑能量消耗问题，如果能量消耗过大，会导致移动设备终端的电池电量快速耗尽。最小化能耗即在满足时延条件的约束下，最小化能量消耗值。对于有些应用程序，若不需要最小化时延或能耗的某一个指标，则可以根据程序的具体需要，赋予时延和能耗指标不同的加权值，使二者数值之和最小，即总花费最小，称之为最大化收益的卸载决策。

卸载决策开始以后，接下来就要进行合理的计算资源分配。与计算决策类似，服务器端计算执行地点的选择将受到应用程序是否可以分割进行并行计算的影响。如果应用程序不满足分割性和并行计算性，那么只能给本次计算分配一个物理节点。相反，如果应用程序具有可分割性并支持并行计算，那么卸载程序将可以分布式地在多个虚拟机节点进行计算。

移动边缘计算通过计算卸载技术将移动终端的计算任务卸载到边缘网络，弥补了移动终端设备在资源存储、计算性能以及能效等方面存在的不足。同时相比于云计算中的计算卸载，MEC 中的计算卸载解决了网络资源的占用、高时延和额外网络负载等问题。

2. 边缘计算的建模和调度

利用边缘计算技术进行业务计算时，移动终端需要将业务卸载至边缘计算服务器，待服务器完成计算后，再将计算结果回传至移动终端。整个计算过程需要利用无线链路的通信资源及边缘服务器的计算资源，因此可通过优化通信或计算资源分配策略进一步降低计算过程所需的计算时间和系统消耗的能耗。文献[1]提出了一维搜索算法寻找计算卸载的最优策略：预先设定好时间间隔，按照周期读取需要进行计算的程序段，在每个时间间隔期间根据缓冲区的队列状态及移动终端和移动边缘计算节点的处理能力、移动终端与边缘计算节点之间的信道特征决定是否对在缓冲区等待的程序进行卸载，以此做出最优卸载决策达到最小化时延的效果。文献[2]提出进行通信资源的优化，通过优化传输功率减少了时间延迟及移动终端能量消耗。文献

[3]通过使用博弈算法和匈牙利算法的相互迭代解决资源分配的优化问题,从而降低计算能耗及时延。文献[4]提出了一种完全多项式时间近似方案,通过为程序合理分配资源来减少计算时延,对比启发式算法更能有效减少计算时延。文献[5]将任务卸载问题表示为混合整数非线性计算过程,将降低时延问题转换为任务卸载放置问题和资源分配两个子问题。由上述研究可知,通过优化移动端的发射功率降低通信时延、应用改进优化算法对边缘服务器端的计算资源进行合理分配都可达到减少时间消耗及能量消耗的目的。但在普遍研究场景中,各个计算任务之间一般为平等的关系,没有考虑待处理任务间存在优先级的场景下计算资源的调度优化问题。一些调度算法中考虑了任务间存在优先级时计算资源的分配方式。文献[6]提出了基于资源分级的自适应 min-min 算法,通过对资源进行分级,在任务调度时引入自适应阈值,以减少计算消耗的时间并均衡负载。文献[7]通过将用户费用和任务的截止时间相结合,构建合理的用户优先级,利用改进离散粒子群优化算法,在短时间内实现对云计算任务的优化调度。文献[8]提出了分段 min-min 算法,以更小粒度进行资源分配,提高任务和资源之间的匹配程度,进一步减少计算时间。文献[9]将优化计算时间问题分为两个阶段完成,第一阶段执行传统 min-min 算法,第二阶段将任务重新分配到负载资源较轻的资源上,充分利用第一阶段的空闲资源,缩短计算时间。文献[10]考虑了任务优先级要求、任务大小和机器运行速度等因素,提出将任务的预期完成时间与任务的优先级进行匹配,通过设置匹配度函数来调用 min-min 算法和 max-min 算法。调度算法通过分析任务计算卸载的过程,应用任务优先级相关性能指标决定任务获取计算资源的合理顺序,达到最小化计算时间和能量消耗的目的。

在待处理任务存在优先级区分时只根据任务请求计算卸载的时间顺序进行计算处理不能满足所有类型任务的计算需求。结合相应的应用背景对任务设置优先级,讨论应用背景下如何合理地进行计算资源的分配符合未来研究发展需要。传统调度算法各有其特点:传统的 min-min 算法计算方式较简单,其思想为首先执行数据量小的任务并将其分配给效率最高的处理器,但该算法容易造成计算能力高的服务器负载率过高而计算能力低的服务器长时间处于空闲状态。为进一步均衡处理器的负载,提出了 max-min 调度算法,max-min 算法优先将数据量大的任务分配给效率最高的处理器。

结合 min-min 和 max-min 这两种传统调度算法的优点,并考虑任务间的优先级问题,可在对任务进行合理的优先级划分后,根据优先级、边缘服务器的使用率等参数,对任务进行调度并分配计算资源,既满足了分布式计算需求,在保障任务在截止时间内完成计算的同时平衡了边缘服务器的计算负载,又能有效降低计算过程消耗的总时间,同时提高在任务截止时间内完成计算的成功率。

资源分配和任务调度优化是云-边-端计算系统的重要研究问题之一,其解决方案直接影响资源使用的有效性和用户的服务体验。边缘计算资源的异构性、处理器的地理分散性以及电池耗电量等优化需求,给资源分配和任务调度优化带来了新的挑战。

6.4.5　应用情况

1. 云边协同在工业互联网场景中的应用

在工业互联网场景中,边缘设备只能处理局部数据,无法形成全局认知,在实际应用中仍然需要借助云计算平台来实现信息的融合,因此,云边协同正逐渐成为支撑工业互联网发展的重要支柱。

工业互联网的边缘计算与云计算协同工作,在边缘计算环境中安装和连接的智能设备能够处理关键任务数据并实时响应,而不是通过网络将所有数据发送到云端并等待云端响应。由于基本分析在本地设备上进行,因此延迟几乎为零。利用这种新增功能,数据处理变得分散,网络流量大大减少。云端可以稍后再收集这些数据进行第二轮评估、处理和深入分析。

在工业制造领域,单点故障在工业级应用场景中应被杜绝,因此除了云端的统一控制外,工业现场的边缘计算节点必须具备一定的计算能力,能够自主判断并解决问题,及时检测异常情况,更好地实现预测性监控,提升工厂运行效率的同时也能预防设备故障问题。经过边缘计算处理后的数据上传到云端进行存储、管理、态势感知,同时,云端也负责对数据传输监控和边缘设备使用进行管理。

2. 云边协同在安防监控场景中的应用

当前在安防监控领域,从部署安装角度,传统的监控部署一般采用有线方式,有线网络覆盖全部的摄像头,布线成本高、效率低,需要占用大量有线资源。如果采用 Wi-Fi 回传的方式,由于 Wi-Fi 稳定性较差,覆盖范围较小,往往需要补充大量路由节点以保证覆盖和稳定性。传统方式下需要将监控视频通过承载网和核心网传输至云端或服务器进行存储和处理,不仅加重了网络的负载,业务的端到端时延也难以得到有效的控制。

基于上述问题,可以将监控数据分流到边缘计算节点(边缘计算业务平台),从而有效降低网络传输压力和业务端到端时延。此外,视频监控还可以和人工智能相结合,在边缘计算节点上搭载 AI 人工智能视频分析模块,面向智能安防、视频监控、人脸识别等业务场景,以低时延、大带宽、快速响应等特性弥补当前基于 AI 的视频分析中产生的时延大、用户体验较差的问题,实现本地分析、快速处理、实时响应。云端执行 AI 的训练任务,边缘计算节点执行 AI 的推论,二者协同可实现本地决策、实时响应,可进行表情识别、行为检测、轨迹跟踪、热点管理、体态属性识别等多种本地 AI 典型应用。

6.4.6 存在问题及发展趋势

现阶段,云计算基础设施布局已经相对清晰,各大云计算服务商已经在全国构建了大型数据中心,满足中心云相关服务需求,而区域云和边缘云等边缘侧基础设施还存在数量少、覆盖小、网络差等问题。未来需重点推进边缘侧基础设施建设部署,同时增强云边协同能力建设,促进分布式计算资源发展。

增加边缘基础设施数量,是计算资源分布式发展的基础,可以在更靠近用户的网络边缘侧建设边缘机房,或对现有边缘机房进行改造,增加边缘云节点数量。现阶段应重点在工厂、园区、港口、医院等对计算资源需求较为旺盛的场所进行部署,保证计算资源能够全面覆盖典型应用场景。

增强云边协同能力,是计算资源分布式发展的核心。边缘侧更多提供轻量化、实时性的计算能力,对于应用场景中的复杂环境,则需要中心云对数据进行分析挖掘、数据共享、模型训练和升级等工作,并对边缘侧进行管理。只有增强云边协同能力,才能保证中心与边缘更好地协同工作,使分布式计算资源能够得到更好的利用。

随着 5G 的到来,边缘应用的数据量呈几何级数上涨,这些数据都在终端形成、积累,再传送到云端进行数据处理,最后返回到终端指导业务。这一系列动作将对网络带宽产生数百 Gbps 每秒的超高需求,不仅会导致延迟,还会面临连网卡顿、连接成功率低等诸多问题,用户体验无法保障。同时,大带宽对回传网络、业务中心造成巨大传输压力,也会让企业面临着巨额的带宽成本。

构建边缘计算基础设施和上层操作系统将面临诸多难题,如何打造云-边-端协同网络就是其中的关键。云-边-端协同网络是以云为中心,逐层分散延伸的网络,其中涉及到云边协同、边边协同和边端协同三部分。

（1）云边网络

云边网络就是回云的安全和加速网络,要做好云与边之间的网络,主要有两个关键点:虚实结合、动态选路。可在全国所有边缘节点中,选择一批分布地域较好的节点,将这些节点通过专线与云中心连接,其他大部分节点通过互联网连接。同时,采取专线和互联网链路的动态选择和各种稳定性报障措施,来代替上层应用解决不同网络形态下回云连通性的问题。对于上层应用来说,并不需要去感知接入节点的网络形态。

（2）边边网络

做好边边网络,需要保障上层应用使用的边缘节点之间数据传输透明且安全,其中主要涉及 Fullmesh 和安全加速。Fullmesh 表示的就是边边网络实现的边缘节点之间的直接通信,无需通过中心绕道;而边边直接通信是基于由众多边缘节点构建的分布式传输加速网络来克服互联网的数据传输稳定性、跨运营商的传输速度瓶颈等问题。将这种安全加速网络的能力与边缘节点网络融合,从而为上层应用提供透明的边边数据传输加速体验。

（3）端边网络

端边网络更注重智能调度和安全接入,其本身与应用场景高度相关,这里引用一个终端安全接入的场景来介绍。终端通过集成软件开发工具包（Software Development Kit，SDK）的方式来解决安全调度问题,应用的服务接入点调度由 SDK 实现,应用本身不用去关心应该去访问哪一个节点,通过专门的高防节点与终端 SDK 通信实现调度指令的下发。假设某个边缘节点被攻击导致无法服务时,调度会第一时间实现流量切换,同时也能根据边缘节点持续被攻击的来源识别出哪些是真实流量,哪些是攻击流量,长此以往对攻击数据的积累,能够逐步形成攻击源数据库,作为调度和安防策略的依据。每当发生攻击时,基于攻击源数据库的记录就可以更快地发现攻击并完成流量调度。

6.5　云计算、雾计算与边缘计算

云计算发展的初衷就是为了共享硬件,这意味着可以把云计算服务作为工具来利用,将应用部署到云端后,可以不必再关注硬件和软件问题,它们会由云服务提供商的专业团队去解决。使用者只需要支付相应的费用就可以使用云上的计算资源,软件的更新、资源的按需扩展都可以自动完成。同时,云计算没有地域限制,只要可以联网处处都可以使用。

云计算发展至今,其架构已日臻完善,越来越多的产品登上了云,但是也依然会存在计算延迟、拥塞、低可靠性以及安全攻击等问题。因此,作为云计算的补充,雾计算和边缘计算等概念被提出,以弥补云计算的一些短板。

1. 雾计算 VS 云计算

雾计算可理解为本地化的云计算,即在终端和云计算中心之间再加一层"雾",把一些并不需要放到"云"上的数据在这一层直接处理和存储,以减少"云"的压力,提高了效率,也提升了传输速率,降低了时延。

云计算重点放在研究计算的方式,雾计算更强调计算的位置。雾计算相较云计算更贴近地面,即它们在网络拓扑中的位置不同。但是,雾计算和云计算实际上又存在很多相似之处,如二者都基于虚拟化技术,从共享资源池中为多用户提供资源服务等。相对于云计算来说,雾计算离产生数据的地方更近,雾计算介于云计算和个人计算之间,是半虚拟化的服务计算架构模型。此外,雾计算实际上并没有强大的计算能力,只是将物理上分散的计算机联合起来,形成较弱的算力,不过这样的计算能力对于中小型的数据中心完全够用。雾计算可以作为云计算本地化计算问题的弥补手段。

雾计算相对于云计算,有以下几个明显的特点。

(1) 更轻压:雾节点计算资源有限,相较于云平台的数据中心,雾节点更加轻。雾计算能够聚合及过滤用户信息,只将必要消息发送给云,减小了核心网络压力。

(2) 更低层:雾节点在网络拓扑中位置更低,拥有更小的网络延迟,反应更迅速。

(3) 更可靠:雾节点拥有广泛的地域分布,为了服务不同区域用户,相同的服务会被部署在各个区域的雾节点上,使得高可靠性成为雾计算的内在属性,一旦某一区域的服务异常,用户请求可以快速转向其他临近区域,获取相关的服务。

(4) 更低延:除了物联网的应用外,网上游戏、视频传输、AR 等也都需要极低的时延,雾计算可在这方面发挥优势。

(5) 更灵便:雾计算支持很高的移动性,手机和其他移动设备之间可以互相直接通信,数据不必到云端甚至基站去绕一圈。此外,雾计算也支持实时互动、多样化的软硬件设备以及云端在线分析等。

（6）更节能:雾计算节点由于地理位置分散,不会集中产生大量热量,因此不需要额外的冷却系统,从而减少耗电,更加节能。

2. 边缘计算 VS 云计算

边缘计算的主要计算节点以及应用分布式部署在靠近终端的数据中心,这使得边缘计算在服务的响应性能和可靠性方面都优于传统的中心化云计算,具体而言,边缘计算可以理解为利用靠近数据源的边缘地带来完成运算。数据不用再传至云端,在边缘侧就能完成计算处理,更适合实时数据分析和智能化处理,也更加高效而且安全。

边缘计算的特点有以下 3 点。

（1）具备分布式特点和低延时计算特性。未来不管是物联网也好、AR 或 VR 场景也好,以及大数据和人工智能行业,实际上都对近场计算有着极强的需求,边缘计算可以使大量的计算在离终端很近的区域完成,确保了低延时服务响应。

（2）对终端设备的数据进行筛选,不必每条原始数据都传送到云,充分利用设备的空闲资源,在边缘节点处过滤和分析数据,节能省时。

（3）减缓数据爆炸,减轻网络流量的压力,在进行云端传输时通过边缘节点完成一部分简单数据处理,进而能够缩短设备响应时间,减少从设备到云端的数据流量。

3. 边缘计算 VS 雾计算

虽然整体上"边缘计算"和"雾计算"的概念差不多,但实际上二者还是有一定区别。"边缘计算"源自工业领域,主要部署在终端设备或网络接入点上,目前已经普遍应用于工业物联网(嵌入式物联网)、制造业、零售、ATM 机、智能手机和虚拟现实等领域。边缘计算使得工业生产中的设备无需云计算的帮助,也能具有近端决策控制能力。

"雾计算"则脱壳于"云计算",是将云计算的部分功能部署在网络边缘的设备中进行局部的集中化计算,它其实是云计算的延伸概念。由此可见,"边缘计算"和"雾计算"确实存在一定差异。边缘计算主要是在"端"中,这个端是指电子终端设备或传感器;而雾计算还是在"云"中,部署在一定区域内的数据集中站点上。

边缘计算进一步推进了雾计算的"LAN 内的处理能力"的理念,处理能力更靠近数据源,不是在中央服务器里整理后实施处理,而是在网络内的各设备实施处理。和雾计算相比,边缘计算的优点在于它的性质比较单一,故障点比较少。边缘计算的设备各自独立动作,可以判断哪些数据保存在本地,哪些数据发送到云端。

云计算、雾计算与边缘计算三者在网络中的位置、三者的响应时间以及三者的硬件、软件功能交叉示意图分别如图 6-18、图 6-19、图 6-20 所示。

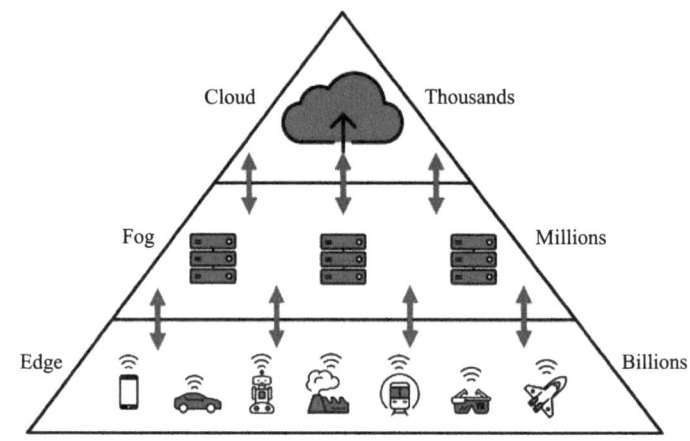

图 6-18　云计算、雾计算与边缘计算网络位置

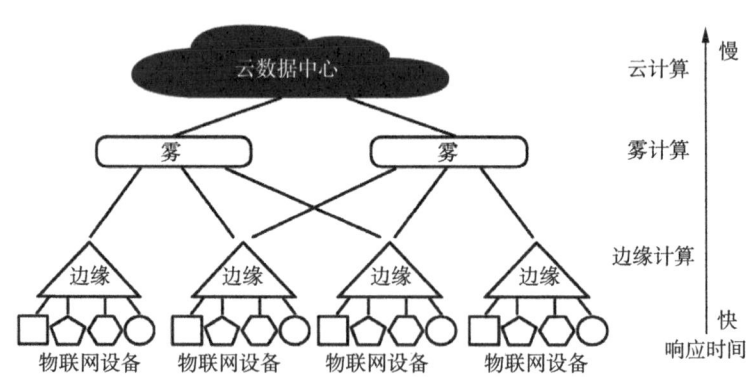

图 6-19　云计算、雾计算与边缘计算响应速度

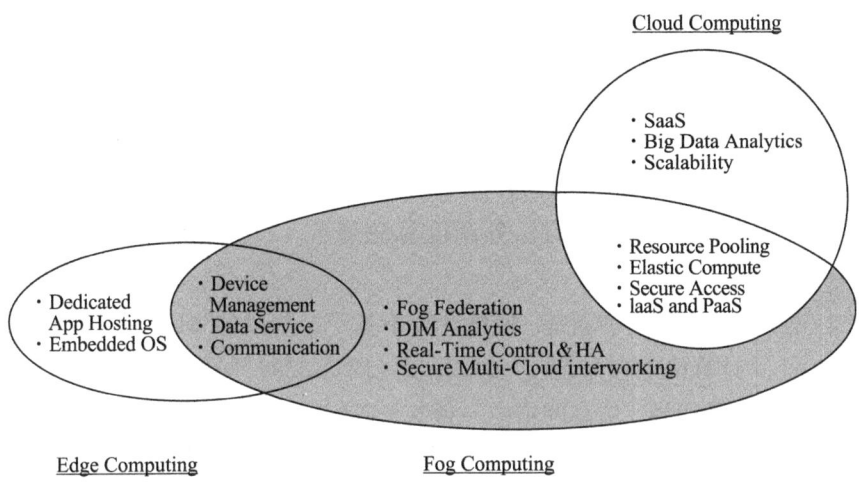

图6-20　云计算、雾计算与边缘计算功能交叉示意图

参考文献

［ 1 ］　LIU J，MAO Y，ZHANG J，et al. Delay-Optimal Computation Task Scheduling for Mobile-Edge Computing Systems［C］// 2016 IEEE International Symposium on Information Theory（ISIT）in Barcelona，July 10-15，2016. New York：IEEE，2016：1451-1455.

［ 2 ］　MUÑOZO，PASCUAL-ISERTEA，Vidal J. Joint Allocation of Radio and Computational Resources in Wireless Application Offloading ［C］// 2013 Future Network and Mobile Summit in Lisboa，July 03-05，2013. New York：IEEE，2013：1-10.

［ 3 ］　ZHANG J，XIA W，YAN F，et al. Joint Computation Offloading and Resource Allocation Optimization in Heterogeneous Networks with Mobile Edge Computing［J］. IEEE Access，2018，6：19324-19337.

［ 4 ］　YU K，XUE G，ZHANG X. Application Provisioning in Fog Computing-enabled Internet-of-Things：A Network Perspective［C］// IEEE INFOCOM 2018-IEEE Conference on Computer Communications in Honolulu，April 16-19，2018. New York：IEEE，2018：783-791.

［ 5 ］　MIN CHEN，YIXUE HAO. Task Offloading for Mobile Edge Computing in Software Defined Ultra-Dense Network［J］. IEEE Journal on Selected Areas in Communications，2018，36（3）：587-597.

［6］ 巩子杰，张亚平，张铭栋. 分布式计算中基于资源分级的自适应 Min-Min 算法 ［J］. 计算机应用研究，2016，33（3）：716-719＋725.

［7］ 蒲汛，杜嘉，卢显良. 基于用户优先级的云计算任务调度策略 ［J］. 计算机工程，2013，39（8）：64-68.

［8］ 赵科伟. 云环境下的任务调度算法研究 ［D］. 南京：南京邮电大学，2016.

［9］ 程红霞，杨臻，谭新莲. 网格计算中基于二阶段的 Min-Min 调度算法 ［J］. 计算机工程与设计，2017，38（12）：3334-3338.

［10］ 张霞，杜丽敏. 仿真网格中一种基于匹配度的改进 Min-Min 调度算法 ［J］. 山西大学学报（自然科学版），2016，39（2）：223-228.